BIBLIOTHÈQUE DES CONNAISSANCES UTILES

CONSTRUCTIONS AGRICOLES

ET

ARCHITECTURE RURALE

ÉMILE COLIN. — IMPRIMERIE DE LAGNY

J. BUCHARD

Ingénieur agricole,

Lauréat de plusieurs Sociétés d'Agriculture.

CONSTRUCTIONS AGRICOLES ET ARCHITECTURE RURALE

Avec figures intercalées dans le texte

MATÉRIAUX DE CONSTRUCTION
PRÉPARATION ET EMPLOI
MAISONS D'HABITATION — HYGIÈNE RURALE
ÉTABLES, ÉCURIES, BERGERIES, PORCHERIES,
BASSE-SCOURS, GRANGES,
MAGASINS A GRAINS ET A FOURRAGES
LAITERIES, CUVERIES PRESSOIRS, MAGNANERIES
FONTAINES, ABREUVOIRS, CITERNES, POMPES
HYDRAULIQUE AGRICOLE — DRAINAGE
DISPOSITION GÉNÉRALE DES BATIMENTS
ALIGNEMENTS, MITOYENNETÉ ET SERVITUDES
DEVIS ET PRIX DE REVIENT

PARIS

LIBRAIRIE J.-B. BAILLIÈRE ET FILS

19, RUE HAUTEFEUILLE, près du boulevard Saint-Germain

1889

CONSTRUCTIONS AGRICOLES

ET

ARCHITECTURE RURALE

INTRODUCTION

Ce livre s'adresse surtout à la moyenne et à la petite culture ; en effet, lorsqu'un domaine atteint une étendue de 100 hectares et plus, il nécessite des bâtiments d'exploitation assez importants, assez coûteux pour qu'on soit obligé de recourir aux lumières d'un architecte ou d'un ingénieur agricole. Au contraire, dans les fermes moyennes, l'exploitant peut effectuer les réparations et même les constructions avec l'aide d'un entrepreneur ou d'un maître maçon, comme il s'en trouve dans presque tous les villages ; ce qui constitue une grande facilité et une économie considérable.

Nous avons donc voulu réunir dans ce volume tous les renseignements qui permettront à un propriétaire ou à un fermier d'établir, en connaissance de cause, un plan de construction ou d'amélioration; et de diriger personnellement les contremaîtres des divers métiers du bâtiment. Nous avons tenu à ne pas embrouiller nos indications des détails tout à fait techniques qui constituent le bagage spécial de chaque profession ; il est inutile par exemple de donner tout le vocabulaire des modes d'assemblage de charpente, parce que ces particularités sont de la compétence du charpentier; de même, il est superflu de faire une étude approfondie des différentes variétés de serrures, parce que ce travail concerne le serrurier. Ce que l'exploitant a besoin de savoir, c'est la dimension que doivent avoir les différents locaux de sa ferme, les dispositions qui sont préférables, les agencements les plus commodes et les plus économiques: il lui faut connaître aussi quels sont les meilleurs matériaux à adopter, les plus avantageux, les plus résistants : il lui est utile de posséder les principales règles de l'hygiène rurale, celles de l'économie domestique et les principes juridiques relatifs à la matière. En un mot, l'exploitant doit acquérir cette compétence intelligente, avec laquelle il saura faire un bon emploi de l'habileté manuelle des ouvriers employés par lui et évitera de les laisser travailler au hasard ou d'après les convenances de leur routine personnelle.

Pour les mêmes motifs, nous nous sommes gardés de donner aucune formule, aucun calcul qui supposent des connaissances mathématiques ou des études scientifiques. Notre désir est que toute personne dirigeant une exploitation soit en état de tracer sur une feuille de papier quadrillé le plan de la construction qu'elle désire élever, d'en évaluer le prix de revient et d'en surveiller l'exécution. Le papier le plus commode est celui qui est quadrillé à $0^m,002$; en adoptant l'échelle de $0^m,002$ par mètre, ou, en d'autres termes, en considérant chaque carré du quadrillé comme correspondant à un mètre carré sur le terrain, il est facile de reporter sur le papier, sans calculs, les dimensions qu'on a arrêtées : il suffit de mesurer avec un décamètre ordinaire le terrain dont on dispose ou les constructions déjà existantes.

Avec un crayon un peu résistant, on pourra tracer sur ce quadrillé le plan exact de la bâtisse future, en y ménageant les ouvertures et les dégagements suivant les indications que nous indiquerons. On peut de même dessiner des élévations, des coupes et se faire ainsi une idée complète de l'aspect que prendra l'édifice lorsqu'il sera terminé.

Pour les personnes qui ne se contenteront pas de ces simples indications et désireront des données plus scientifiques, nous les renverrons aux ouvrages de Hervé-Mangon, Grandvoinnet, Bouchard-Huzard et aux manuels rédigés pour les ingénieurs agricoles. Tout en nous inspirant de leurs idées, nous désirons ne pas sortir du domaine de la pratique élémentaire, réalisable pour tous les cultivateurs qui n'ont pas fait d'études professionnelles.

Ce livre est divisé en six parties:

1° *Les matériaux*, — leur préparation et leur utilisation, modes d'exécution, principes généraux de construction;

2° *Bâtiments d'habitation pour l'homme, — logements des animaux, — d'exploitation* (hangars, magasins à fromages, granges, silos, cuveries et celliers, pressoirs, laiteries, glacières, moulins, boulangeries, cuisines, machines à vapeur);

3° *Constructions et installations annexes :* fumières, citernes, clôtures, chemins ;

4° *Dispositions d'ensemble pour les bâtiments de fermes* de diverses importances ;

5° *Lois et règlements concernant les bâtiments ruraux* ;

6° *Prix de revient et devis.*

Nous avons voulu *être utile* : puissons nous avoir réussi.

15 décembre 1888.

J. BUCHARD.

PREMIÈRE PARTIE

LES MATÉRIAUX. LEUR PRÉPARATION ET LEUR EMPLOI

CHAPITRE PREMIER

Étude des matériaux, Pierres, Briques, Sable, Chaux, Plâtre, Argile, Bois, Métaux.

Pierres. — Le principal élément de toute construction est la pierre ; c'est celui qu'on doit toujours préférer. Aussi le premier soin de tout exploitant doit-il être de chercher s'il ne possède pas, sur son fonds, un gisement de pierres utilisables ; car il réalisera ainsi une grande économie. S'il existe déjà des carrières dans le voisinage, ce sera pour lui une précieuse indication ; car en observant les bancs exploités, il pourra juger s'ils traversent sa propriété et, avec un simple sondage, il reconnaîtra ensuite l'existence de la pierre.

Autant que possible, ce gisement devra être

exploité à ciel ouvert ; en ménageant une voie d'accès en pente suffisante pour permettre l'arrivée des chariots; si la quantité de pierres à extraire est considérable, on aura avantage à installer un petit porteur Decauville (voir plus loin, page 43) qui servira à amener les matériaux jusqu'à l'emplacement de la construction. Si le banc de pierre est profondément enterré, on extraira les blocs au moyen d'un treuil à encliquetage. Si le gisement est situé sur le flanc d'une colline, on exploitera en galeries, en suivant la direction même du banc et en prenant les précautions contre les éboulements et l'infiltration des eaux.

Il est nécessaire de retirer la pierre six mois ou un an avant de l'utiliser ; car elle contient dans ses pores une humidité qui s'évapore peu à peu ; elle devient alors plus dure et moins gélive.

On classe les pierres en deux groupes : les pierres *tendres* et les pierres *dures*.

Les premières se débitent à la scie dentée ; les autres se coupent avec une scie sans dents et à l'aide de l'eau et de la poussière de grès. Parmi les pierres tendres, on range la plupart des calcaires, et des tufs argileux ; les pierres dures comprennent les granits, les grès, les meulières, les pierres siliceuses.

Au point de vue de leur composition, on distingue les pierres en quatre catégories :

1° Pierres *calcaires*, qui donnent de la chaux lorsqu'on les calcine; ce sont les plus répandues; il y en a de toutes les nuances et de toutes les duretés depuis le marbre jusqu'à la craie. Les calcaires les plus résistants servent à faire les seuils des portes, les appuis des fenêtres, les carreaux de cuisines, les éviers, les mangeoires; les calcaires plus tendres fournissent les pierres de taille et les moellons ;

2° Pierres *gypseuses*, qui fournissent du plâtre lorsqu'on les calcine : elles sont tendres et friables, ce qui fait qu'on ne peut les employer aux constructions; on ne les utilise que sous forme de plâtre. Quelquefois cependant, on bâtit des murailles de clôture peu élevées avec des blocs de gypse;

3° Pierres *siliceuses*, dont le type est la pierre à fusil ; elles comprennent les granits, les grès, les cailloux et les meulières. Le granit est très résistant ; mais il est fort difficile à tailler, ce qui limite forcément son emploi ; on ne peut guère l'utiliser que pour les seuils des portes, les auges d'écuries, les bornes. — Les grès servent surtout pour les pavages ; quelquefois on les emploie pour la construction des murailles en les noyant dans le mortier. — Il en est de même des cailloux qu'on peut briser par fragments et faire adhérer avec un mortier de chaux hydraulique. — Les meulières rendent de grands services dans la construction ; leur porosité leur permet de prendre admirablement le mortier, de sorte qu'elles forment des masses compactes et parfaitement étanches. Cette qualité permet de les utiliser pour les soubassements, les encoignures, les parties qui doivent recevoir des scellements et des ferrures, pour les fosses d'aisances et les citernes. Avec les meulières, les silex et les grès cassés en petits cubes uniformes, on forme du macadam pour renforcer les routes ; il en est de même des cailloux roulés, provenant du lit des anciennes rivières et des graviers ;

4° Les pierres *argileuses* sont reconnaissables en ce qu'elles ne donnent point d'étincelles au briquet comme les silices et qu'elles ne font point effervescence en présence des acides, comme les calcaires ; elles sont gélives et schisteuses ; autrement dit, elles s'enlèvent par lamelles. On ne peut donc guère les employer pour les constructions, et elles servent seulement pour revêtir certaines surfaces. Dans cette catégorie, se range une variété très importante, les schistes ardoisiers ; ceux qui s'exfolient en lames minces et régulières constituent l'ardoise, qui sert à couvrir les bâtiments ; d'autres plus résistants peuvent être divisés en dalles longues qu'on utilise comme tables de laiteries, éviers, chaperons de murailles, carrelages, etc.

Briques. — Les briques peuvent remplacer les pierres dans la construction, si celles-ci font défaut ; pour certains agencements, la brique est même plus avantageuse que la pierre à cause de sa légèreté.

En réalité, la brique est une pierre artificielle. En Afrique, depuis un temps immémorial, on construit les maisons avec des blocs d'argile pétrie dans l'eau et placée dans des moules carrés en planches ; ces parallélipipèdes sont séchés à l'air et acquièrent un certain durcissement. Toutefois, ils ne sont pas assez résistants pour permettre de construire des maisons très élevées ; c'est pour cela que les habitations orientales sont généralement basses : encore s'écroulent-elles facilement, comme on peut s'en convaincre en parcourant les rues du Caire, de Syout, etc.

Afin de donner à ces matériaux plus de solidité, on les soumet à la cuisson et on obtient alors des pierres artificielles aussi dures que les meilleures meulières : c'est ainsi qu'on peut construire des cloisons d'une très faible épaisseur (4 à 5 centimètres). La terre à briques contient de la silice, de l'argile et du carbonate de chaux ; elle constitue donc une pierre mixte. Lorsque la chaux manque et que l'argile domine, la terre donne des briques dites *réfractaires*, qui résistent au feu le plus violent.

Une bonne brique doit présenter une composition égale, sans fentes ni gerçures ; il faut qu'elle résonne d'un son plein et clair, lorsqu'on la frappe avec un marteau ; sa couleur est d'un rouge brun éclatant ; elle n'absorbe pas l'eau qu'on verse dessus ; enfin, sa cassure n'est pas pulvérulente.

Il y en a de plusieurs dimensions : le plus souvent elles ont une longueur de $0^{m}22$ sur une largeur de $0^{m}11$; leur épaisseur varie de $0^{m}04$ à $0^{m}60$. Afin de diminer leur poids, on fabrique des briques creuses percées de trous ; elles sont très avantageuses pour construire des voûtes, des planchers.

En général, leur prix varie de 11 à 45 francs le mille ; mais si on en a besoin de grandes quantités, on peut, dans presque toutes les localités, les fabriquer sur place. L'argile doit être extraite un an d'avance ; on la met dans des fosses où on l'arrose de manière à lui donner la consistance d'une pâte épaisse : puis un ouvrier la pétrit au moyen d'une bêche et des pieds, en retirant tous les cailloux qu'il rencontre. Lorsque la terre est bien broyée, on remplit des moules ou cadres en bois et on égalise avec un rouleau ; la brique, détachée par une petite secousse, est posée sur une aire de sable fin. Lorsqu'elle est durcie, on la place sous un hangar, où les briques sont rangées sur des tablettes à claire-voie, de manière que l'air circule librement entre elles ; elles y restent deux ou trois mois, après quoi on les fait cuire. Pour cela, on élève des petits murs en argile, entre lesquels on place des fagots de bois et de la houille ; par-dessus on installe une rangée de briques, puis un lit de houille ; on recouvre le tout d'argile mouillée. Quand la combustion est achevée, on accumule de la terre afin de boucher toutes les ouvertures pendant la durée du refroidissement.

Tuiles, Carreaux, Tuyaux. — La fabrication des tuiles, des carreaux, des tuyaux, est analogue à celle des briques ; seulement, ces diverses pièces nécessitent des moules spéciaux. Il y aura d'ailleurs presque toujours avantage à les acheter toutes faites dans le commerce. Les tuiles moulées à la mécanique ont pris, depuis plusieurs années, une grande extension à cause de leur solidité et de la commodité de leur emploi : mais elles sont plus lourdes que l'ardoise et résistent moins bien à la neige.

Sables. — On distingue trois espèces de sables : le sable de mer, le sable de rivière et le sable de carrière ; le sable de rivière, à grains un peu gros, est le meilleur de tous ; le sable de mer devrait toujours être lavé, afin d'être débarrassé des particules salines dont il est imprégné.

Le but du sable est d'augmenter la dureté de

la chaux, en accélérant sa solidification ; de plus, il diminue considérablement le prix de revient du mortier, en économisant les deux tiers de chaux.

Pour qu'un sable soit de bonne qualité, il ne doit produire aucun dépôt limoneux lorsqu'on le jette dans l'eau ; il crie, lorsqu'on l'écrase sur un corps dur. On peut le remplacer par de la brique pilée ou des scories de forges et de hauts fourneaux.

Pouzzolanes. — Ces sables, d'origine volcanique, sont très communs à Pouzzoles, ville des environs de Naples, où l'on trouve des volcans à demi éteints. Ils sont agglomérés en masses irrégulières qu'on pulvérise avant de les employer. Les pouzzolanes ont la propriété de rendre très hydrauliques les chaux grasses avec lesquelles on les mélange. Quand on ne peut se procurer ces matériaux, on obtient de la pouzzolane artificielle en pilant des blocs d'argile calcinés à une haute température. La meilleure se fait avec un mélange de une partie de chaux grasse cuite et éteinte, et quatre parties de terre argileuse en pâte ; on forme des pains qu'on fait dessécher et qu'on pulvérise après les avoir fait cuire au four.

Chaux. — On obtient la chaux en calcinant les pierres calcaires. Lorsque la chaux vive se trouve en contact avec l'eau ou l'air humide, elle se transforme en chaux éteinte. On classe les chaux en trois qualités :

1° Chaux *grasse* ; celle-ci se compose de carbonate de chaux presque pur ; elle ne contient que 10 % de matières étrangères ; lorsqu'on la traite par l'eau, elle fuse avec force et absorbe le liquide en grossissant deux ou trois fois son volume primitif. C'est la meilleure pour les constructions ; elle durcit lentement à l'air ; mais, au bout de quelques mois, elle présente une grande adhérence.

2° Chaux *maigre;* celle-ci foisonne beaucoup moins ; si elle n'augmente que d'un quart de son volume primitif, elle est impropre aux constructions.

3° Chaux *hydraulique ;* elle contient une certaine proportion d'alumine, de silice et de magnésie. Elle foisonne peu, de même que la chaux maigre ; mais elle a le privilège de prendre et de durcir sous l'eau ; ce durcissement se prolonge pendant plusieurs mois et donne à la masse la résistance d'une pierre calcaire moyenne. C'est dans cette catégorie qu'on doit classer les *ciments ;* ceux-ci sont formés par des pierres calcaires comprenant une certaine quantité d'argile et de carbonate de chaux. On calcine ces pierres, et après les avoir pulvérisées on les gâche avec de l'eau ; ce ciment, quand il est de bonne qualité, prend au bout de vingt minutes et acquiert en six mois la dureté de la brique.

La chaux se cuit, soit en tas à l'air libre, soit dans des fours spéciaux entourés de talus en terre. Pour éteindre la chaux, on la place dans des bassins en terre ou en sable et on l'arrose d'eau en quantité suffisante. Lorsqu'elle est éteinte, on peut la conserver indéfiniment en la recouvrant de sable ou de terre.

Plâtre. — Le plâtre ou gypse est cuit dans des espaces clos; puis il est pulvérisé et renfermé dans des sacs ou tonneaux. Son caractère spécial est de prendre très rapidement, lorsqu'on le mélange avec un égal volume d'eau : cette promptitude de solidification le rend très utile pour faire des plafonds et des enduits. Il adhère très bien aux pierres, aux ferrures, aux briques; mais il prend mal sur le bois uni; aussi, a-t-on soin de larder les pièces de charpente d'entailles et de clous à tête qui retiennent l'enduit. Le plâtre augmente de volume en durcissant, tandis que la chaux se rétrécit.

Le plâtre s'altère assez vite dans les endroits humides; c'est un fait qu'on ne doit pas oublier dans les constructions, afin d'éviter l'influence de l'humidité du sol et celle des pluies.

Argile. — Dans beaucoup de régions, on se sert

d'une pâte d'argile pour relier les pierres des murailles et remplacer le mortier de chaux. On fait aussi des cloisons et des murailles entièrement en argile ; on leur donne de la compacité en y mélangeant du foin, de la paille hachée, de la bouse de vache, du chanvre. Ce système est économique ; mais les murailles ainsi construites résistent peu à l'air.

Bois. — On peut employer pour les constructions la plupart des bois qui se trouvent sur un domaine rural ; mais tous les bois n'ont pas la même valeur et ne peuvent recevoir les mêmes applications.

On distingue les bois en quatre catégories : bois durs, bois demi-durs, bois blancs, bois résineux.

Bois durs. — Le meilleur de tous est le *chêne ;* c'est celui qui résiste le mieux à l'effort de la poussée et à l'humidité ; c'est le seul bois qu'on puisse employer pour le faîtage des bâtiments, les planchers, les parquets, l'encadrement des portes, des panneaux, etc.

Le *châtaignier* est aussi un bois de charpente ; mais il résiste moins ; souvent les vers l'attaquent et creusent l'intérieur.

L'*orme* est moins dur que le chêne et se conserve moins bien ; il est d'ailleurs surtout recherché pour le charronnage.

Le *charme* est assez sujet à pourrir ; de plus, en desséchant, il se contracte et diminue de longueur.

Le *frêne* est un bon bois, solide et élastique ; mais il est surtout réservé pour le charronnage. Il en est de même de l'*ailante* ou vernis du Japon.

Le *robinier*, faux acacia, est très résistant, mais en séchant, il est sujet à se tordre et devient difficile à travailler ; il fournit des solives, des bardeaux, des poteaux et de la latte.

Bois demi durs. — Ces bois fournissent surtout des planches et des tablettes pour aménager les appartements.

Le *hêtre*, le *platane*, l'*érable*, le *sycomore* ont des bois assez résistants, mais sujets à se fendiller, à se retirer, à prendre la vermoulure et la pourriture.

L'*aune* offre cet avantage de se conserver dans les sols humides et même dans l'eau ; aussi l'emploie-t-on pour les corps de pompes.

Le *poirier*, le *pommier* et la plupart des arbres fruitiers fournissent au bois d'ébénisterie.

Bois blanc. — Le type de cette catégorie est le *peuplier ;* ce bois est peu résistant, très sujet à la pourriture ; mais il est facile à travailler. Aussi l'emploie-t-on en menuiserie pour toutes les parties qui sont à l'abri de l'humidité. En charpente, on l'utilise pour les combles (les faîtages étant toujours en chêne), les voliges, les lattes : mais on ne peut l'employer pour les planchers.

Le *saule* est un peu plus dur que le peuplier ; il est peu usité.

Le *bouleau* est encore plus médiocre et le *tilleul* ne peut guère être utilisé.

Le *marronnier*, dont le bois est léger et poreux, est recommandé pour les étagères des fruitiers.

Bois résineux. — Les *sapins* donnent un bois facile à travailler, mais sujet à l'échauffement et à la vermoulure : de plus, il laisse suinter la résine, surtout le sapin du Nord. La longueur et la rectitude de ses fibres le fait rechercher pour la charpente et pour la menuiserie : poutres, solives, chevrons, planches, montants, etc.

Le *mélèze* est un des meilleurs bois de cette catégorie.

Le *pin*, au contraire, est inférieur ; mais il s'emploie cependant pour la charpente.

Nous donnons le tableau de la densité de ces divers bois d'après les études qui ont été faites à l'École forestière de Nancy.

Chêne yeuse	0.903 à 1.182
Charme	0.799 à 0.902
Houx	0.764 à 0.952
Aubépine	0.746 à 0.776
Hêtre	0.683 à 0.907

Robinier................	0.661 à 0.772
Chêne pédonculé.........	0.647 à 0.906
Frêne commun...........	0.626 à 1.002
Orme champêtre.........	0.603 à 0.854
Erable champêtre........	0.590 à 0 811
Erable sycomore.........	0.572 à 0.740
Érable plane............	0.563 à 0.842
Mélèze...................	0.557 à 0.668
Châtaignier..............	0.551 à 0.742
Marronnier d'Inde........	0.536 »
Bouleau..................	0.517 à 0.728
Tilleul à petites feuilles..	0.504 à 0.581
Pin sylvestre.............	0.405 à 0.828
Sapin argenté............	0.381 à 0.649
Epicéa...................	0.337 à 0.579

Cette densité à été obtenue sur des échantillons desséchés à l'air libre ; indépendamment de l'eau de composition, le tissu ligneux renferme dans ses cellules une quantité considérable d'eau : les bois blancs récemment abattus en contiennent jusqu'à 50 pour 100; le bois de chêne, même abattu depuis deux ou trois ans, en contient encore 15 à 20 pour 100, c'est ce qui explique la nécessité d'abattre longtemps d'avance les bois qu'on veut utiliser pour une construction et de les laisser sécher avant de les mettre en œuvre.

Métaux. — Le plus employé de tous est le *fer*, dont nous parlerons en traitant de la charpente, de la couverture et de la serrurerie.

La *fonte* fournit des plaques de cheminée, des tuyaux, des barreaux, des grilles.

Le fil de fer est très utile pour les clôtures, les treillages.

Le *cuivre* ne sert guère que pour la robinetterie et quelques détails de serrurerie.

Le *plomb* n'est pas employé ; il a cédé la place au *zinc* qui est largement utilisé pour les couvertures, les plate-formes, les gouttières, les tuyaux de descente, le revêtement des appuis des fenêtres ; ses emplois augmentent chaque jour dans les constructions rurales.

CHAPITRE II

Préparation des matériaux, Mortiers d'argile, de chaux hydraulique, de ciment, de plâtre, Enduits, Stucs, Bétons, Taille des pierres, Débit des bois.

§ I. — MORTIERS

Le but des mortiers est de joindre et d'agglomérer les matériaux de la construction. On les prépare en triturant, pendant quelque temps, avec de l'eau des matières agglomérantes : la chaux, le plâtre, l'argile. Les mortiers peuvent être attaqués par la gelée, lorsqu'ils ne sont pas encore durcis ; c'est pour cela qu'on les couvre avec de la paille, lorsque le froid devient rigoureux.

Mortiers d'argile. — Le mortier d'argile s'emploie dans deux cas : soit seul, pour remplir des intervalles encadrés par des matériaux résistants (*pisé*, *bauge*), soit comme mortier proprement dit, afin de souder les matériaux de construction. Le premier cas rentre dans le chapitre des systèmes de maçonnerie et nous en parlerons plus loin (page 55). Le second nous occupera seul ici.

La terre doit être argileuse, exempte de pierres et d'éléments étrangers. Si elle est trop argileuse, elle est sujette à se fendiller ; on lui donne de la compacité en y mélangeant du foin et de la paille hachée.

Mortier de chaux. — Nous avons indiqué comment on s'y prenait pour éteindre la chaux ; dès que celle-ci est suffisamment arrosée d'eau, on la recouvre rapidement de sable afin de laisser l'hydratation s'opérer à l'abri de l'air. Puis on opère le mélange entre les deux matériaux, de manière que chaque grain de sable soit enveloppé d'une pellicule de chaux ; on ajoute de temps en temps un peu d'eau. Les proportions de chaux et de sable à employer sont variables ; il est remarquable que le volume total est toujours plus petit que la somme des parties composantes. Plus on met de sable, plus la prise du mortier est rapide, mais l'adhérence est moins grande. En général on compte deux parties de sable pour une partie de chaux ; quelquefois on augmente la quantité du sable jusqu'à deux et demi. Au contraire pour faire des enduits, on réduit la proportion de sable et on fait un mélange par quantités égales.

Mortiers hydrauliques. — Ils sont employés pour les parties de construction exposées à l'humidité ou destinées à séjourner sous l'eau. On se sert de chaux hydraulique, éteinte par le système ordinaire ; on la broie avec un pilon, en employant le moins d'eau possible. Pour ce genre de mortier, le sable fin est préférable ; le mortier est un peu épais ; afin de faciliter son adhérence, on mouille les pierres et les briques qui doivent recevoir le mortier. On met un peu plus de sable que de chaux ; s'il s'agit d'ouvrages immergés sous l'eau, on force la dose de chaux.

Lorsqu'on n'a pas de chaux hydraulique, on se sert de chaux ordinaire qu'on mélange avec un volume égal de pouzzolanes naturelles ou artificielles : mais en général, on préfère se servir de ciments.

Mortiers de ciment. — On gâche le ciment avec de l'eau, en ayant soin de n'opérer que sur de petites quantités à la fois. Il faut à peu près mettre un volume d'eau égal à la moitié du volume du ciment : le mélange se réduit d'un cinquième environ. La prise se fait immédiatement. Quelquefois on ajoute au ciment un peu de sable fin, surtout pour les enduits des citernes, des réservoirs, des fosses d'aisance, des caniveaux, etc.

Mortier de plâtre. — Le plâtre est divisé en deux grosseurs ; plâtre gros, plâtre fin. Le premier sert pour les ouvrages de maçonnerie ; l'autre pour les enduits.

On gâche le plâtre dans une auge en bois par petites quantités à la fois; si on gâche *serré*, on met 18 litres d'eau par 25 litres de plâtre; si on gâche *clair*, on met l'eau et le plâtre en parties égales. Le mélange doit s'effectuer rapidement et il faut l'employer sans retard ; car il durcit bientôt et devient trop dur pour pouvoir être utilisé.

§ II. — ENDUITS

Les enduits se font généralement avec du plâtre ; dans les contrées où cette matière fait défaut, on emploie le *blanc en bourre*, mortier mixte formé de chaux grasse et de sable, ou de sable et d'argile auquel on ajoute de la bourre, formée de poils de vache ou de déchets de la tonte des draps. On applique ce mélange par couches minces et successives, qu'on lisse soigneusement avec la truelle.

Stuc. — Pour fabriquer le stuc, on mélange le plâtre avec de la gélatine ou de l'alun, ce qui lui donne une grande dureté, comparable à celle du marbre. La prise est beaucoup plus lente ; on procède par couches successives, comme dans le cas précédent et on polit la surface avec une molette en pierre et du grès pilé. Le stuc a été employé avec succès dans quelques laiteries.

§ III. — BÉTONS

Les bétons sont des mélanges de mortiers hydrauliques avec des pierres concassées en morceaux de 3 à 4 centimètres de diamètre. On fabrique généralement le béton dans un tonneau contenant un agitateur monté sur une tige qui est mise en mouvement par un cheval. Par le haut du tonneau, on jette le mortier et les pierrailles et le béton sort par une ouverture pratiquée au bas de l'appareil. Un des grands avantages du béton est qu'on peut le *mouler* pour faire des voussoirs de voûtes, des auges. On en forme des cubes pour les parties angulaires des bâtiments et pour les fondations.

§ IV. — TAILLE DES PIERRES

La taille a pour but de donner à la pierre une forme régulière, ordinairement celle d'un parallélipipède à 6 faces rectangulaires (fig. 1). Le tailleur dresse d'abord une face ; puis avec une équerre en fer, il trace l'autre côté; après avoir fait l'arête au ciseau, il enlève avec le marteau tranchant ce qui excède la face et ramène peu à peu celle-ci à la direction indiquée en frappant avec son outil par de petits chocs donnés avec précaution. Lorsqu'il s'agit de pierres courbes ou obliques, on se sert d'un modèle en bois ou *gabarit*.

La taille des pierres exige beaucoup de temps; aussi, pour les constructions rurales, évite-t-on le plus possible ce genre de construction; lorsqu'on a besoin de pierres régulières pour seuils, linteaux, on peut avec avantage se servir de la brique.

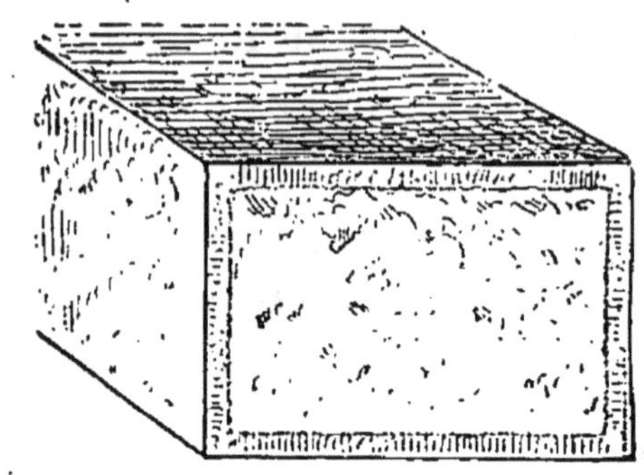

Fig. 1. Pierre de taille.

Voici d'après différents auteurs un tableau des charges ou pressions qui écrasent, dans un temps assez court différentes pierres naturelles ou artificielles, c'est ce qu'on appelle la *résistance des matériaux* (1).

1° *Pierres silicatées et roches quartzeuses.*

	Densité.	Charge d'écrasement, kilog.	Dimensions des cubes d'essai, centim.
	—	—	—
Porphyre	2.870	2.470	3 à 5
Basaltes	2.950	2.000	
Grès de Fontainebleau	2.570	895	1 à 2
Granit de Normandie	2.710	707	1 à 2
— gris de Bretagne	2.740	650	
— vert des Vosges	2.850	620	
Lave du Vésuve	2,600	590	

(1) Voir Grandvoinnet, *Constructions rurales*, p. 27.

Grès bigarré des Vosges à grain fin................	2.177	517	
Grès bigarré des Vosges à grain moyen..............	2.177	400	
Grès bigarré des Vosges à grain ordinaire..........	2.177	294	
Meulière dure. Marne très poreuse..................	1.517	75	10 à 10
Meulière tendre............	1.175	64	
— dure.............	1.517	15	
Grès tendre..................	2.490	4	

2° *Pierres calcaires.*

Marbre noir de Flandre.....	2.720	790	3 à 5
Pierre noire coquillière de Saint-Fortunat...........	2.650	630	3 à 5
Calcaire de Venderesse (Aisne)....................	2 500	510	10
Vitry....	2.453	484	6
Liais de Bagneux...........	2.412	440	3 à 5
Calcaire de Caumont (Eure).	2.020	424	8
Calcaire dur de Givry......	2.360	310	
Roche vive de Saulny, près Metz.................. ..	2.550	300	
Roche d'Arcueil...........	2.300	250	
Calcaire de Moulin.........	2.296	249	6
Calcaire de Marly-la-Ville...	2.065	246	8 à 2
— Forgel..........	2.245	244	6
— Branvilliers (Meuse).....................	2.300	187	10
Calcaire oolithique de Jaumont 1re qualité.........	2.200	180	
Calcaire oolithique de Jaumont 2e qualité.....	2 000	120	
Roche de Châtillon près Paris dure coquillière.......	2.290	170	3 à 5
Calcaire jaune d'Armanvillers, près Metz, 1re qualité.	2.000	120	

Calcaire jaune d'Armanvillers, près Metz 2e qualité.	2.000	100	
Pierre ferme de Conflans...	2.070	90	
Verdun (Meuse)...........	2.260	60	10
Calcaire tendre de Vergelet.	1.190	58	
Craie d'Épernay............	1.625	37	10
Lambourde................	1.696	36	8 à 2
— qualité infér....	1.560	20	3 à 5
Craie d'Épernay humide....	1.800	19	10

3° *Briques.*

Brique réfractaire de Bourgogne..................	»	162	3 à 5
Brique très cuite de Bourgogne.................	2.200	150	1 à 2
Brique dure très cuite.......	1.560	150	3 à 5
— bien cuite de Sarcelles..................	2.000	125	3 à 5
Brique ordinaire de Montereau..................	1.780	110	1 à 2
Brique réfractaire de Paris.	»	92	
— rouge dite de pays Paris..................	1.520	90	1 à 2
Brique rouge....	2.170	60	
— rouge pâle..........	2.090	40	
— d'Herblay..........		38	
— crue en argile séchée.		33	
— anglaise ou flamande			
— tenace..............	»	18	

4° *Mortiers.*

Mortier en ciment de Vassy avec un demi-volume de sable 15 jours après gâchage et sous l'eau.......	»	186	

Même mortier après le même temps à l'air humide.	2.110	155	
Ciment de Vassy 30 mois après le gâchage........	»	150	
Mortier en chaux très hydraulique..................	»	144	
Plâtre ordinaire gâché ferme....................	»	90	
Mortier en chaux hydraulique ordinaire............	»	74	
Plâtre au panier gâché au lait de chaux..............	»	73	
Plâtre silicaté avec cailloux (cubes de 0.2 du côté évidé du quart de la section)....	»	67	
Plâtre silicaté avec cailloux (en cubes pleins de 0.20 de côté).....................	»	64	3 à 5
Plâtre au panier gâché très serré, 30 heures après l'emploi......	1.570	52	
Mortier en ciment à tuileaux pilés......................	1.460	48	
Béton en mortier de chaux hydraulique 6 mois........	1.850	41	
Mortier en pouzzolane.......	1.460	37	
Mortier ordinaire, chaux et sable....................	1.660	35	
Mortier en chaux, granit et sable..................	»	19	

Il faut remarquer que pour éviter tout accident, on doit se tenir au-dessous des chiffres portés à ce tableau et ne faire porter aux pierres de faible échantillon que le quinzième et même le vingtième de la charge de rupture ; aux pierres de taille, le dixième.

§ V. — DÉBIT DES BOIS

Abatage. — Avant de faire abattre les arbres, le propriétaire se rendra compte de la grosseur et de la dimension des bois dont il a besoin. Il vérifiera avec un charpentier quels sont les arbres qui répondent à ces conditions et s'assurera, autant que possible, s'ils ne sont pas creux, pourris, vermoulus. Généralement, il vaut mieux procéder à l'abatage au moment où la sève est absente, c'est-à-dire pendant l'hiver.

Lorsque le bois est abattu, il faut le laisser sécher pendant plusieurs années (trois ans pour la charpente, cinq ans pour la menuiserie). Pour cela, on empilera les pièces sous des hangars, à l'ombre, loin de l'humidité ; pour les préserver de la pourriture, on les dispose sur des pièces de bois en chantiers placés en travers, et on sépare les pièces par d'autres morceaux de bois de rebut ou de grosses pierres. Ce qu'il faut éviter avant tout, ce sont les alternatives de chaleur et d'humidité.

Immersion et injection. — On a essayé plusieurs procédés artificiels afin d'assurer leur conservation ; c'est l'immersion pour les bois durs et l'injection pour les bois tendres (1). Lorsque les

(1) Voyez Héraud, *Les secrets de la science et de l'industrie*, Paris, 1888. (*Bibliothèque des connaissances utiles.*)

bois durs ont séjourné 3 mois dans l'eau et 3 à 4 semaines à l'air, ils peuvent être utilisés ensuite comme charpente, sans qu'on ait à craindre la flexion ni le retrait : on doit se garder de les plonger dans l'eau de mer; car le sel rend hygrométrique et accélère la pourriture.

L'injection consiste à substituer à la sève un sel métallique qui est généralement le sulfate de cuivre ; ce procédé convient surtout aux bois qui seront exposés à l'humidité ; charpentes, poteaux de hangars, clôtures. On emploie 2 kilog. de sulfate de cuivre pour 100 litres d'eau. Plusieurs systèmes d'injection sont usités : d'abord on peut faire tomber la dissolution par un tube venant d'un récipient assez élevé, sur une encoche pratiquée dans la pièce de bois ; le liquide expulse peu à peu la sève et se substitue à elle dans tous les pores du végétal. D'autres fois on place le tronc d'arbre debout dans une cuve remplie de dissolution du sel métallique ; le liquide s'élève peu à peu dans la pièce de bois. Enfin on range dans des cuves en briques et ciment les bois, planches, madriers et on les immerge dans un bain de sulfate de cuivre ; au bout de 2, ou 3, ou 4 jours, l'immersion est suffisante.

Équarrissage. — L'équarrissage doit s'exécuter avec la scie et non avec la cognée ; car les pièces enlevées ainsi peuvent encore être utilisées pour de menus travaux. Il y a cinq manières d'opérer l'équarrissage.

1° Le *quart sans déduction*, lorsque le côté du carré est égal au 1/4 du contour de l'arbre écorcé.

2° Le *dixième déduit*, le côté est égal au 1/4 des neuf dixièmes du contour de l'arbre (équarrissage de Paris).

3° Equarrissage du *génie militaire :* le côté est le quart des 0,8658 du contour.

4° Le *sixième déduit :* le côté est le quart des cinq sixièmes du contour.

5° Le *cinquième déduit :* le côté est le quart des quatre cinquièmes du contour.

On voit que ces divers procédés ont pour but de diminuer de plus en plus la proportion de l'*aubier*, c'est-à-dire de la partie extérieure de l'arbre, celle où les fibres sont les plus jeunes et les moins résistantes. Dans le cinquième système, la pièce est à arêtes vives et débarrassée complètement de l'aubier; c'est cet équarrissage que doit adopter le propriétaire désireux de faire des constructions durables.

Débit. — Pour la charpente, on est obligé de refendre les pièces équarries (fig. 2), afin d'obtenir les dimensions dont on a besoin.

Quant aux bois de menuiserie, on se contente

de les débiter en planches ou madriers parallèles, dont l'épaisseur varie suivant les usages du commerce.

Il existe plusieurs méthodes de sciage :

1° Le sciage sur cercles annuels (fig. 3); les

Fig. 2. Scieur de long.

planches sont alors sujettes à se gondoler, parce que les mailles du centre sont plus serrées que celles de l'autre face ;

2° le sciage *sur mailles*, en suivant la direction des conduits rayonnants; les planches sont ainsi moins soumises à l'influence de la chaleur et de l'humidité ;

3° La *méthode hollandaise*, où l'on scie de la

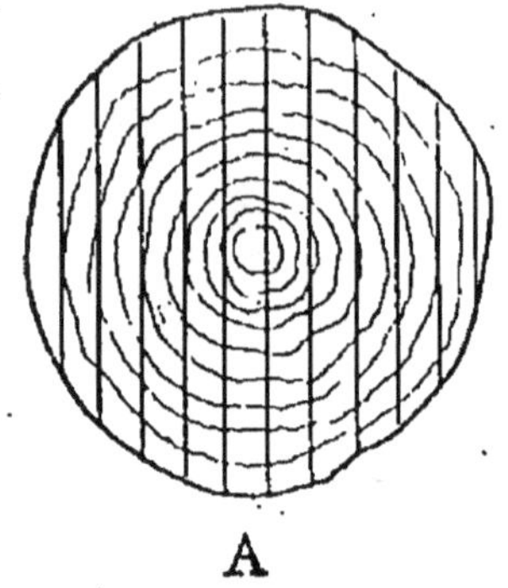

Fig. 3. Sciage sur cercles.

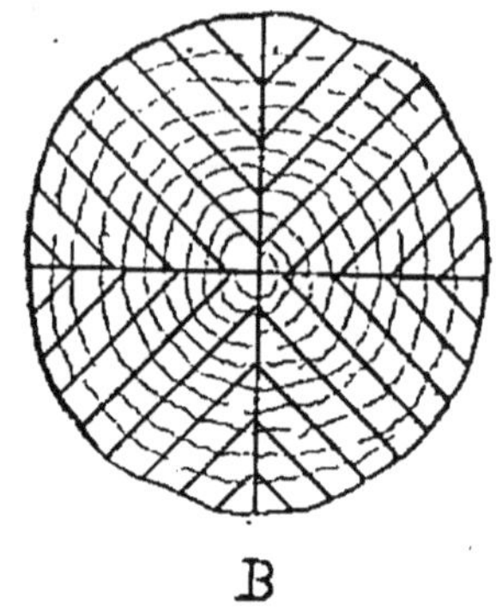

Fig. 4. Sciage sur mailles.

circonférence au centre ; il faut alors donner un coup de rabot aux planches qui sont plus épaisses sur un bord que de l'autre côté ;

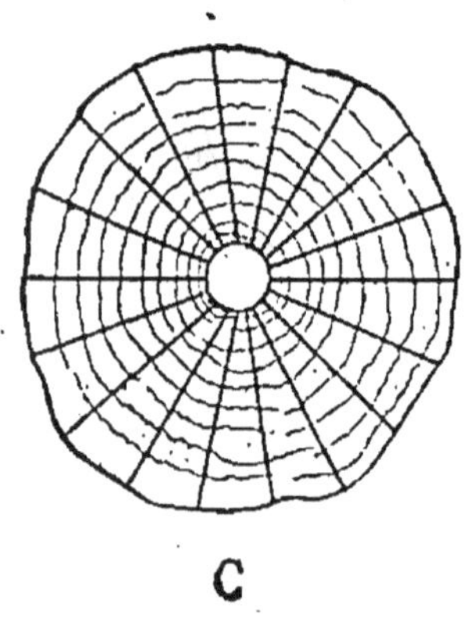

Fig. 5. Méthode hollandaise.

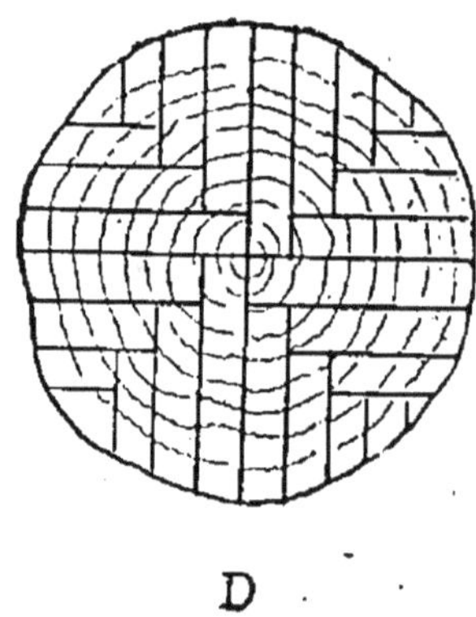

Fig. 6. Sciage Moreau.

4° enfin le *sciage Moreau* plus perfectionné, mais qui augmente assez les frais de main-d'œuvre.

Voici le rapport des prix pour les différentes planches : chêne 2, sapin 1.5, hêtre 1.4, peuplier 1.

Dans le chêne, la planche ordinaire a généralement une largeur 0^m27 à 0^m28 sur 0^m03 centimètres d'épaisseur. Celle de hêtre 0^m21 à 0^m24 de largeur sur 0^m031 à 0^m033 millimètres d'épaisseur ; celle de sapin a 0^m027 millimètres d'épaisseur ; sa largeur est irrégulière, mais on la ramène au type de 0^m24 de large sur 3^m90 de long ; c'est l'ancienne planche de douze pieds.

CHAPITRE III

Fouilles et Terrassements, Transports, Fondations, Maçonnerie en pisé, en moellons, en pierres de taille, en briques, Voûtes, Ouvertures, Cheminées, Enduits, Plafonds, Aires.

§ Ier. — FOUILLES ET TERRASSEMENTS

La première chose à faire avant d'élever une maçonnerie est d'aplanir le terrain, d'éprouver sa solidité et d'y faire les fouilles nécessaires pour y installer les fondations. Ces différents travaux constituent les terrassements.

Les terrassements peuvent se résumer en : 1° piochage ; 2° chargement ; 3° nivellement ; 4° transport.

On a calculé qu'un mètre cube de terre pèse de 1400 à 1900 kilogr. suivant la proportion de sable qu'il contient, et selon la quantité d'eau qui l'imprègne. Voici du reste le poids de quelques terres par mètre cube.

	kilog.
Terre végétale ordinaire....	1.400
— franche.............	1.500
— argileuse.............	1.600
Sable terreux...............	1.700
Glaise...	1.900
Sable pur..................	1.900

Le *piochage* s'effectue avec la bêche, la pioche, le pic, et même la pince suivant la dureté du sol.

Le *chargement* est opéré à la pelle; celle-ci doit être creuse, large et arrondie par le bas.

Le *nivellement* se fait à l'aide de niveaux, de piquets et de cordages tendus. Lorsqu'il s'agit de remblais, on doit pratiquer un tassage au fur et à mesure qu'on apporte les couches successives ; ce tassage se fait au moyen de battes, de dames, et de pilons. Pour tasser en *dames* un mètre cube de terre par couches de 20 centimètres d'épaisseur, on compte de 20 à 30 minutes de travail d'un homme ordinaire.

§ II. — TRANSPORTS

Les *transports* sont en général horizontaux : si la distance horizontale ne dépasse pas 9 mètres, on prend la terre pour la jeter à 3 mètres et ainsi de suite en trois opérations successives ; en comptant 48 minutes d'un pelleteur pour le transport à 3 mètres, on voit que pour le transport à 9 mètres, il faudra 2 heures 24 minutes.

Lorsqu'il s'agit de plus de 9 mètres, on a tout avantage à se servir de la brouette qui permet de transporter 40 à 50 litres de terre chaque fois; le trajet moyen d'une brouette est compté pour 30 mètres en terrain plat; il faut donc installer des relais tous les 30 mètres.

Si la distance est plus considérable, on emploiera des charrettes ou des tombereaux à un ou plusieurs chevaux.

Enfin, quand il s'agit de travaux un peu importants, on se servira des petits porteurs Decauville qui rendent de si grands services dans une exploitation rurale.

Fig. 7. Pose du porteur Decauville.

Porteurs Decauville. — Ces porteurs ou chemins de fer ruraux rendent de tels services pour la construction et pour l'exploitation des fermes, que nous devons en dire quelques mots.

La voie du chemin de fer Decauville se compose

d'éléments qui ont la forme d'échelles et qui sont droits (fig. 7), courbés ou combinés en forme de

Fig. 8. Transport du porteur

croisement (fig. 8) de manière à répondre à tous les besoins de l'emploi. Ces rails d'acier de 4 kilogrammes 1/2, 7 kilogr., 9 kilogr. 1/2, jusqu'à 12 kilogr., sont très portatifs et se manœuvrent avec la plus grande rapidité.

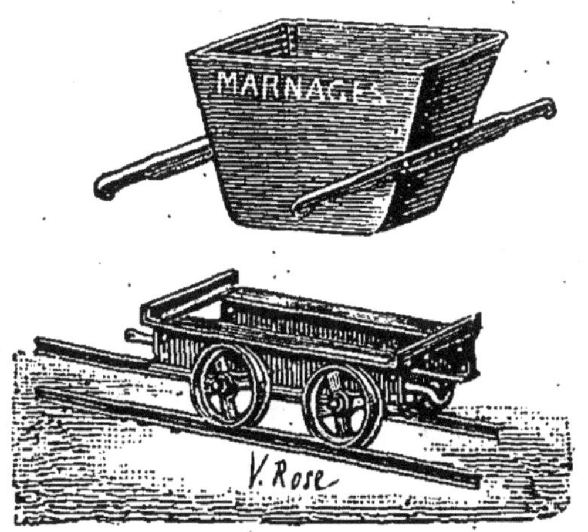

Fig. 9. Wagon pour la marne.

Lorsqu'il s'agit de transporter des matières fractionnables telles que des fumiers, des betteraves,

Fig. 10. Wagon pour les fumiers.

des gerbes, on divise les charges en fractions de 250 à 500 kil. mises chacune sur un petit wagon à

Fig. 11. Wagon pour les récoltes, fagots.

2 essieux ; s'il s'agit de charges non fractionnables, comme un arbre, une poutre, on répartit la charge

sur deux wagons à fourche pivotante. Nous donnons ci-après le type de quelques wagons de M. Decauville. La fig. 9 est une civière en tôle pour le transport de la marne, du terreau, des engrais, etc.; elle est munie de brancards mobiles qu'on peut retirer à volonté. La fig. 10 représente la civière à clairevoie pour les transports de fumiers, de betteraves, de racines, etc.; Le type de la fig. 11 sert pour le transport des cannes à sucre, du maïs, des fagots, des récoltes de fourrage.

Ces wagons se font aussi à bascule (fig. 12 et 13), permettant de vider la charge à droite ou à gauche.

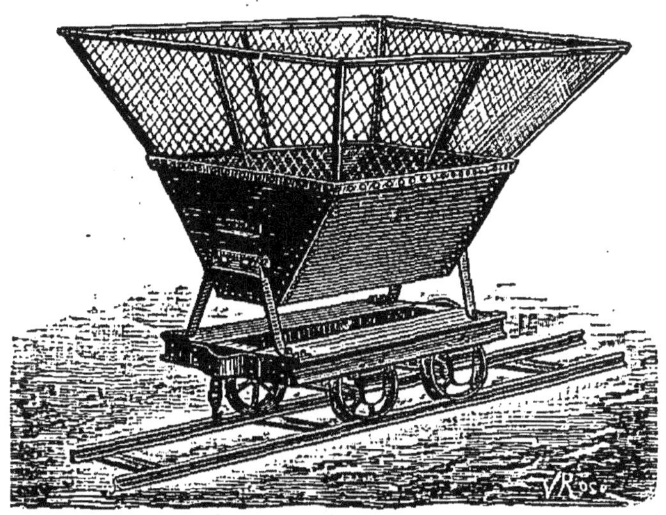

Fig 12 Wagon basculant pour terrassement.

Le type 12 est un des plus répandus; il sert pour le transport des charbons, du sable, du mortier, etc.; ces wagons sont équilibrés de telle sorte qu'ils peuvent, d'un coup, vider tout leur contenu. Le type 14 est un tonneau en tôle pour le transport de l'eau potable, des engrais liquides,

Fig. 13. Wagon basculant pour terrassement.

etc.; on fait ainsi des citernes qui contiennent plus de 675 litres.

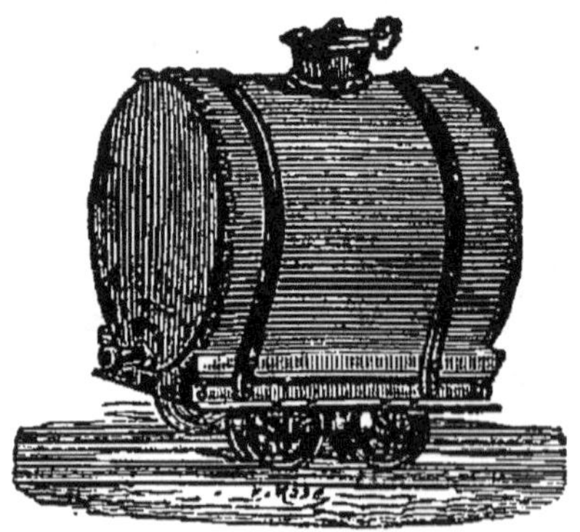

Fig. 14. Wagon-citerne.

Il existe en outre beaucoup de modèles pour transport d'arbres, de longues pièces, etc.

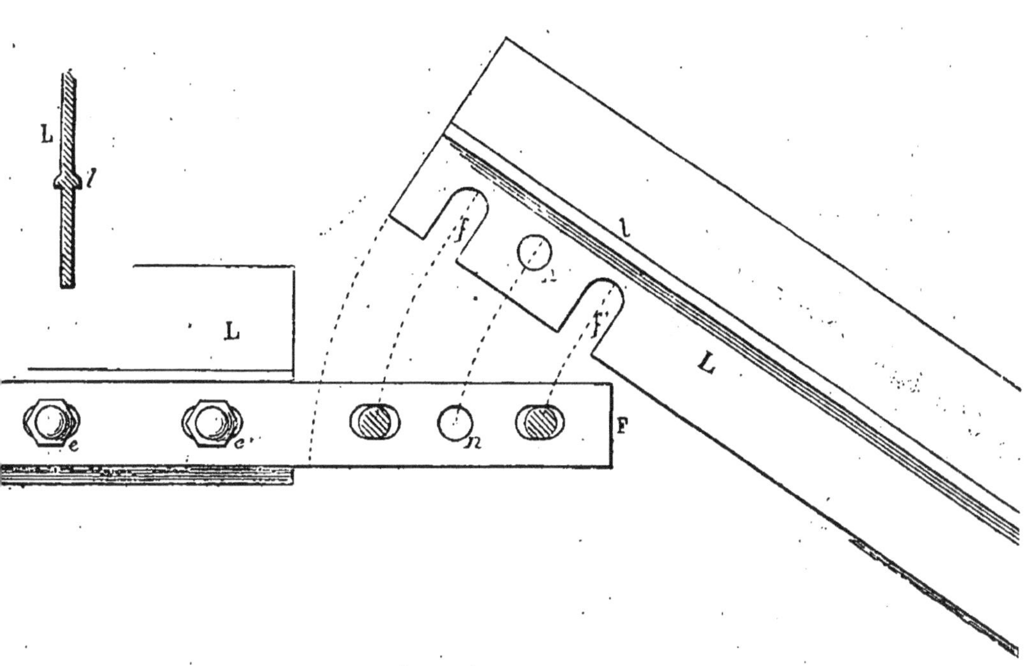

Fig. 15. Monorail Lartigues.

Monorail Lartigues. — Nous devons aussi dire quelques mots du chemin de fer monorail qui,

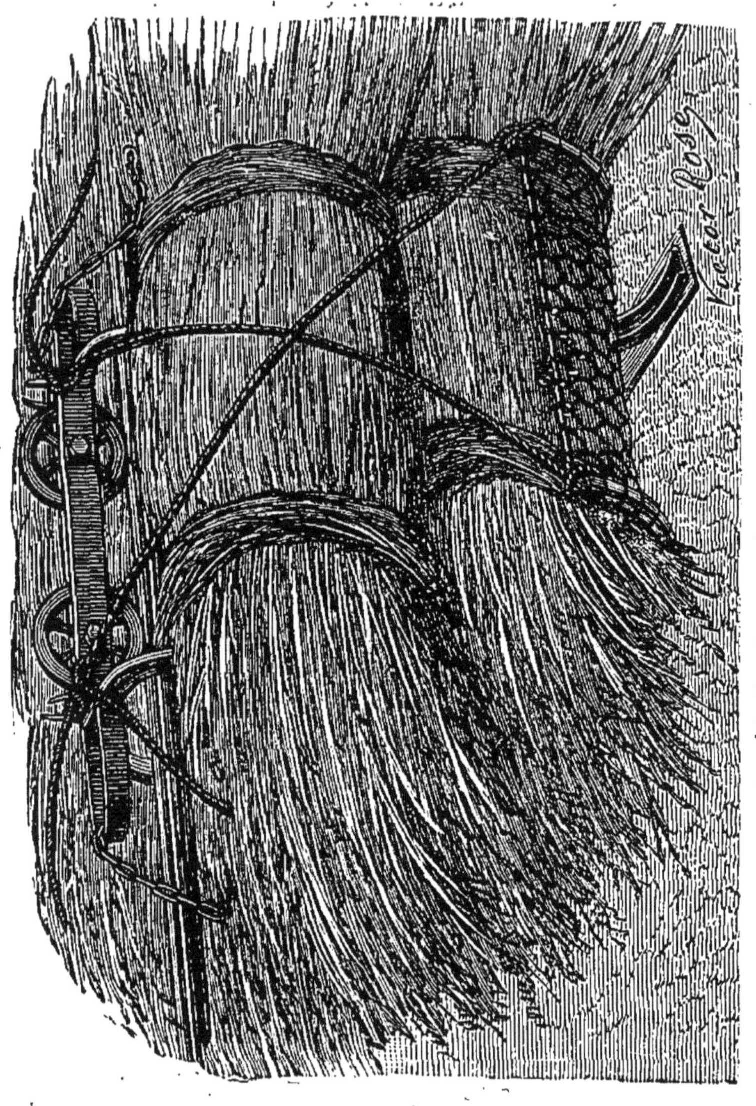

Fig. 16. Cacolet pour le porteur Lartigues.

dans certains cas, peut rendre des services pour les transports économiques. C'est le chemin de fer monorail Lartigues ; il se compose d'un rail unique en acier porté par des chevalets métalliques qui le soutiennent à une hauteur de 0m80 au-dessus du sol. Ce rail (fig. 15) est formé d'une bande d'acier terminée par deux dents *ff* et une goupille *n* qui s'ajuste sur le rail suivant. Les chevalets reposent sur le sol sans traverses ni boulons ; ils sont seulement assujettis par des fiches de 0m30 de longueur.

Les cacolets (fig. 16), qui roulent au moyen de poulies à gorges, varient beaucoup de forme ; suivant qu'il s'agit de transporter des matières sèches, liquides, fractionnables, ils prennent l'aspect de hottes, de gouttières, de paniers, de crampons, de filets.

La traction s'opère avec un cheval ou un mulet; on a même créé un type spécial de moteur électrique Siemens pour faire mouvoir ce système.

§ III. — FONDATIONS

Tracé. — Pour tracer les fondations sur le sol, on indique d'abord par des jalons l'axe des murs: puis on augmente cette ligne d'axe de l'épaisseur de la muraille; celle-ci est alors indiquée par des broches en bois reliées par des ficelles.

Fouilles. — Lorsque le tracé est terminé, on commence à faire les fouilles. Celles-ci doivent être plus ou moins profondes. On jette la terre sur le côté au fur et à mesure que l'on creuse;

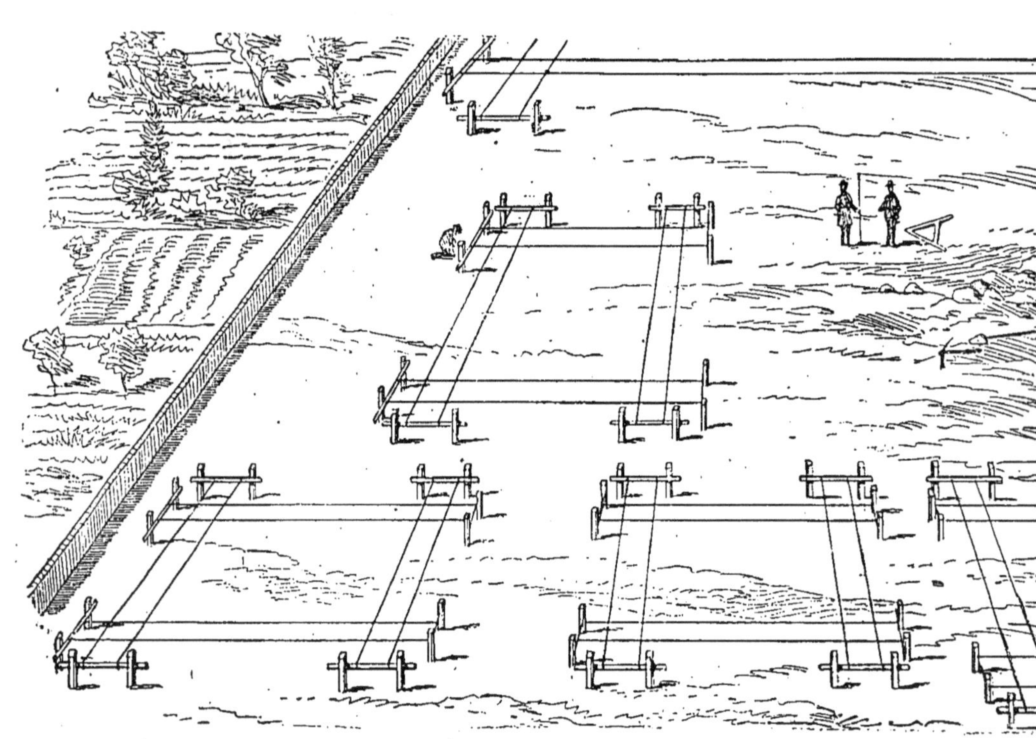

Fig. 17. Tracé des fondations.

d'autres ouvriers la reprennent pour charger les tombereaux. Lorsqu'on opère dans des terres inconsistantes, il faut alors maintenir les talus par des planches calées avec des étrésillons (fig. 18).

Fig. 18. Étrésillonnement.

S'il s'agit d'une fouille considérable, par exemple pour établir une cave, on procédera par petites parties, en abattant des portions de terre qu'on fera ensuite ébouler.

On doit avoir soin, au moment des fouilles, de réserver une certaine quantité de terre pour remplir les vides qui subsisteront après qu'on aura maçonné les fondations ; les terres devront être pilonnées avec soin, afin de consolider la maçonnerie.

Le procédé le plus avantageux consiste à exhausser le sol intérieur des bâtiments en utilisant les terres provenant des fouilles. Il suffit de rejeter celles-ci du côté interne et de les niveler. On économise ainsi des transports et les bâtiments gagnent beaucoup au point de vue de la protection contre l'humidité du sol et les eaux pluviales.

Lorsqu'on opère sur des terrains glaiseux et compressibles, ou sur des sols détrempés par les eaux, il faut alors enfoncer des pieux en sapin frettés d'une pointe de fer et munis d'un collier, qu'on fait pénétrer dans le sol en les frappant au moyen d'une sonnette. En général, on doit toujours éviter les terres de cette nature ; car le travail de maçonnerie sur pilotis est très onéreux. Les sols sableux peuvent être souvent utilisés, lorsqu'ils ont été battus et nivelés avec soin.

La fouille doit descendre à 1 mètre pour les murs de bâtiments et à $0^{m}60$ pour les murs de clôture ; s'il y a des caves, les fondations descendront à $0^{m}50$ en contre-bas du sol.

Construction. — On place les grosses pierres au fond de la tranchée et on élève ensuite les assises en pierres ou en briques à la manière ordinaire, en ayant soin de bien croiser les joints des assises. Il ne faut pas oublier que les fondations doivent être plus larges que la muraille supérieure ; la largeur de la saillie varie de 0m05 à 0m10 centimètres. Si le sol est humide, on ne manquera pas de se servir de mortier hydraulique.

Du reste, une bonne précaution pour les fondations, c'est de les faire en matériaux hydrauliques, en laissant un passage pour des conduits d'assèchement.

Pour les fondations en béton, on jette le béton, plus ou moins gras, suivant les terrains, par couche de 0m30 à 0m40 qu'on pilonne avec soin : on peut élever la maçonnerie sur une première couche, ou superposer d'autres lits jusqu'au niveau du sol.

Afin de donner aux sols compressibles une plus grande résistance, on y enfonce de loin en loin des pieux en bois qu'on retire ensuite pour remplir l'alvéole avec du mortier ou du béton bien pilonné ; cela constitue des espèces de piliers massifs qui supportent les fondations : cette pièce de bois à 1 mètre à 1m60 de longueur et une vingtaine de centimètres à la partie supérieure ; pendant le battage, on la remue et on la fait pivoter de manière à affermir les parois de l'alvéole.

Si le sol est humide, on établit un plancher sur madriers de 0m30 sur 0m10 ; le plancher lui-même a 0m08 d'épaisseur. On fait aussi des grilles en poutres bien assemblées et chevillées; on remplit les intervalles avec du béton.

Enfin, dans les terrains plus humides encore, on recourt aux pilotis, ainsi que nous le disions ci-dessus; sur ces pilotis on établit un plancher en madriers sur lesquels repose la construction.

Les travaux sur l'eau sont encore plus coûteux et nécessitent des connaissances spéciales en maçonnerie.

§ IV. — MAÇONNERIE

Murs. — La maçonnerie diffère suivant qu'il s'agit de constructions à parois verticales, (murs) ou à parois horizontales (planchers, voûtes). On distingue la maçonnerie en *pisé*; la maçonnerie en *moellons*, celle en *pierre de taille* ou en *briques*.

Maçonnerie en pisé. — Le pisé est de la terre argileuse pétrie avec de l'eau et qu'on maintient soit en la moulant, soit en l'encastrant dans un encaissement en bois. En Orient, en Afrique, le premier système est le plus usité ; avec la terre crue, on fabrique de grosses briques qu'on fait sécher à l'ombre; la maçonnerie s'exécute comme pour les briques ordinaires.

En France, on se sert plutôt du second système (pays d'Auge, Champagne, etc.); mais alors le pisé est remplacé par le *torchis* qui est formé de terre franche gâchée avec du foin ou de la paille. On bâtit la maison en charpente en disposant dans les intervalles vides des soliveaux; on remplit alors ces cadres avec du torchis qu'on égalise à la truelle. Ce genre de maçonnerie est plus résistant qu'on ne croirait; mais il donne un abri facile aux petits rongeurs et il remplit de poussière les appartements, ce qui est préjudiciable surtout pour les laiteries.

Maçonnerie en moellons. — Les moellons doivent être *ébousinés*, c'est-à-dire débarrassés des parties marneuses qui les recouvrent; on taille ensuite les joints et les parements. On les dispose par leur face régulière de manière à former chaque paroi de la muraille et on remplit l'espace intermédiaire avec des morceaux plus petits noyés dans le mortier: on doit avoir soin de disposer de loin en loin des pierres plus longues qui traversent entièrement la muraille et empêchent l'écartement des deux faces. Il faut que les moellons soient de largeur inégale, de manière que les joints ne se trouvent pas sur la même ligne.

Maçonnerie en pierres. — Les pierres de taille se disposent par assises régulières; aussi est-il nécessaire que toutes les faces soient dressées avec soin. On distingue deux systèmes: la construction en *besace* et la construction par *évidement.*

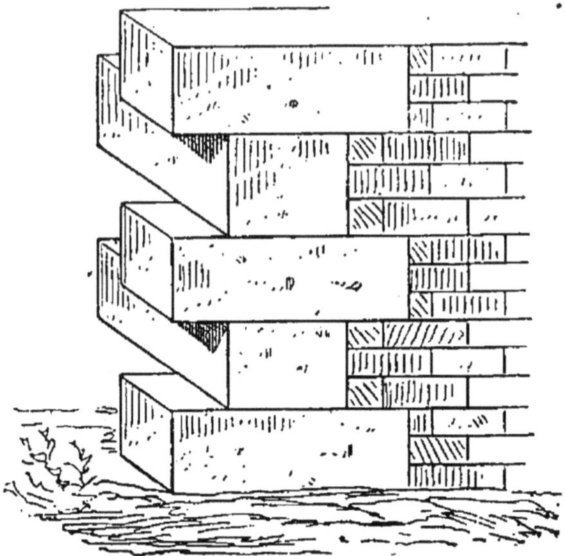

Fig. 19. Appareil en besace, chaîne d'un mur.

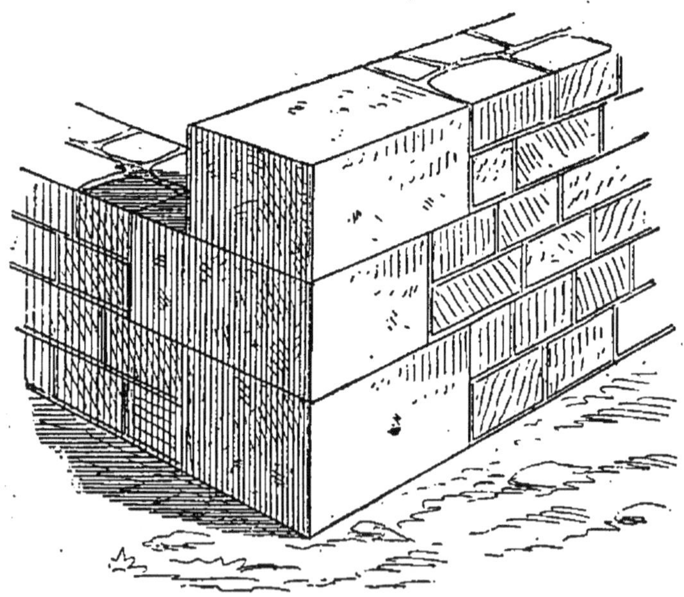

Fig. 20. Appareil en besace, angle d'un mur.

Dans le premier genre, on place toujours, sur une pierre montrant sa face longue, une autre pierre montrant sa face étroite, c'est-à-dire qu'on les dispose alternativement en longueur et en largeur. Cet appareil est très employé pour établir une chaîne dans un mur en moellons (fig. 19) où encore pour monter l'angle d'un mur (fig. 20). Il est évident que si la pierre fait défaut, on pourra la remplacer, dans ces deux cas, par des moellons aussi gros et aussi réguliers que possible.

Fig. 21. Appareil par évidement.

L'appareil par *évidement* consiste à tailler la pierre en T (fig. 21), de manière que chacun de ses trois bras forme l'intersection de deux murs ; c'est un système plus coûteux et moins employé.

Entre les pierres de taille, on met de petites cales en bois d'un centimètre d'épaisseur représentant la hauteur du joint qui est rempli ensuite de mortier.

Maçonnerie en briques. — Les briques présentant des formes régulières et un volume égal

Fig. 22. Mur en briques.

sont très commodes pour la maçonnerie, il n'y a pas besoin de garnir les vides intérieurs et les joints ne dépassent pas une épaisseur de 0m007 millimètres. La brique adhère parfaitement avec toute espèce de mortier; mais il est bon de la tremper dans l'eau afin d'augmenter l'adhérence.

Avec les briques on peut faire des cloisons de diverses épaisseurs; en les posant sur *champ* on obtient des murs de 0m04 à 0m06. Mais avec les briques à plat on obtient des cloisons plus résistantes ; on peut mettre les briques en *panne*, de manière que l'épaisseur du mur ait la largeur d'une brique (0^m21), ou les briques *boutisses* afin que le mur ait l'épaisseur de la brique (0^m22) ; on fait aussi des murs égaux à trois largeurs de briques (0^m23) ou a deux longueurs (0^m44). Nous donnons ci-contre fig. 22 un modèle de mur de 0^m22 cent. : on voit qu'on pose deux briques en long et une en large qui joue le même rôle que les pierres traversières dans les murs en moellons.

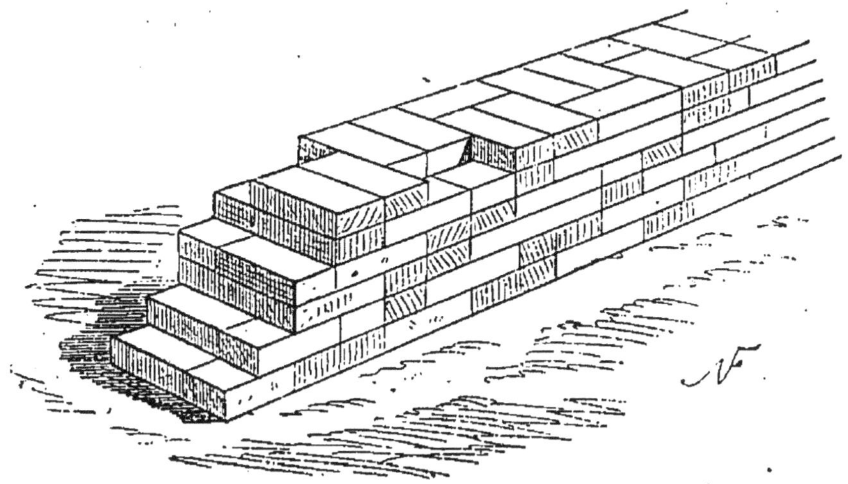

Fig. 23. Appareil en briques de 0,33.

La fig. 23 représente un mur de 0^m33 centimètres ; il se compose de deux briques en large complétées par une brique en long ; celle-ci est disposée alternativement sur chaque face de la muraille.

Pour les murs de 0^m44 on place deux briques en long à chaque extrémité d'une paire de briques disposées en long et on sépare chaque assemblage de ce genre par deux briques bout à bout en long.

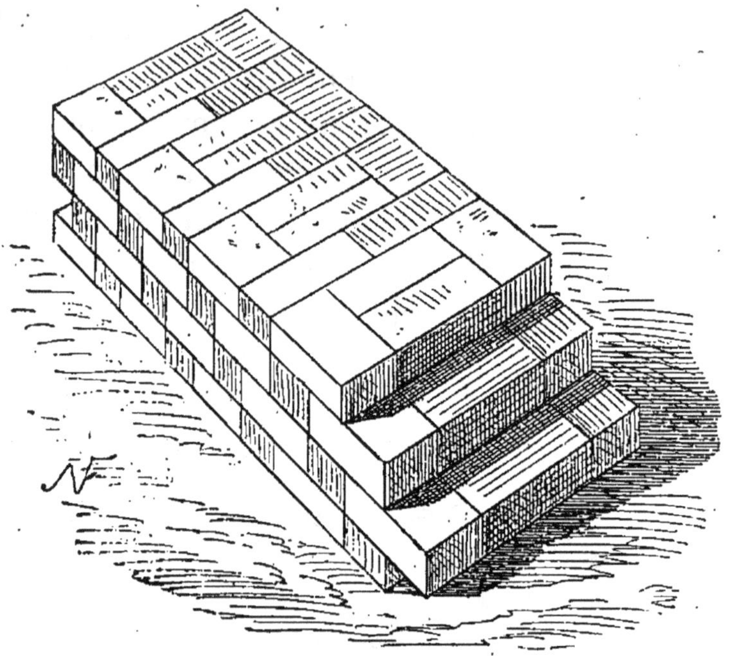

Fig. 24. Appareil en briques de 0,44.

Les angles des constructions se font avec des briques posées alternativement en long et en large sur chaque face; on remplit les vides par des moitiés de briques.

On doit, autant que possible, éviter de placer les ferrements directement dans la brique; car celle-ci s'écaille peu à peu sous les chocs répétés. Il vaut mieux réserver des morceaux de pierre de taille pour recevoir les ferrements.

Échafaudages. — Lorsque le mur atteint une

certaine hauteur, on doit recourir aux échafaudages. Ceux-ci se composent (fig. 25) de grandes pièces de bois ou *échasses* plantées dans le sol et assujetties par des coins en bois ou un massif de

Fig. 25. Échafaudage.

plâtre : ils supportent des traverses ou boulins qui, d'un côté, entrent dans la muraille et de l'autre sont attachés par des cordes aux échasses. Sur ces boulins, on dispose des planches qui, trop souvent, sont assujetties avec beaucoup de négligence. Aux échasses on fixe aussi une traverse qui supporte la poulie servant à monter les matériaux, le mortier, etc.

Épaisseur des murs. — En général, dans les bâtiments ruraux, on adopte, comme mesure, une épaisseur de 0m50 pour les murs de face et 0m40 pour les murs de refend. Cette épaisseur est plus considérable pour les murs de pierres sèches ; elle est moindre pour les cloisons en briques, ainsi que nous l'avons dit.

Les murs de clôture doivent pouvoir résister aux vents les plus violents.

D'après Rondelet, l'épaisseur d'un mur dépend de la nature des matériaux qui le composent, de sa hauteur et de sa longueur entre les murs qui l'accostent. Ainsi, l'épaisseur d'un long mur de clôture (de 20 mètres de long par exemple) doit être égale au 8me de sa hauteur, si on veut un mur très fort ; au 10me de sa hauteur, si on veut un mur assez fort ; au 12me si on veut économiser la maçonnerie. Cette épaisseur ne serait pas suffisante pour résister à de grands orages. M. Grandvoinnet donne les chiffres suivants :

Hauteur des murs.	Épaisseur nécessaire pour résister A des orages violents.	Épaisseur nécessaire pour résister A des orages exceptionnels.
—	—	—
1	0.354	0.482
1.21	0.390	0.530
1.44	0.425	0.579
1.69	0.460	0.627
1.96	0.496	0.675
2.25	0.531	0.723

Hauteur des murs.	Épaisseur nécessaire pour résister A des orages violents.	A des orages exceptionnels.
—	—	—
2.56	0.567	0.771
2.89	0.602	0.820
3.24	0.638	0.868
3.61	0.673	0.916
4	0.708	0.964

On peut restreindre ce cube de maçonnerie, en faisant le mur plus épais à sa base qu'au sommet, c'est-à-dire en lui donnant *du fruit ;* toutefois, on ne peut arriver à faire un mur tout à fait triangulaire, il faut au moins que la partie supérieure la plus mince ait une épaisseur de 0m11 en briques et de 0m25 en moellons, mais on économise ainsi presque un tiers de la maçonnerie.

Les murs de soutènement doivent être encore plus résistants, car ils sont appelés à résister à la poussée des terres. Cette poussée est égale à la quantité de terres contenue entre la muraille et la ligne imaginaire que formerait le talus de la terre si on la laissait spontanément ébouler. Plus les terres sont compactes, plus cette ligne se rapproche de la verticale, et par conséquent plus la poussée est petite. M. Grandvoinnet a calculé l'épaisseur à donner aux murs de soutènement, selon l'espèce de maçonnerie employée et selon la nature des terres.

Nature et état des terres.	Espèce de maçonnerie.	Pour une hauteur de : 1m.	1m,50	2m.	2m,50	3m.	4m.
Sable fin très sec....	Moellons légers..	0.30	0.45	0.61	0.76	0.91	1.22
	Briques..........	0.27	0.40	0.53	0.67	0.80	1.07
	Moellons durs....	0.26	0.39	0.52	0.65	0.78	1.04
Terre moyenne consistante mixte.....	Moellons légers..	0.27	0.40	0.53	0.67	0.80	1.07
	Briques..........	0.23	0.35	0.47	0.59	0.70	0.94
	Moellons durs....	0.23	0.34	0.46	0.57	0.69	0.92
Même terre sèche...	Moellons légers..	0.23	0.34	0.45	0.57	0.68	0.91
	Briques..........	0.20	0.30	0.40	0.50	0.60	0.80
	Moellons durs....	0.19	0.29	0.39	0.49	0.58	0.78
Terre très tenace...	Moellons légers..	0.18	0.26	0.35	0.44	0.53	0.71
	Briques.........	0.15	0.23	0.31	0.39	0.46	0.61
	Moellons durs...	0.15	0.23	0.30	0.38	0.46	0.61
Eau ou boue liquide.	Moellons légers..	0.44	0.66	0.88	1.10	1.32	1.76
	Briques..........	0.39	0.59	0.78	0.98	1.16	1.56
	Moellons durs....	0.38	0.57	0.75	0.95	1.14	1.52

En pratique, il faut augmenter ces moyennes d'un huitième ou d'un dixième.

§ V. — VOUTES

Les voûtes sont surtout employées pour les caves, caveaux, laiteries ; mais leur usage tend à se généraliser depuis qu'on emploie les demi-voûtes montées sur des fers en T pour faire le plafond des étables, écuries, greniers, etc.

Une voûte se compose de pierres taillées en coin, afin de former une courbe. Ces pierres s'appellent *voussoirs* quand elles forment un cintre ; on les nomme *claveaux* s'il s'agit d'une voûte horizontale : celles-ci sont surtout usitées pour les baies d'ouvertures. La pierre centrale s'appelle *clef;* les deux voussoirs des extrémités se nomment *sommiers*. La corde de l'arc de voûte est la *portée ;* la hauteur entre cette corde et la clef est la *flèche*.

Pour expliquer simplement la théorie de la voûte, nous supposons une planchette de bois mince : si on la place sur deux pierres et qu'on monte dessus, la planchette se brisera ; si au contraire on la courbe en la maintenant entre deux grosses pierres bien assujetties, la planchette résistera ; si ces pierres sont insuffisamment fixées, elles se déplaceront et la planchette s'affaissera.

M. Grandvoinnet a donné une très ingénieuse théorie des voûtes ; il les assimile à une chaînette dont les anneaux sont remplacés par des boules creuses reliées l'une à l'autre par un fil résistant, inextensible et infiniment court. On suspend cette chaînette à deux clous contre une planche verticale. Si on peut retourner instantanément l'ensemble des boules, on aura une voûte en équilibre ; la courbe intérieure est *l'intrados*, la courbe extérieure est *l'extrados*. Pour qu'une voûte soit stable, il faut que la pression résultant de la charge qu'elle supporte se transmette de voussoir en voussoir, en formant une courbe comprise entre l'intrados et l'extrados : il faut en outre que la poussée latérale ne puisse renverser les murs ou pieds droits qui supportent la voûte.

Cette courbe est ce qu'on appelle la *courbe de chaînette;* non chargée, elle se tient en équilibre, quelle que soit la légèreté de la maçonnerie ; mais dès qu'il s'agit de lui faire porter une charge, on doit augmenter la queue des voussoirs de manière à accroître la résistance de la voûte.

Pour tracer la voûte, M. Grandvoinnet conseille de dessiner sur un mur, mais *renversée,* la courbe choisie ; aux extrémités on suspend une chaînette fine d'une longueur égale à la courbe : on commence par charger chaque anneau d'un poids égal représentant celui des voussoirs; puis on augmente par tâtonnement les poids de chacun d'eux de telle manière que la courbe de la chaînette, qui se modifie au fur et à mesure qu'on charge chaque anneau, vienne se confondre avec la courbe choisie pour la voûte ; on sait alors où il faut les charger et de combien.

La courbe peut être plus ou moins prononcée ; si elle est égale à une demi-circonférence, elle s'appelle *plein-cintre ;* si elle est plus élevée, elle se nomme *exhaussé* ou *ogivale ;* si elle est moins élevée, on l'appelle *abaissée* ou *en arc de cercle.* Plus la voûte est aiguë, plus elle est résistante ; mais elle a l'inconvénient d'exiger une grande hauteur ; plus elle est surbaissée, plus la poussée est forte sur les pieds droits et plus il est nécessaire de donner à ceux-ci de la force et de l'épaisseur.

On peut faire les voûtes en pierres de taille, en moellons et en briques. Pour les deux premiers cas, on diminue la courbe de la voûte en *intrados* sur un mur, puis on dessine d'équerre avec cette courbe les jointures des pierres, en ayant soin de réserver la place du centre pour la clef.

Très souvent, on se sert de briques pour faire des voûtes (fig. 26); comme celles-ci ne sont pas taillées en coin, on doit avoir soin de mettre moins de mortier à la partie inférieure de la courbe qu'à la partie extérieure ; on introduit même dans les intervalles de petits morceaux d'ardoise qui font corps avec le mortier; le plus simple est de maçonner ces voûtes sur un cintre en bois disposé d'après le patron qu'on a dessiné pour établir la

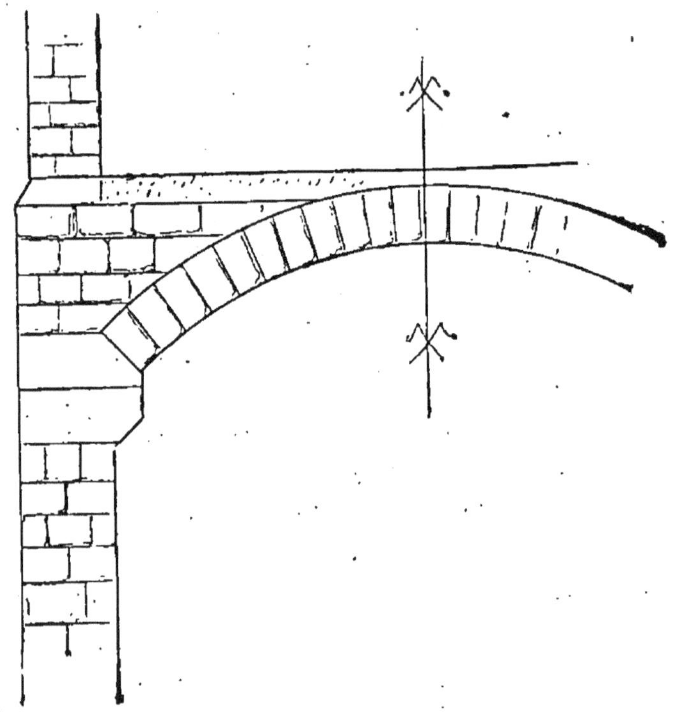

Fig. 26. Construction d'une voûte.

courbe. Il est bon de faire reposer les sommiers de ces voûtes sur deux pierres de taille.

Pour les voûtes légères destinées à faire des planchers au-dessus des logements d'animaux, on emploie des briques disposées sur une faible courbure et reposant sur des poutrelles en fer en double T. La flèche de ces voûtes doit être égale au moins au huitième de leur portée ; celle-ci peut atteindre jusqu'à 1m50 sur 0m11 d'épaisseur.

§ VI. — OUVERTURES

Les ouvertures pour les portes et les fenêtres comprennent trois parties : le *tableau*, ou face extérieure ; la *feuillure*, pour recevoir la boiserie, et l'*embrasure*, destinée à faciliter l'accès du jour.

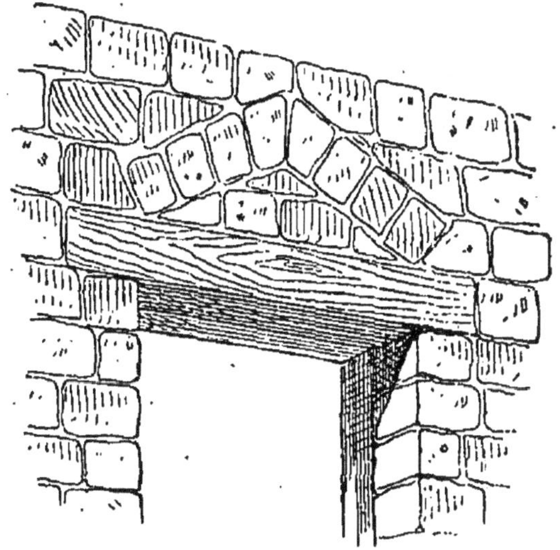

Fig. 27. Fenêtre avec linteau en bois.

Les fenêtres les plus simples sont construites en moellons ; on place un morceau de bois ou *linteau* (fig. 26) pour supporter le dessus et on le renforce par des pierres placées en triangle et englobées dans la maçonnerie ; le linteau est ainsi déchargé d'une partie du poids qui se reporte sur les pieds droits.

Lorsqu'on a de la pierre de taille, on peut faire la fenêtre en cintre (fig. 28) ; de la même manière on peut employer la brique pour former le dessus d'une fenêtre.

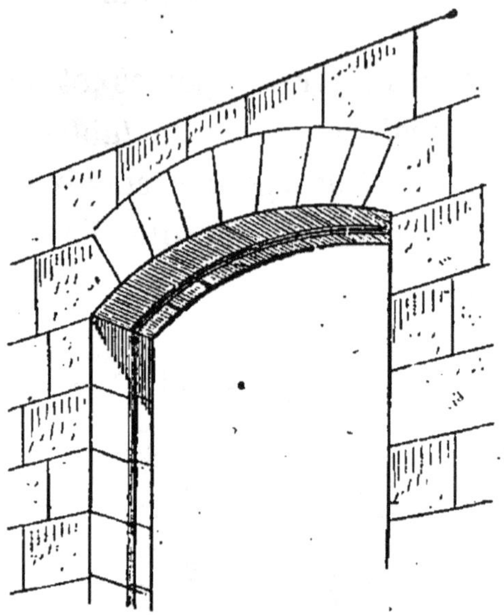

Fig. 28. Fenêtre cintrée.

Parfois, on fait le linteau en pierre et pour l'alléger, on le surmonte d'un arc de décharge en pierres de taille ou en briques. Ce système convient surtout aux maisons d'habitation. Dans l'exemple que nous donnons ci-dessous (fig. 29), on a encore soutenu le linteau au moyen de deux corbeaux en pierre pris sur les montants.

Enfin, avec les pierres de taille, on peut faire le linteau en plusieurs morceaux ou en voûte horizontale.

Les appuis se font en pierre dure ; on les taille

souvent en talus afin de faciliter l'écoulement des eaux pluviales. Le rebord inférieur porte une rainure destinée à empêcher les mêmes eaux de s'infiltrer jusque dans la muraille. Si la pierre dure fait défaut, on la remplacera par des briques

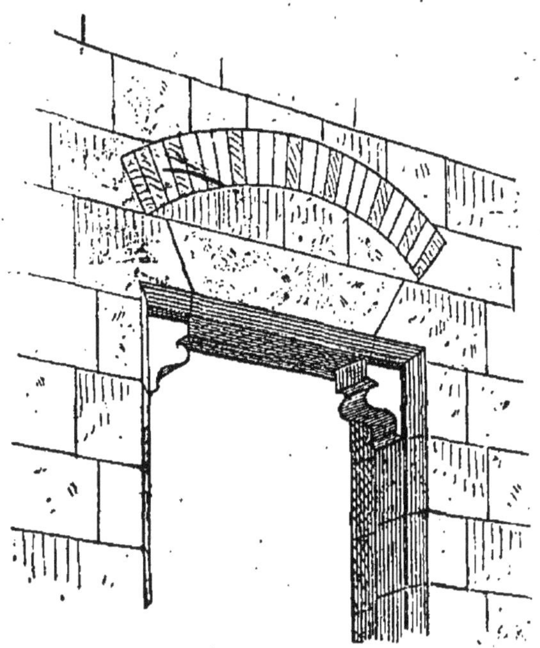

Fig. 29. Fenêtre avec linteau en pierre.

de champ. Ce que nous venons de dire des appuis des fenêtres, s'applique aux seuils des portes.

Quant aux dimensions à donner aux ouvertures, nous les indiquerons en traitant séparément des différentes parties d'une construction rurale. En général, la hauteur d'une fenêtre égalera une fois et demi sa largeur.

§ VII. — CHEMINÉES

On apporte généralement trop peu de soin dans la construction des cheminées ; très souvent les tuyaux sont contigus à des poutres, à des charpentes ; la maçonnerie est mal faite et les foyers sont insuffisants.

La tuyaux s'établissent dans l'épaisseur de la muraille; on les construit en carreaux de plâtre ou mieux encore en briques. Quelquefois, on se contente de faire seulement la face intérieure de la cheminée en briques, c'est une erreur dangereuse ; il est nécessaire de construire entièrement le tuyau avec ces mêmes matériaux. En général, ces conduits ont 0^{m}28 à 0^{m}30 de profondeur sur 0^{m}60 de largeur. Le tuyau doit dominer d'un mètre au moins le haut des combles ; l'extrémité est protégée par des appareils de diverses formes en poterie ou en tôle. Le foyer est placé dans un vide laissé dans la maçonnerie, il se construit en pierres dures ou en briques posées de champ. Devant le foyer, on place une dalle en pierre, si la pièce est planchéiée.

§ VIII. — PETITS TRAVAUX DE MAÇONNERIE

Rejointages. — Pour rejointer les maçonneries vieilles ou détériorées, on creuse, avec une espèce de crochet en fér, les joints, et on les remplit avec un mortier hydraulique fin de chaux et de ciment.

Enduits. — Les enduits et les crépis sont constitués par des couches de mortier qu'on applique sur les moellons et sur les joints. Un crépi ne dépasse guère 0m015 d'épaisseur, et un enduit est une couche de 0m002 à 0m003 lissée avec soin au moyen de la truelle plate.

Souvent, sur les enduits, on jette les dernières couches avec un balai, de manière qu'ils s'appliquent en forme de gouttelettes ; ils sont plus résistants que les autres.

Plafonds. — Les plafonds sont des revêtements en plâtre qu'on applique sur les lattes clouées au-dessous des solives ; si le plâtre est rare, on emploiera un mélange de chaux et de plâtre, ou encore du blanc en bourre ou un mortier de chaux et d'argile.

Carrelages. Aires. — Les carrelages et les aires sont des revêtements qu'on applique sur les planchers ou dans les passages. Les aires se font en plâtre ou en mortier, dont on empâte de petits morceaux de bois ou bardeaux placés sur les solives. Avant de poser un carrelage, on doit bien aplanir le sol et le recouvrir d'une couche de sable ou de béton : sur ce lit on dispose les carrelages qui sont des morceaux de terre cuite de formes diverses ; ils sont moins lourds que la brique et chargent moins les planchers ; mais dans les passages, la brique est préférable.

CHAPITRE IV

Charpente, Pans de bois, Planchers, Combles des toits, Étaiements.

La charpente contient trois parties principales: 1° les parois verticales ou pans de bois ; 2° les parois horizontales ou planches ; 3° les supports de couvertures et combles des toits.

Nous avons expliqué comment on équarrit les bois ; la seconde question est celle des assemblages ; nous ne donnerons pas toutes les variétés d'assemblages qui sont du domaine du métier de charpentier. Le plus important est celui à *tenon* et *mortaise* (fig. 30). L'une des pièces porte le tenon dont l'épaisseur est le tiers de la dimension totale ; l'autre pièce est percée d'un trou appelé *mortaise*

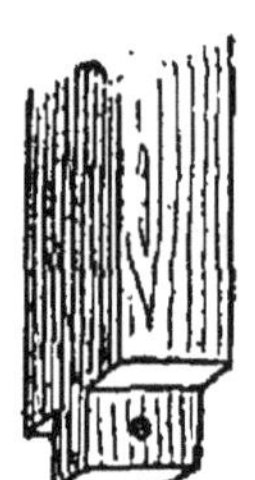

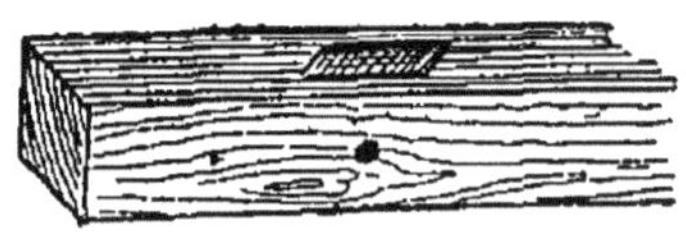

Fig. 30. Tenon et mortaise.

(fig. 30), ayant en creux le même volume que le relief du tenon. Une fiche maintient le tenon dans la mortaise. On distingue encore les assemblages à *croisement*, à *ente*, à *serrement*, etc (1).

§ I. — PANS DE BOIS

Les pans de bois consistent en châssis à claire-voie remplaçant un mur ou une cloison ; les intervalles vides sont remplis par des maçonneries légères, du pisé, etc. Ce genre de construction repose toujours sur une maçonnerie de 0m30 à 0m50 d'épaisseur. Pour donner plus de solidité aux pans de bois, on relie les pièces verticales par des linteaux horizontaux et par des bois obliques, appelés *écharpes* ou *décharges*, ce qui facilite beaucoup le remplissage.

En général les poteaux principaux ou *pièces corniers* ont 0m15 à 0m30 d'équarrissage ; les potelets intermédiaires, 0m15 à 0m20 ; les potelets de remplissage, 0m10 à 0m20 ; les traverses inférieures et supérieures ou *sablières*, 0m20 à 0m30. Si le pan de bois supporte des poutres, il faut soutenir celles-ci par des poteaux plus forts ou accouplés, des décharges placées en dessus et en dessous, des étriers en fer, etc.

Si le bâtiment est à deux étages, les poteaux

(1 Voyez H. Graffigny, *Les industries d'amateur*, Paris 1889. *(Bibliothèque des connaissances utiles)*.

corniers ont la hauteur totale de l'édifice ; quand on ne possède pas de pièces de bois d'une longueur suffisante, on fait un assemblage à ente par un *trait de Jupiter* composé d'une série d'entailles alternatives ; l'enture est assujettie par des boulons ou des frettes.

§ II. — PLANCHERS

Le plancher le plus simple se compose de *solives* parallèles placées sur les murs, sur les pans de bois ou reposant sur des pièces horizontales encastrées dans les murs et appelées *lambourdes*. Les solives ont comme équarrissage

Fig. 31. Plancher en demi-voûtes.

0^m15 à 0^m20 sur 0^m08 à 0^m10. On les espace de 0^m25 à 0^m35 centimètres et quelquefois plus.

Ce genre de planchers ne convient que pour les pièces ne dépassant pas une largeur de 4 mètres (longueur des solives). Si le local est plus vaste, on recourt à l'emploi des poutres et des solives ; chaque poutre étant distante de 4 mètres de la poutre suivante, on voit que ce procédé consiste à juxtaposer une série de planchers de solives. L'équarrissage des poutres doit être égal au 1/18 de leur portée ; ainsi pour une pièce de 7 mètres, on devra donner un équarrissage de 0^m38. Si le plancher doit supporter des charges très lourdes, on emploie des poutres armées, c'est-à-dire composées de plusieurs pièces reliées par des armatures en fer.

Dans la plupart des constructions rurales, les poutres restent visibles ; on se contente donc de poser les solives sur les poutres sans assemblage ; on les fixe par des clous ou des chevilles. Quelquefois aussi on pratique dans la poutre des encoches qui reçoivent l'extrémité de la solive. Si on veut dissimuler les poutres dans l'épaisseur des planchers, on assemble les solives dans chacun des flancs de la poutre ou mieux encore on les pose sur des lambourdes boulonnées sur les côtés de la poutre.

Pour réserver la place aux âtres de cheminée, on arrête les solives en plaçant, entre deux solives plus fortes que les autres, une pièce de bois dite *chevêtre*, sur laquelle s'appuient les solives intermédiaires. Le vide entre le *chevêtre* et le fond de la cheminée est rempli par une maçonnerie consolidée par des barres de fer ou *faux chevêtres*. On prend les mêmes précautions autour du passage des tuyaux de cheminée ; il en est de même pour réserver le vide nécessaire à la cage d'un escalier. Les chevêtres ne doivent pas avoir plus de 2m50 de long lorsqu'ils sont pris entre deux solives, ni plus de 3 mètres, si une de leurs extrémités est scellée dans le mur : les solives d'enchevêtrure doivent être engagées dans un mur à moellons de 0m25 au moins et de 0m15 dans un mur en briques.

§ III. — COMBLES

Le comble est la charpente qui est destinée à porter la couverture du bâtiment ; il se compose :

1° de pièces de bois horizontales dont la plus élevée s'appelle *faîte* : la plus basse, qui porte sur les murs, se nomme *sablière* ; les pièces intermédiaires sont désignées sous le nom de *pannes* ou *filières*.

2° de *fermes*, grands pans de bois triangulaires posés verticalement sur les murs, à une distance d'environ quatre mètres les uns des autres et supportant les pannes et le faîte.

3° de *chevrons*, pièces de bois fixées sur les faîtes, pannes et sablières, dans un sens perpendiculaire à leur direction et avec une inclinaison égale à celle des fermes. Sur les chevrons, on cloue les *lattes* ou *voliges* suivant le genre de couverture. Les combles sont supportés par des pignons en maçonnerie et par les fermes ; en réalité, les fermes ne sont autre chose que des pignons intérieurs à claire-voie. Lorsque l'intervalle entre les pignons ne dépasse pas 4 mètres, on n'a pas besoin de se servir de fermes ; on place le faîte directement sur les pignons ; les pannes sont même inutiles. Le faîtage est toujours en bois de chêne d'une seule pièce ; il est bon de l'assujettir sur chaque pignon par une cheville en fer. Les pannes peuvent être en bois moins résistants : au contraire les sablières sont en bois dur à cause de leur contact avec les murailles. Les chevrons sont des solives minces (0^m06 à 0^m10), placées sur le faîtage et sur les pannes dans le sens de la pente du toit ; ils sont espacés de 0^m25 à 0^m60 suivant le mode de couverture adopté ; ils sont chevillés sur ces pièces transversales.

Les fermes doivent être établies de telle manière que, posées sur le mur, elles appuient verticalement (fig. 32), sans tendre à les pousser ou à les renverser comme font les voûtes. Les fermes les plus simples consistent en deux pièces inclinées appelées *arbalétriers*, reliées par un *entrait* ou tirant. Mais généralement on renforce cet assemblage par une pièce perpendiculaire centrale appelée *poinçon* ou *aiguille* flanquée de deux *contre-fiches* qui soutiennent les arbalétriers. Souvent aussi on ajoute deux petites pièces de bois ou *jambettes* placées entre le tirant et les arbalétriers ; ces jambettes correspondent au second rang des filières.

Dans certains cas, on supprime une partie du poinçon et on le remplace par un second entrait placé plus haut et qui supporte un poinçon plus

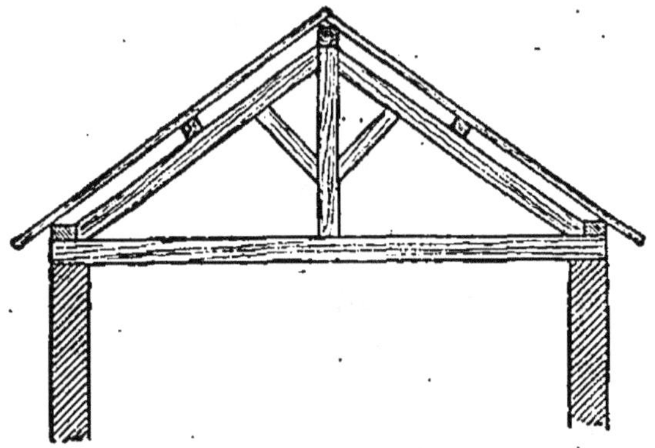

Fig. 32. Ferme bien disposée.

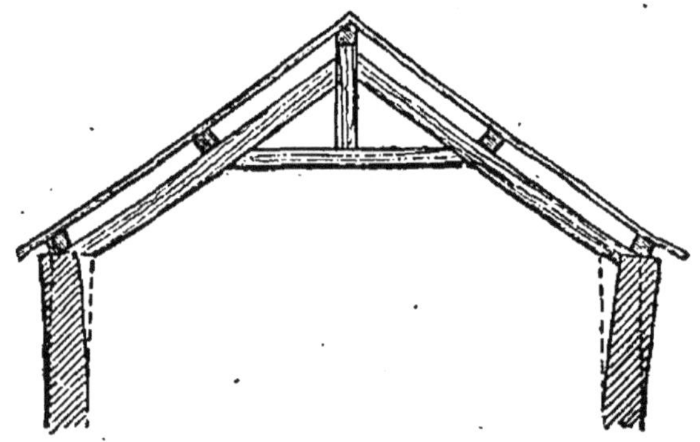

Fig. 33. Ferme mal disposée.

court. On varie du reste à l'infini les dispositions des fermes soit pour augmenter leur résistance, soit pour diminuer leur superficie. Ce qu'on ne doit pas perdre de vue, c'est la poussée que les arbalétriers exercent sur les murs, en raison du poids de la toiture. Cette poussée peut être modifiée par l'inclinaison de l'arbalétrier ; mais c'est surtout l'entrait qui en atténue les effets ; c'est pour cela qu'il est utile de le relier par des tirants en fer aux arbalétriers. On voit dans la figure 33 l'exemple d'un entrait placé trop haut, de sorte que la poussée des arbalétriers n'étant plus neutralisée amène la chute des murailles. On a calculé expérimentalement les diverses forces résultant de ces poussées et on a reconnu que la hauteur d'un comble doit être égale aux 7/10 de la moitié de l'écartement entre le pied des arbalétriers. La meilleure inclinaison, celle qui fatigue le moius la muraille, est environ 35° ; mais on peut la porter à 40° pour une toiture en ardoises.

Pour les fermes de $0^{m}50$ de large et de $3^{m}25$ de haut espacées de $3^{m}25$ seulement, M. Audant recommande de prendre $0^{m}190$ sur $0^{m}136$ d'équarrissage pour le tirant simple et $0^{m}243$ sur $0^{m}174$ à $0^{m}270$ sur $0^{m}193$ pour le tirant chargé d'un plancher ; les arbalétriers de $0^{m}190$ sur $0^{m}136$ à $0^{m}215$ sur $0^{m}154$.

Pour les fermes de 10 mètres de portée et $6^{m}50$ de hauteur, distantes de 4 mètres, on prendra $0^{m}215 \times 0^{m}154$ à $0^{m}245 \times 0^{m}175$ pour le tirant simple ; $0^{m}300 \times 0^{m}214$ à $0^{m}815 \times 0^{m}225$ pour le tirant chargé ; $0^{m}215 \times 0^{m}154$ à $0^{m}245 \times 0^{m}125$, pour les arbalétriers de $8^{m}20$ de long.

§ IV. — ETAIEMENTS

Les étaiements sont des poutres qu'on installe pour servir d'appui provisoire et résister à des pressions latérales ou verticales. Les premières sont produites par des terres qui menacent de s'écrouler ou par un mur qui s'incline. Dans le premier cas, on a recours à l'étrésillonnement dont nous avons déjà parlé; dans le second, on pose sur le mur des traverses de bois, soit encastrées, soit en croix et on y adapte un arc-boutant incliné dont on arrête solidement le pied sur une sablière fixée au sol.

S'il s'agit d'une baie d'ouverture, on applique le long de chaque jambage des madriers qu'on appelle *couches* et on les maintient par des étrésillons.

Pour les pressions verticales, comme celles d'un plancher à réparer, on place dessous une sablière, s'il n'en existe pas déjà, et on la fait soutenir par des étais appelés *jambes de force* ou *chandelles* portant sur des sablières fixées au sol. Si le plancher est à un étage supérieur, il est nécessaire d'étayer ceux du dessous. On ne doit pas frapper sur les étais pour les ajuster ; il faut les introduire avec des pinces ou leviers, de manière à éviter les ébranlements.

CHAPITRE V

Couvertures, Chaume, Tuile, Ardoise, Zinc, Papier bitumé, Bois, Chêneaux et gouttières.

La couverture est une partie très importante des constructions rurales; car elle exige, quand elle a été mal faite, de continuelles et coûteuses réparations. C'est une des principales charges de la propriété rurale.

Nous distinguons quatre espèces de formes pour les couvertures : 1° Le comble en *appentis* adossé à un édifice; 2° le comble à *deux pans*, le cas le plus ordinaire; 3° le comble à *croupes*, c'est-à-dire à pans coupés; 4° le comble en *pavillon*, ou à quatre pans semblables.

La forme la plus avantageuse, pour les bâtiments ruraux, est la seconde, le comble à deux pans; car les deux dernières exigent des travaux de raccord. Les couvertures ne doivent pas s'arrêter à l'aplomb des pignons; il vaut mieux qu'elles dépassent de 0^m20 à 0^m30. Il en est de même sur les façades de construction; le toit devra même dépasser de 0^m30 à 0^m40.

Les ouvertures dans les toits se font à l'aide de lucarnes; mais celles-ci sont d'un prix assez élevé. S'il s'agit simplement d'éclairer un grenier, on remplacera quelques tuiles ou ardoises par un verre double fixé dans une échancrure des lattes, au moyen de clous et de bandes de zinc.

On emploie différents matériaux pour les couvertures : le chaume, les tuiles, l'ardoise, le bois, le zinc, etc.

Chaume. — La couverture en chaume ou en paille offre de sérieux avantages : d'abord, elle est très légère et n'exige qu'une charpente très élémentaire et fort économique, souvent formée de grosses branches d'arbres non équarries. Elle est assez durable, si elle est bien entretenue ; enfin, la paille, étant mauvaise conductrice, protège contre les variations de température les combles, ainsi que les produits agricoles déposés dans les greniers. C'est aussi la meilleure garantie contre la neige, et dans les pays du nord, en Danemark, par exemple, on emploie des couvertures de tuile revêtues d'une couverture de chaume. Malheureusement, la paille offre un inconvénient terrible, qui suffit à en proscrire absolument l'emploi : c'est sa combustibilité. Elle est un aliment trop facile aux incendies allumés par la négligence ou la malveillance, ou par la chute de la foudre. De plus, elle offre un abri à des centaines de souris, qui dévorent les grains.

Des règlements administratifs défendent l'emploi du chaume pour les couvertures ; ajoutons qu'ils ne sont pas plus exécutés que les arrêtés ordonnant d'édifier les meules de blé à une certaine distance des routes. Mais comme le prix de la paille tend à augmenter, et qu'en même temps celui des matériaux de toiture a baissé, nous espérons que le chaume disparaîtra complètement des bâtiments ruraux et ne sera plus employé que pour certaines constructions isolées et provisoires.

La paille qu'on emploie est en général la paille de seigle ou *glui* et la paille de blé blanc. Elle ne doit pas être brisée ; pour cela, on a soin de la battre sur un tonneau, par petites masses.

Le chevronnage se forme avec des perches ordinaires, et sur ces chevrons on établit un clayonnage en perches plus minces, attachées avec de l'osier et distantes de 0m15 à 0m20. La paille s'emploie par bottes de 0m25 de diamètre, assujetties sur le clayonnage par un nœud en osier, dont l'extrémité va s'enrouler autour de la botte suivante. On presse ces bottes à l'aide d'un instrument semblable à une grande truelle en bois ; avec une faucille, on égalise ensuite la surface.

Le faîtage est recouvert avec de l'argile. On compte 20 kilogrammes de paille par mètre carré, sur une épaisseur de 0m25.

Afin de remédier à la combustibilité de la paille, on a proposé de la recouvrir de différents enduits; tous ont l'inconvénient d'alourdir beaucoup la toiture. Actuellement, on s'occupe activement des solutions ignifuges; il serait intéressant de voir si on ne pourrait pas utiliser une de ces compositions, afin de rendre la paille presque incombustible, sans modifier son poids ni sa composition.

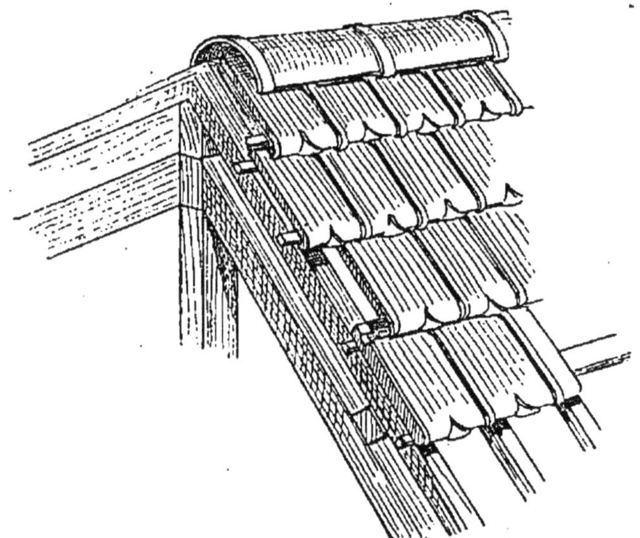

Fig. 34. Couverture en tuiles de Monchanin.

Tuiles. — Les tuiles ont l'avantage de la solidité jointe à l'imperméabilité, mais elles sont lourdes et exigent une charpente solide. C'est un genre de couverture qui remonte à la plus haute antiquité; on l'a beaucoup perfectionné en fabriquant des tuiles mécaniques.

Parmi les modèles les plus usités, nous citerons les tuiles plates, les plus ordinaires; les tuiles creuses, sorte de demi-cylindres un peu coniques; les tuiles romaines, munies d'un rebord qui est inséré sous une tuile creuse; les tuiles à couvre-joints, ou tuiles mécaniques. Les tuiles portent une saillie inférieure appelée *mentonnet* ou *crochet*, qui sert à les ajuster sur les lattes.

La tuile plane grand moule a $0^m,31$ de long sur $0^m,23$ de large et $0^m,016$ d'épaisseur; la tuile petit moule, $0^m,25$ de long, $0^m,18$ de large et $0^m,014$ d'épaisseur. Les premières pèsent environ 2 kil. 10, les secondes 1 kil. 08. Pour ce genre de couverture, on espace les chevrons de $0^m,30$ à $0^m,33$, de manière que la latte de $1^m,30$ s'appuie sur quatre chevrons. Ces lattes sont espacées du tiers de la longueur de la tuile, de manière que chaque rangée de tuiles recouvre les deux tiers de la longueur de la rangée inférieure : de cette manière, on a une triple épaisseur de tuiles sur toute la surface du toit. On compte par mètre carré, avec recouvrement des deux tiers, 41 tuiles grand moule et un peu plus de 62 petit moule.

La tuile creuse n'a pas de crochet et tient en place par son propre poids ou grâce à un enduit de mortier. On fabrique de grandes tuiles creuses pour garnir le faîtage et les arêtes des croupes.

Parmi les tuiles à couvre-joints, on doit placer les tuiles *pannes* qui ont la forme d'un *s* aplati, de manière que le bord relevé vienne s'appliquer sur le bord abaissé de la tuile suivante. Toutefois, le joint n'est pas absolument imperméable et on est obligé de le recouvrir avec du mortier.

La tuile mécanique ou Monchanin tend à se généraliser de plus en plus; elle porte un couvre-joints qui s'applique sur la tuile voisine et elle est munie d'une ligne centrale pour diviser l'eau (fig. 34). Elle est plus légère que la tuile plane, et sa solidité est plus grande. Les chevrons sont espacés de 0^{m}80, mais il est nécessaire d'avoir des lattes plus épaisses.

Ardoise. — L'ardoise est plus légère que la tuile, mais elle est plus cassante et s'échauffe plus facilement. L'ardoise doit rendre un son plein et clair; elle est lourde, et, si on la plonge dans l'eau, le liquide ne s'élève que de quelques millimètres par capillarité. Les meilleures qualités viennent d'Angers, de Mézières, de Fumay, etc.

La *grande carrée* a pour dimensions 0^{m}30 de long sur 0^{m}22 de large, et 2 à 3 millimètres d'épaisseur; la *petite carrée*, ou cartelette, a 0^{m}21 sur 0^{m}16, et 15 à 25 millimètres d'épaisseur. Pour la première, qui pèse environ 0^{k}50, on en compte

46 par mètre carré pesant 29 kilogrammes; un mètre carré de la seconde en contient 85 et pèse 24 kilogrammes. Mais ce dernier système est très inférieur. La grande carrée coûte 40 francs le mille (1,040), prise à Angers (18,000 par wagon).

Voici, d'après M. Grandvoinnet, les différents modèles de l'ardoise d'Angers :

Nos des modèles.	Dimensions.			Prix moyen des 104. (100 march.) Kilog.	Prix à Angers du 100 marchand.
	Long.	Larg.	Épaisseur.		
1	640	360	4 1/2 à 6mm.	310	23
2	608	360	»	290	21
3	608	304	»	245	18
4	558	279	»	202	14
5	508	254	3 1/2 à 6mm.	151	12
6	458	254	»	133	10
7	406	203	»	92	7
8	355	203	»	71	6
9	355	177	»	63	5
10	305	165	»	47	4

On trouve d'excellente ardoise à Fumay, près de Givet. Voici les différents modèles :

Modèle d'Angers :		
Saint-Louis grand.. .. .	300	190
— petit..	270	190
Flamande............ ..	270	165
Bloque............... ..	260	165
Demi-bloque....	250	165
Anglaise..............	330	180

L'ardoise d'Angers est réputée durer de vingt-cinq à trente ans; celle de Fumay plus longtemps encore, cent ans environ. Les bonnes qualités atteignent cent cinquante ans. Dans le département du Calvados, on exploitait, à Caumont-l'Éventé, d'excellente ardoise; des difficultés financières ont malheureusement arrêté le travail.

On peut placer l'ardoise sur lattes; mais on préfère la clouer sur des cloisons en voliges de 0m012 à 0m013 d'épaisseur. Pour cela, il existe des clous à tête plate, dits clous à ardoise. Pour donner plus de solidité à l'ardoise, il est bon de garnir le premier rang qui déborde d'une ligne de tuiles ou d'une planche en chêne recouverte de zinc. Les faîtières se font en zinc courbé comme un V renversé.

Quelquefois, à défaut d'ardoises plates, on emploie des schistes grossiers qui se posent comme des tuiles plates, et qu'on calfeutre avec un mortier de chaux.

Zinc. — Le zinc, qui a remplacé le plomb, devient d'un emploi assez général, malgré son prix élevé; mais le zinc est indispensable pour faire les gouttières, tuyaux de descente, etc.

Le zinc pour toitures (n° 14) se vend en feuilles de 2 mètres, épaisses de 87 millimètres, et pesant 5k95 par mètre carré. On le pose sur un plancher en voliges clouées sur le chevronnage, si on emploie le système à *tasseaux*. Dans cette méthode, on relève les bords de la feuille de zinc et on les maintient par des griffes assujetties au moyen de tasseaux en bois. Ces tasseaux sont protégés par un revêtement de zinc, qui recouvre aussi les extrémités relevées des feuilles. Ce système a pour avantage de permettre la dilatation du métal sous l'action de la chaleur, ce qui empêche le gaufrage. On doit aussi éviter de mettre le zinc en contact avec le fer; sans cela, il se produit une oxydation qui attaque rapidement les deux métaux. C'est pour cela qu'on évite le plus possible l'emploi des clous.

Le zinc cannelé possède une rigidité qui permet de se dispenser des chevrons; généralement, on se sert de zinc possédant neuf cannelures pour 0m80, et pesant 7 kilogrammes par mètre carré. Ces feuilles sont soudées les unes aux autres.

Papiers bituminés, goudronnés, etc. — Ces papiers, recouverts d'enduits imperméables, conviennent parfaitement pour des hangars ou pour des bâtiments temporaires. On dispose des cloisons de voliges et on y applique une couche de goudron chaud; on colle le papier dessus, dans le sens de la longueur du toit; on passe sur le papier une seconde couche de goudron, dans laquelle on sème de petits cailloux de rivière. Ces toitures demandent une application de goudron chaque année.

Planches. — Dans beaucoup de pays, en

Fig. 35. Modèle de chêneau.

Suisse, en Orient, on emploie de petites planchettes de chêne et de châtaignier ayant la forme d'écailles de poisson ; elles ont $0^{m}01$ à $0^{m}02$ d'épaisseur et se posent comme les tuiles plates. Ces toitures durent assez longtemps, mais elles sont rès combustibles et se fendent assez facilement.

Travaux accessoires. — On distingue d'abord les *chéneaux* et les *gouttières* qui sont destinés à recevoir les eaux pluviales.

Les chéneaux s'établissent au-dessus des murs et sont supportés par des corniches ; ils se font

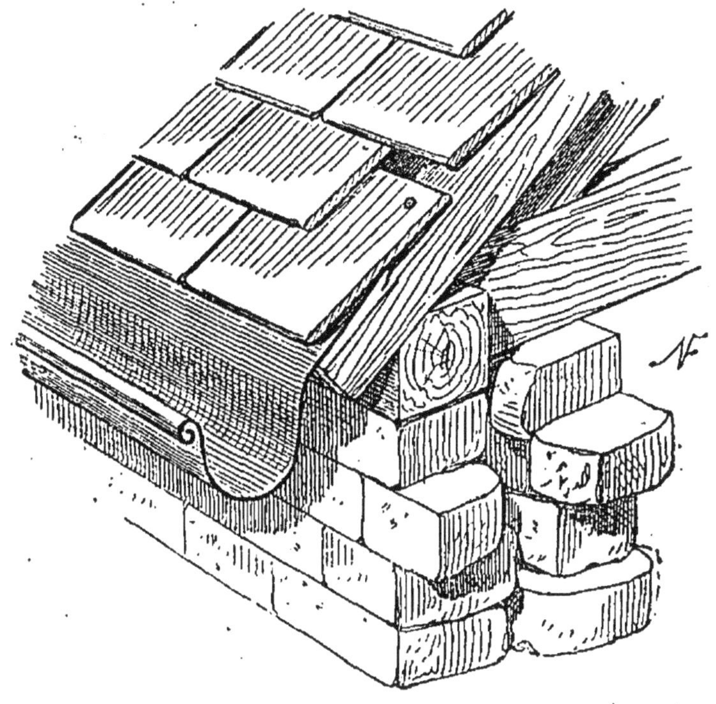

Fig. 36. Gouttière.

en plomb ou en tuiles creuses ; mais nous n'en conseillons pas l'emploi pour les constructions rurales ; car ils sont d'un nettoyage difficile et s'engorgent facilement (fig. 35).

Les gouttières s'établissent au-dessous du rang inférieur qui termine la couverture (fig. 36). Elles se font quelquefois en bois, mais surtout en zinc;

ces dernières ont une forme demi-cylindrique. Elles se placent sur des crochets en fer munis d'une queue pointe de 0^m12 à 0^m15 de longueur qu'on enfonce dans la muraille. Ces crochets sont distants de 0^m80 et on y assujettit les gout-

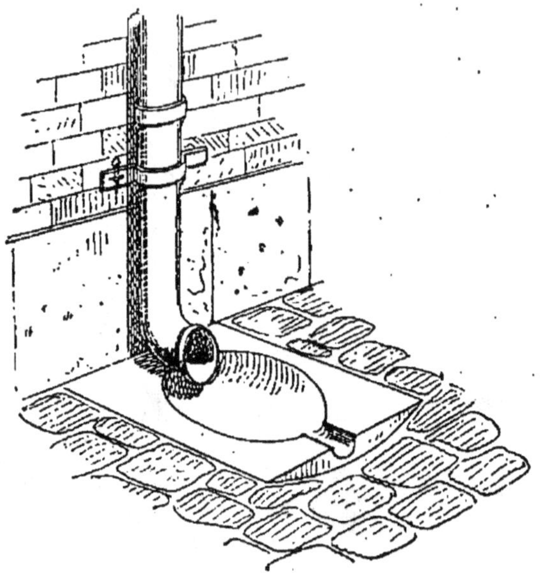

Fig. 37. Tuyau de descente.

tières au moyen d'un fil de fer passé par-dessus. Les gouttières ont 0^m15 à 0^m20 de large, avec une pente de 0^m005 à 0^m010 par mètre.

L'eau s'écoule par un tuyau vertical en zinc terminé par un coude qui écarte l'eau du bâtiment (fig. 37). Ces tuyaux sont de différents diamètres; au-dessous de l'orifice de sortie, on place une *cuiller* en pierre ou en pavage qui est le commencement du ruisseau destiné à l'écoulement des eaux.

Quelquefois on remplace le tube du bas par un tube plus solide en fonte. Ces tuyaux sont maintenus par des colliers à charnière en fer, à double scellement, qu'on enfonce dans la muraille; ces colliers sont distants de 1 mètre environ.

Une *noue* est une gouttière en zinc, placée à l'intersection de deux toits contigus ; elle repose sur une descente en plâtre ou en mortier placée sur un lattis solide.

CHAPITRE VI

Menuiserie, Portes et Fenêtres, Escaliers, Parquets, Cloisons.

La menuiserie comprend les travaux qu'on peut faire avec des planches. Une bonne menuiserie, d'après M. Narjoux, doit remplir trois conditions :

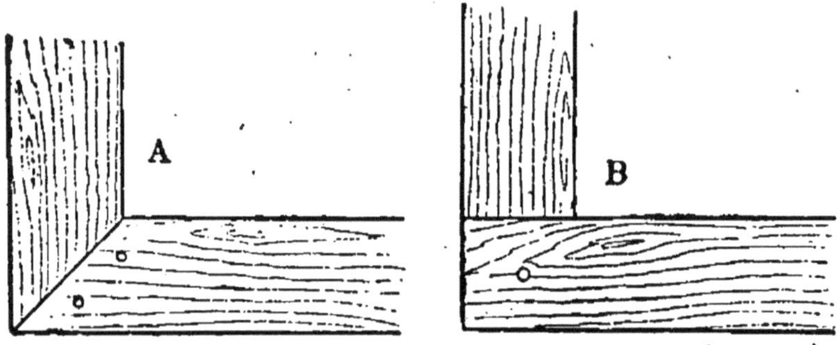

Fig. 38. Assemblages.

1° N'être formée que de bois assemblés à onglets (fig. 38 A) et non à angles droits (fig. 38 B) ;

2° Ne présenter que des panneaux ayant la dimension donnée par le débit du bois ;

3° N'être jamais affaiblie aux assemblages.

Les assemblages sont à peu près les mêmes que pour la charpente ; mais ils sont plus compliqués et mieux soignés. On emploie les doubles et tri-

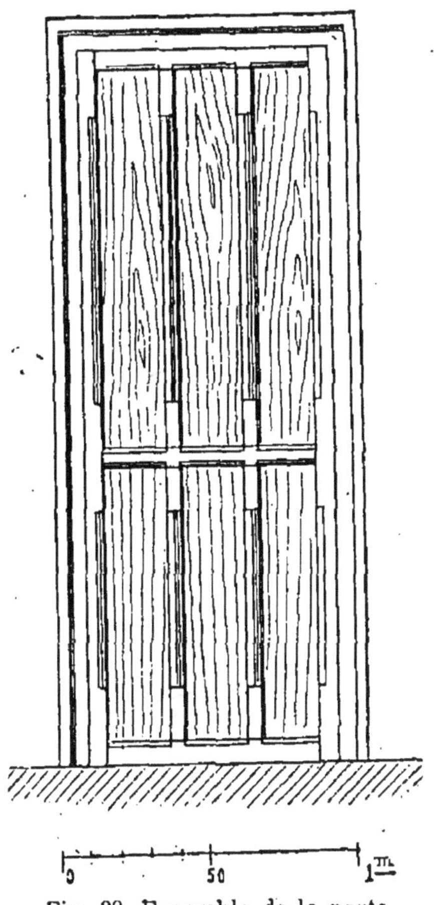

Fig. 39. Ensemble de la porte.

ples *tenons*, les *queues d'aronde*, etc. Pour assembler deux planches, on pratique dans l'une une *mortaise* longitudinale ; l'autre, à l'aide d'un *bouvet*, est amincie de manière à former une rainure qui entre dans la mortaise. Si on ne veut pas diminuer la largeur des planches, on les rainure toutes les deux et on les réunit par une petite planchette longue, égale à la profondeur

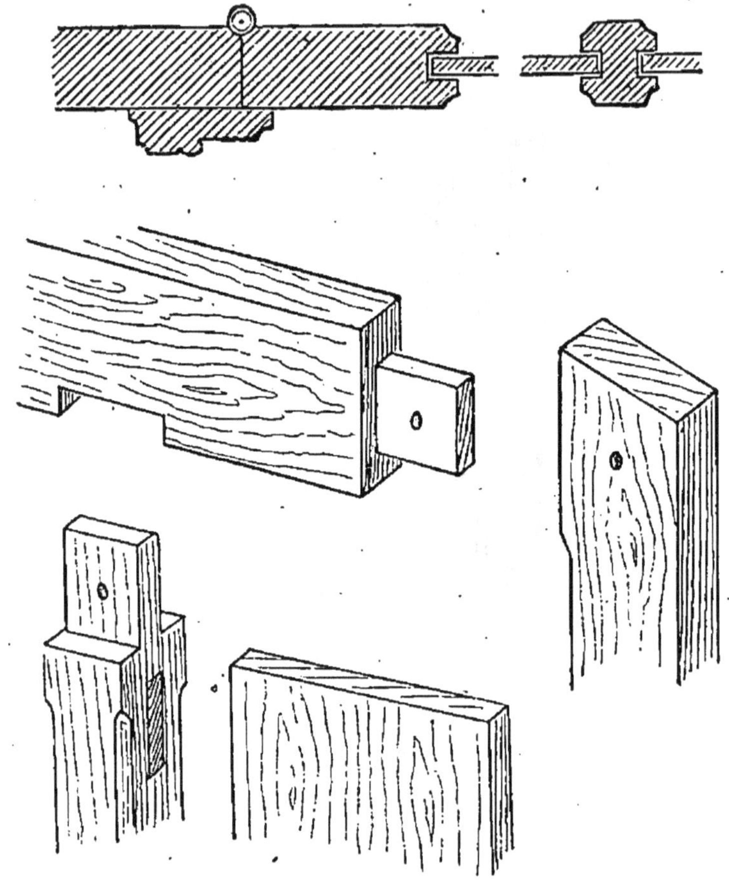

Fig. 40. Détails de la porte.

totale des deux rainures et qu'on encolle soigneusement.

Portes et fenêtres. — Les portes sont des cloisons mobiles (fig. 39) soutenues par des charnières en métal. Elles peuvent être faites de la manière la plus simple ou d'après des modèles très compliqués.

Les portes les plus élémentaires sont formées

Fig. 41. Ensemble de la fenêtre.

de trois ou quatre planches juxtaposées ou assemblées et qu'on consolide au moyen de deux traverses (fig. 40); souvent on renforce la porte en y clouant une autre traverse en écharpe. Un procédé plus perfectionné consiste à assembler les planches en emboîtant leurs extrémités dans des

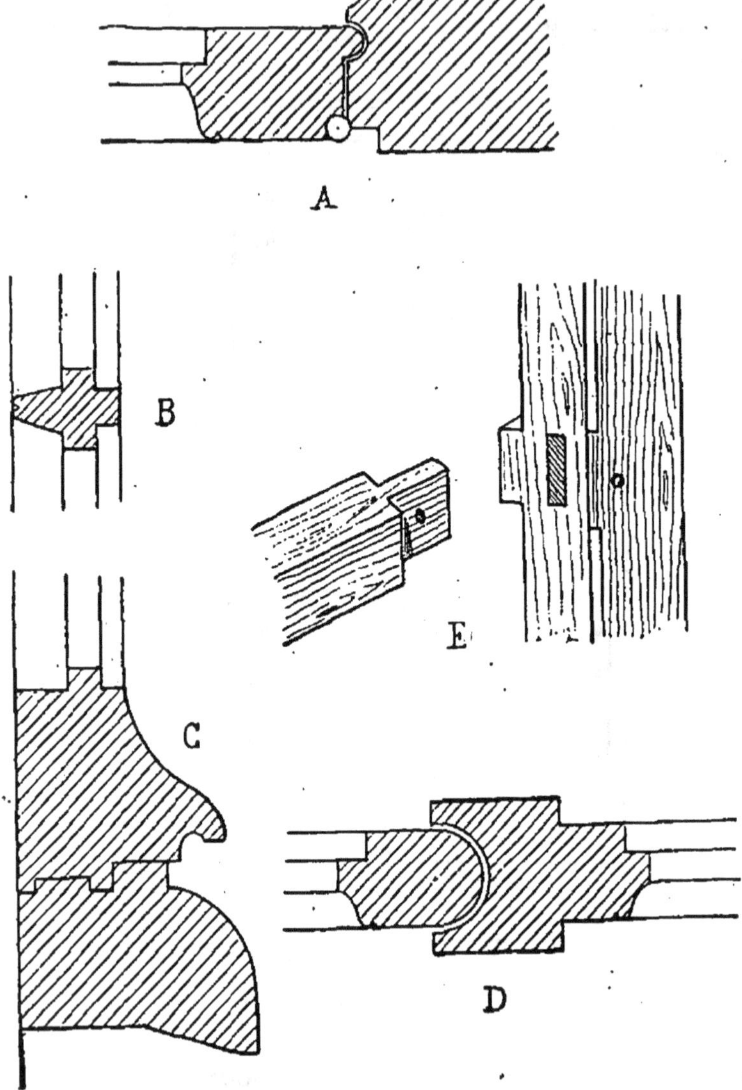

Fig. 42. Détails de la fenêtre.

traverses ; celles-ci sont ordinairement biseautées ou décorées d'une moulure.

Les portes plus importantes comprennent des panneaux, des montants et des traverses; quelquefois le panneau est décoré d'une table saillante. Ce sont essentiellement les portes d'appartement.

Les fenêtres (fig. 41) sont montées sur un châssis fixe, scellé dans les feuillures de la maçonnerie. C'est ce châssis qui retient la fenêtre et supporte les charnières autour desquelles elle roule. Il porte le châssis mobile formé de deux parties qui s'emboîtent l'une dans l'autre en gueule de loup. Le bas du châssis est doublé; il est garni à l'extérieur d'une moulure appelée *jet d'eau* et munie inférieurement d'une rainure qui empêche le glissement des eaux pluviales. Les châssis sont divisés en compartiments par des traverses horizontales ou *petits bois*; ceux-ci portent une feuillure dans laquelle on place les vitres, qui sont assujetties par des pointes sans tête et consolidées par du mastic. La figure 42 donne tous les détails d'une fenêtre. A, le châssis fixe qui reçoit le pivot; B, la coupe d'un petit bois; C, le jet d'eau; D, la gueule de loup; E, l'assemblage des traverses.

Dans les combles, on se sert surtout de châssis à *tabatière*; mais en général, ceux-ci se font maintenant en fer, et on les ajuste dans les toitures en les entourant d'une garniture en feuilles de zinc.

Les *volets* se construisent comme les portes. Pour les ouvertures oblongues (écuries, étables), on les remplace par des trappes ajustées au-dessus de la baie et qu'on maintient ouvertes avec des crochets.

Les *persiennes* consistent en un châssis mince dont le vide est rempli par des lames de bois parallèles, encastrées dans les montants et inclinées à 50°.

Escaliers. — Les escaliers sont du ressort de la menuiserie.

Les meilleurs escaliers pour les constructions rurales sont les escaliers droits ; ils se composent de *limons* et de *marches*.

Les limons sont les madriers inclinés qui portent les marches ; en général, on se contente d'un seul limon, en faisant appuyer l'autre côté de l'escalier sur des tasseaux fixés dans un mur.

Les marches sont formées d'une planche horizontale et d'une autre verticale ; la largeur de la marche doit être 0^m25 à 0^m35 et sa hauteur 0^m15 à 0^m17. L'escalier doit avoir une largeur de 0^m75 à 1^m ; il est le plus souvent coupé par une section appelée *palier*, qui divise la hauteur en deux sections.

Parquets. — Dans les rez-de-chaussée, avant d'installer un plancher, on doit commencer par établir une aire en béton; on y scelle les *lambourdes*, chevrons de 0m035 à 0m050 d'épaisseur. Dans les étages supérieurs, on fixe les lambourdes sur les solives. Sur ces lambourdes, on cloue les planches à côté les unes des autres, s'il s'agit de planchers simples; mais ceux-ci ont toujours l'inconvénient de présenter des fissures, par suite du retrait du bois; c'est pour cela qu'on a recours aux parquets où les planches sont assemblées à rainures et à languettes. Dans les planchers, les planches ont ordinairement 0m32 de largeur; dans les parquets au contraire, elles n'ont pas plus de 0m10 à 0m12.

Cloisons. — La menuiserie comprend aussi beaucoup d'autres travaux, les cloisons, les lambris, les boiseries, les plinthes, etc.

Pour les prix de tous les travaux de menuiserie, nous conseillons de consulter la série des prix de la ville de Paris, dernière édition.

CHAPITRE VII

Serrurerie, Fonte, Gros fers, Petits fers, Forges agricoles, Serrures, Plomberie.

Les travaux de serrurerie peuvent être classés en trois espèces : fonte, gros fers et petits fers.

Fonte. — La fonte fournit des colonnes, des barres d'appui, des balcons. Les colonnes ont en général 0m12 de diamètre ; quelquefois on les accouple pour soutenir de fortes charges.

Gros fers. — Ordinairement, on achète les fers tout faits et le serrurier n'a plus qu'à les poser ; les plus usités sont les fers en double T, les fers corniers (angulaires), fers zorés (V renversé).

Les *chaînes* sont destinées à maintenir l'écartement des murs ; ce sont des barres droites terminées à chaque extrémité par un œillet dans lequel on engage une *ancre*. Ces chaînes se font en plusieurs parties reliées par des agrafes (fig. 34).

L'ancre a une forme plus ou moins ornée ; souvent on la fait à branches ramifiées afin qu'elle s'applique sur plusieurs pierres à la fois.

Lorsque des murs adjacents ont une tendance à s'écarter, on place dans la muraille une tige

Fig. 43. Ancre des chaînes.

centrale sur laquelle les chaînes dirigeantes viennent s'adapter (fig. 44).

Les *crampons* ou agrafes sont des fers scellés qui servent à relier des parties de maçonnerie entre elles.

Les *potences* ou *consoles* supportent les tablettes dans les cuisines, les laiteries, etc.

Les *brides* sont employées pour relier entre

elles les pièces de charpente. Les *pattes* sont des anneaux de fer qu'on ajuste sur la tête des pilotis pour les renforcer. Les *étriers* consolident les assemblages de solives en rattachant au poinçon le milieu du tirant.

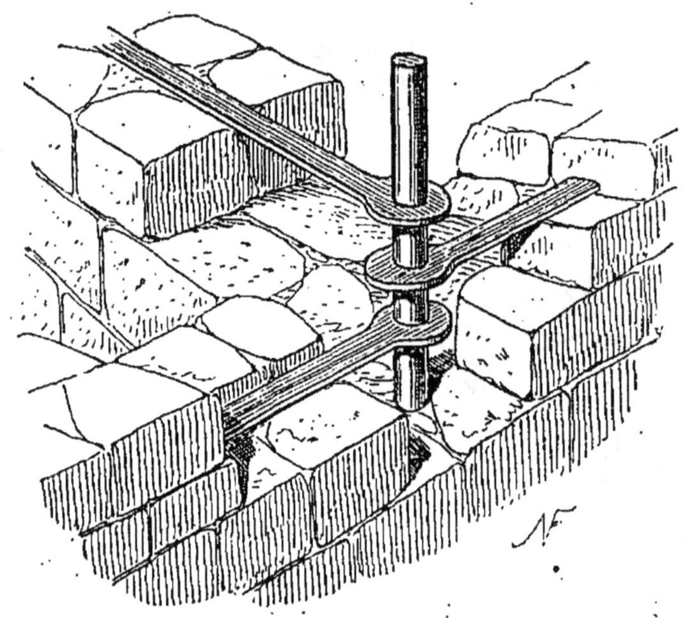

Fig. 44. Chaînes des murs.

Petits fers. — On comprend sous ce nom les appareils de suspension, gonds, charnières, pommelles, pivots.

Les appareils de fermeture sont les crochets, les verrous de différentes longueurs, le verrou à bascule ou loquet, ou clanche, les espagnolettes et les crémones destinées à fermer les fenêtres.

§ I. — TRAVAIL DU FER.

Le fer se travaille à chaud et à froid. A chaud, on le fond, on le forge sur l'enclume, on l'étampe avec une matrice, on le soude. A froid, on le courbe, on le perce, on le lime.

Forges. — Depuis que les machines agricoles occupent une si large place dans l'économie rurale, on prend de plus en plus l'habitude d'avoir, dans chaque ferme, une forge pour les premières réparations. Les plus commodes sont les *forges portatives* (1). M. Enfer a même construit un modèle spécial pour l'agriculture avec enclume et machine à percer.

Elle se compose d'une cuvette en métal, dans laquelle on met le charbon, et surmontée d'une hotte en tôle pour la fumée : la soufflerie est renfermée dans un étui cylindrique et on l'actionne facilement au moyen d'un levier. A la forge on adosse une table de travail portant un étau ; à côté est installée la machine à percer. Un tiroir renferme les principaux outils ; toute cette installation est placée sur un socle muni de roues. L'enclume est montée sur un billot en bois.

Il faut chauffer le fer à 700° cent. environ pour

(1) Voyez Graffigny, *Les industries d'amateurs*, Paris, 1889. (*Bibliothèque des connaissances utiles.*)

pouvoir le travailler convenablement ; on le frappe avec des marteaux à tête large et à panne étroite. Avec la tête, on comprime le fer, on le pare ; avec la panne, on l'étire.

Nous venons de dire que la plus faible chauffe est le rouge brun au 700° ; la suivante est le rouge cerise (950°) ; la troisième, le rouge blanc (1300°) et le blanc soudant.

Lorsqu'on vient de travailler le fer, on lui donne le recuit, au rouge brun, qui l'empêche de devenir cassant. Quand on porte un fer au rouge cerise, on l'arrose legèrement d'eau, ce qui enlève les scories.

Pour étamper le fer, on emploie des matrices, de mandrins, qui servent de moule. On le filète et on le taraude à l'aide de filières de différentes grandeurs.

Serrures. — Les serrures sont de formes très diverses. On distingue :

1° la serrure à *demi-tour*, en bec-de-cane ; elle se ferme lorsqu'on pousse la porte ;

2° la serrure à *un tour* est à pêne dormant ; elle sert surtout pour les armoires ;

3° la serrure à un *tour et demi*, se ferme d'elle-même ; c'est la plus usitée ;

4° la serrure à *deux tours* et la serrure à *deux tours et demi* ne diffèrent que par la longueur du pêne.

Lorsque la clef est forée, la serrure porte une broche pour la recevoir. Si la clef est pleine, la serrure est dite *bénarde* ; elle est percée d'un trou pour recevoir la tête de la clef.

Dans quelques pays, en Orient surtout, on fait des serrures en bois assez ingénieuses et qui sont d'un bon usage.

§ II. — PLOMBERIE

Nous plaçons ces travaux avec ceux de serrurerie ; car souvent dans les campagnes, c'est le forgeron qui fait tous les labeurs concernant les métaux. Cependant les couvreurs se chargent généralement de poser les gouttières en zinc, les tuyaux de descente, etc.

La partie la plus importante de la plomberie dans une ferme est la pose des tuyaux qui amènent l'eau dans la cuisine, la laiterie, les étables, les écuries ; les plus avantageux sont les tuyaux en plomb doublés d'étain, qui n'offrent aucun danger pour la santé.

Les pompes en métal sont posées par un ouvrier spécial.

CHAPITRE VIII

Peinture à l'huile, à la détrempe, à la colle, au lait, au sang, Vitrerie.

§ I. — PEINTURE

La peinture n'est pas seulement une question d'ornementation pour les boiseries, ferrures; elle assure leur conservation.

La partie la plus essentielle des peintures est la *céruse* ou blanc de plomb, qu'on remplace aussi par le blanc de zinc. On mélange les couleurs avec de l'huile de lin siccativée et de l'essence de térébenthine.

Toutes les ferrures doivent être recouvertes d'une couche de *minium* avant d'être mises en couleur.

La peinture en *détrempe* a pour base le blanc d'Espagne délayé avec de la colle ; elle sert pour les plafonds et les murs.

On emploie aussi beaucoup, surtout pour les laiteries et fromageries, une peinture composée de chaux et de petit-lait.

Enfin pour les hangars, appentis, logettes, clôtures, nous recommandons les *huiles lourdes* provenant de la distillation de la houille ; elles sont très économiques et assurent la durée des matériaux.

Lorsque des peintures sont sales, on les lave avec une lessive chaude de soude et même de potasse (1 kil. de potasse pour cinq litres d'eau chaude), il faut avoir soin de boucher avec du mastic les fentes et fissures ; puis on repasse une ou deux couches de peinture.

Pour mettre les carreaux en couleur, on se sert d'encaustique ; pour 4 mètres carrés de surface, on fait dissoudre 125 grammes de colle de Flandre dans trois litres d'eau bouillante, on ajoute 500 grammes de gros rouge ou de jaune ; on applique une première couche à chaud ; la seconde couche, donnée à froid, est composée de 100 grammes de rouge de Prusse, broyés dans 60 grammes d'huile de lin, et délayés avec 250 grammes de la même huile, 60 grammes de litharge et 30 grammes d'essence de térébenthine. Une troisième couche est formée par une dissolution de 100 grammes de colle de Flandre dans un litre d'eau avec 250 grammes de rouge ; elle s'applique tiède. Quand ces couches sont sèches, on applique un encaustique.

Pour mettre les parquets en couleur, on les peint d'abord en jaune, à la colle de Flandre, puis on passe une couche d'huile et ensuite on cire et on encaustique.

Quant aux plaques et âtres de cheminée, on les colore en se servant de 100 grammes de mine de plomb pulvérisée avec 250 grammes de vinaigre ; on frotte ensuite avec une brosse pour faire briller.

On a aussi utilisé une peinture spéciale formée de deux litres de lait caillé, de 200 grammes de chaux, de 125 grammes d'huile d'œillette ou de lin, de 2.500 grammes de craie en poudre. On délaie, en ajoutant peu à peu le lait caillé. Pour colorer cette peinture, on y ajoute des ocres en poudre.

Il y a enfin la peinture au sang, qui s'obtient en délayant de la chaux en poudre dans du serum de sang ; celui-ci doit être pur, incolore et débarrassé du caillot. Cette peinture s'emploie aussitôt faite, car elle épaissit très vite à l'air.

§ II. — VERRERIE.

Le verre se divise en verre ordinaire, verre double, triple, etc., verre blanc, dépoli, cannelé, etc ;

Le verre ordinaire vaut en général quatre

francs le mètre carré ; il se vend en coupes de différentes dimensions.

Il est donc nécessaire de calculer les surfaces dont on a besoin afin d'éviter les déperditions, en retaillant, par deux ou quatre, les feuilles.

DEUXIÈME PARTIE

BATIMENTS D'HABITATION ET LOGEMENTS DES ANIMAUX

CHAPITRE PREMIER

Habitations rurales, Logement d'un journalier, Bâtiments d'habitation pour petite, moyenne et grande exploitation.

On se plaint beaucoup de la dépopulation des campagnes ; certainement une des causes qui y contribuent le plus, est la mauvaise installation des maisons d'habitation. Tandis que dans les villes, on a fait de grands efforts pour améliorer les logements ouvriers, pour créer des cités, des maisons économiques, on laisse les ouvriers de campagne, les petits cultivateurs dans des masures misérables, malsaines, tristes, dépourvues de tout confortable. C'est une nécessité qui s'impose aujourd'hui aux propriétaires fonciers de transformer peu à peu les anciennes chaumières en logements convenables et de faire profiter les fermiers et ouvriers des principaux progrès réalisés par les spécialistes modernes. Nous leur citerons comme exemple deux pays : l'Angleterre et surtout le Danemark, où le paysan est logé dans des maisons d'habitation bien comprises, agréables, et qui lui rendent l'existence moins dure et la comparaison avec les villes moins décourageante. On aura beau faire ; le goût du bien-être pénètre peu à peu dans les campagnes et il faut aujourd'hui compter avec lui.

La première condition que doit remplir une maison d'habitation est la salubrité. Il faut qu'elle soit bâtie avec des matériaux qui la défendent contre le froid et l'humidité, munie d'une bonne couverture, et percée d'ouvertures en nombre suffisant et de dimensions calculées.

Une habitation est humide lorsqu'on éprouve en entrant une sensation spéciale de froid, ainsi que le constate le docteur George (1). « Le froid vous tombe sur les épaules. Les cheveux et les poils de la barbe s'y imprégnent d'une humidité très sensible au contact de la main : les papiers de tenture changent de couleur, se marbrent de taches sombres et se décollent. Les murs se couvrent d'humidité, de grandes taches, de moisissures épaisses ;

(1) George, *Traité d'hygiène rurale*. Voyez aussi Arnould, *Nouveaux éléments d'hygiène*, 2e édit., Paris, 1889.

le vernis s'écaille, le mortier se détrempe. On doit alors établir de vastes courants d'air en été et faire de grands feux en hiver. »

« Il ne faut rien négliger de ce qui peut rendre agréable l'intérieur d'une habitation, ajoute le savant hygiéniste. Plusieurs économistes ont attribué à l'insalubrité et à la malpropreté du logement le dégoût du foyer domestique qu'on remarque chez beaucoup d'ouvriers et qui les pousse à chercher hors du logis des distractions toujours coûteuses et funestes. »

Une des règles les plus importantes de l'hygiène est d'assurer le renouvellement de l'air qui est altéré par la respiration des habitants, le chauffage, l'éclairage, la fumée du tabac, la présence des fleurs, etc. En général on admet, comme moyenne, qu'il faut par heure 10 mètres cubes d'air par personne ; une chambre à coucher où l'air ne se renouvelle guère pendant le sommeil, doit donc contenir (en dehors de la place prise par les meubles) 80 à 90 mètres cubes d'air pour un sommeil de 8 à 9 heures.

La température intérieure d'une habitation doit être maintenue à 12 ou 15 degrés. Lorsque l'on voit dans l'air la vapeur d'eau projetée par la respiration, on est sûr que la température est inférieure à 12°.

Exposition. — Une question très importante

est celle de l'exposition ou orientation. Autant que possible, la maison d'habitation doit être tournée vers le Midi et ses principales ouvertures dirigées du côté du soleil. Si cette combinaison est impossible, on s'orientera vers l'Est, vers le soleil levant. L'exposition au Nord est trop froide; quant à l'Ouest, c'est la plus mauvaise de toutes les expositions, surtout en France. Dans les pays chauds, au contraire, on recherche l'exposition au Nord et on diminue les ouvertures extérieures afin d'éclairer les pièces par des fenêtres donnant sur une cour centrale.

Emplacement. — On doit aussi éviter avec soin le voisinage des marécages, des tourbières, des eaux stagnantes. Si on bâtit sur un flanc de coteau, on s'expose à avoir de l'humidité dans les rez-de-chaussée; dans ce cas, il est utile de faire passer dans les fondations des tuyaux de drainage. Sur les hauteurs, on est exposé aux grands vents; dans les vallées étroites, aux brouillards. D'ailleurs la place de la maison d'habitation est le plus souvent subordonnée à la disposition générale des bâtiments d'exploitation.

Élévation au-dessus du sol. — C'est une condition qu'on néglige beaucoup trop souvent et qui a cependant une importance capitale. En parlant des fondations, nous avons conseillé de rejeter les terres de déblai du côté du périmètre intérieur de manière à exhausser un peu le bâtiment. Ce qui est encore préférable, c'est de surélever tout le terrain qui entoure la maison, de manière à constituer une sorte de trottoir de 0m,25 de hauteur, et, en outre, de niveler encore de 0m,50 le sol de la maison, qui se trouve ainsi à 0m,75 au-dessus des terres environnantes.

Distribution. — La distribution d'une maison rurale doit être fort simple : il faut éviter surtout les coins, les enfoncements, tout ce qui demande un entretien journalier. En ce qui concerne les aménagements d'une habitation, nous devons distinguer quatre classes :

1° maison de journaliers;
2° maison de petit cultivateur (cultivant seul);
3° maison de moyen cultivateur (avec domestiques et ouvriers);
4° maison de grand cultivateur (avec chef de service).

§ I. — MAISON DE JOURNALIERS

Pour ce genre de logement, il faut beaucoup tenir compte des usages locaux. Dans certains pays, les habitants préfèrent n'avoir qu'une seule pièce un peu vaste : dans d'autres, ils aiment mieux les pièces plus petites, mais avec une destination spéciale; dans certains endroits, il est d'usage d'avoir un four dans la cuisine; dans d'autres, le cellier fait partie de l'habitation. En général, ces maisons ne possèdent qu'un rez-de-chaussée.

Comme type très simple, nous donnons le modèle suivant emprunté à Bouchard-Huzard. Il comprend (fig. 45) en *a* un vestibule ($1^m50 \times 2^m$) servant à empêcher le froid et le vent de pénétrer dans la pièce principale; c'est là qu'on remise les outils de jardinage; la pièce principale *b* ($5^m \times 6$) est

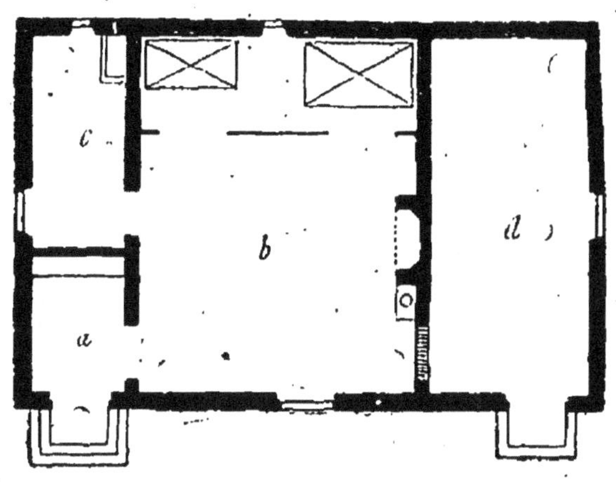

Fig. 45. Plan d'une habitation de journaliers.

coupée en deux par une alcôve en menuiserie contenant deux lits pour le journalier et ses enfants; près de la cheminée est placé le fourneau. Le cabinet *c* ($1^m50 \times 4$) muni d'un évier sert de laverie et de garde-manger; au besoin on peut le transformer en petite laiterie. La pièce *d* (3^m6) à usage de bûcher et de cellier communique avec la pièce principale. Sur toutes ces pièces règne un grenier auquel on accède par une échelle au moyen d'une trappe située dans le vestibule.

Nous citerons comme type très recommandable les logements des garde-barrières sur les lignes de chemins de fer.

On conçoit qu'il est facile de modifier ces plans, suivant qu'on peut donner plus ou moins d'importance à la maison; on peut dédoubler la pièce centrale et créer des chambres à coucher spéciales.

La maison peut être placée sur des caves, soit que celles-ci soient absolument souterraines, ou qu'elles soient à-demi enterrées et qu'on accède à l'habitation par un escalier extérieur. C'est un système assez répandu de mettre les pièces habitables au premier étage et d'occuper le rez-de-chaussée par un cellier, une grange, une étable, etc.

§ II. — MAISON DE PETIT CULTIVATEUR

Celle-ci diffère peu de la maison du journalier; mais elle doit contenir des locaux nécessaires à l'exploitation, tels que la laiterie, le grenier à grains. De plus, la famille du petit cultivateur est généralement plus nombreuse que celle du journalier, parce qu'il conserve auprès de lui ses parents qui l'aident dans la culture. Nous donnons (fig. 46) le plan proposé par Bouchard-

Huzard. Cette maison a 13 mètres sur 7. A est un petit vestibule qui, d'un côté, donne accès à la pièce principale, de l'autre conduit à l'escalier G du grenier. La pièce centrale B ($6^m \times 6^m$) contient deux lits qu'on peut isoler avec des cloisons. Dans la cheminée s'ouvre un four F, sous lequel s'ouvre une étuve ou fournil. D est une chambre (2^m80 sur 3^m50) pour les enfants; E est une laverie avec évier ($2^m \times 1^m$); D un dépôt de provisions. Bouchard-Huzard y avait installé une laiterie; mais

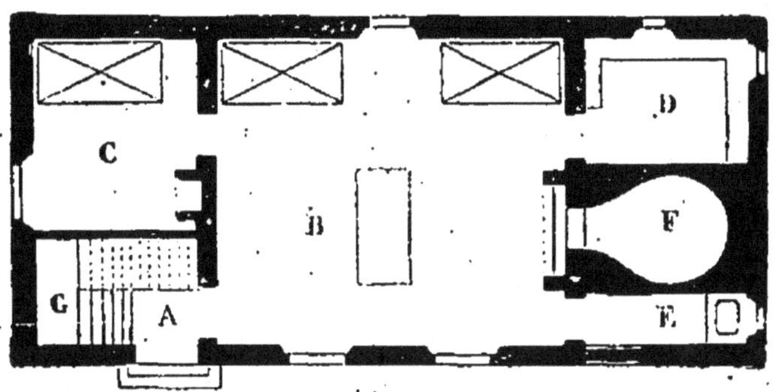

Fig. 46. Plan d'habitation pour petit cultivateur.

nous ne pouvons approuver cette disposition, à cause de la proximité du four; nous préférons placer la laiterie soit dans la pièce C, soit dans une petite construction spéciale adossée à la maison.

Le grenier est divisé en trois parties : grenier à blé (3^m sur 4^m), qu'on peut au besoin transformer en mansardes; grenier proprement dit (36 mètres carrés) et séchoir placé au-dessus du four.

§ III. — MAISON POUR MOYENNE EXPLOITATION

Dans ce cas, il faut prévoir le logement pour les domestiques; la cuisine doit être plus grande et il est bon de réserver une salle à manger servant aussi de bureau, de salle de réunion pour les maîtres.

La laiterie et le fournil seront isolés.

Une partie des greniers à grains pourra être reportée sur les autres bâtiments d'exploitation et fournira des mansardes pour les domestiques. Nous ferons remarquer seulement que le valet d'écurie ou charretier couchera à l'écurie; le berger, à la bergerie.

Dans ce modèle de construction, on peut déjà faire une place plus large au confortable; peindre les portes et les lambris, tapisser les pièces, installer dans la cuisine un fourneau perfectionné, enfin donner à l'installation tous les perfectionnements qui sont compatibles avec les ressources de l'exploitant.

§ IV. — MAISON POUR GRANDE EXPLOITATION

Ici les conditions sont tout à fait changées; l'habitation rentre dans la classe des maisons de campagne, et elle admet tout le confortable qu'on peut désirer.

Le bâtiment sera à un ou deux étages; il y

aura bureau, salon, office, chambres à coucher avec cabinets de toilette, enfin toutes les installations qui requerront en général le concours d'un architecte.

CHAPITRE II

Logements des animaux, Écuries, Étables, Porcheries, Bergeries, Basses-cours, Pigeonniers, Clapiers, Chenils, Magnaneries, Ruchers.

Une des parties les plus importantes des constructions rurales, celle qui requiert le plus de soin et de réflexion, c'est le logement des animaux.

Chaque animal constitue un capital important; il représente une somme de services et d'utilisations qui jouent un grand rôle dans l'exploitation.

Le cultivateur doit donc s'attacher à fournir à ces utiles auxiliaires des abris qui assurent le maintien de leur santé, le développement de leurs spécialisations, l'utilisation de leurs résidus.

Pour réaliser la première condition, il faut se préoccuper de les protéger contre le froid, la chaleur, l'humidité, les courants d'air, assurer la ventilation, empêcher les dérangements. Le second point comporte toutes les questions relatives à l'alimentation, à l'économie de la nourriture obtenue par un emploi judicieux et méthodique des aliments. Enfin le troisième a pour conséquence l'écoulement des purins et l'enlèvement des fumiers C'est là le triple point de vue qui devra guider le cultivateur dans l'installation de ses écuries, de ses étables, etc.

§ I. — ÉCURIES

Le cheval est un des animaux les plus précieux de la ferme par les services qu'il rend et par la valeur qu'il représente : c'est aussi un de ceux qui exigent le plus de soins. Il faut distinguer entre le *cheval d'élevage* et le *cheval de travail.*

Le premier, pendant son jeune âge, devra vivre dans un état voisin de l'état de nature ; c'est pour cela qu'on lui laisse une grande liberté en lui donnant des enclos ou *boxes* (fig. 47) attenants aux écuries séparées où il est placé. Ces poulains ne sont point attachés et peuvent se mouvoir à leur gré dans l'espace couvert et découvert qui leur est affecté.

Les chevaux de travail, au contraire, sont placés dans une écurie commune, où ils sont attachés les uns à côté des autres et séparés par des barres de bois et des cloisons ou stalles (fig. 48). Ils ont besoin d'un espace suffisant pour pouvoir se reposer; il faut qu'ils aient toute facilité pour prendre tranquillement leur nourriture ; enfin on a soin de leur éviter les refroidissements si dangereux après une journée de travail.

Il faut à un cheval ordinaire une largeur de 1m75 pour qu'il puisse se coucher ; en longueur, il occupe 2m45, mais il faut encore tenir compte de

Fig. 47. Coupe d'une boxe ouverte à l'extérieur, et derrière un couloir pour la distribution des aliments.

l'espace nécessaire pour le pansage, la pose des harnais.

Les recherches de Pettenkofer et de Man' Maerker ont permis de reconnaître qu'il se fait un échange continuel entre l'air vicié, l'acide carbonique de l'intérieur et l'air pur, l'oxygène de l'extérieur à travers les parois des habitations. On a pu dire que les bâtiments *respirent* comme les animaux; l'activité de cette respiration dépend des matériaux employés à la construction des parois; plus ces matériaux sont poreux, plus l'échange est rapide. Voici comment Man Maerker a établi cette échelle de porosité : 1° pisé; 2° tuffeau; 3° briques; 4° moellons calcaires; 5° grès.

Fig. 48. Stalle.

C'est ainsi qu'il est arrivé à déterminer expérimentalement les surfaces nécessaires pour amener le renouvellement de l'air, en tenant compte du nombre des habitants; voici les résultats de ses calculs :

	10 têtes. m. c.	20 têtes. m. c.	30 têtes. m. c.	40 têtes. m. c.	
Grès..........	178	356	534	712	de parois latérales.
Calcaire.....	129	258	387	516	
Briques. ...	106	212	318	424	
Tuffeau......	82	164	246	328	
Pisé.........	59	118	177	236	

Avec ces chiffres on peut calculer facilement la hauteur à donner aux écuries, ainsi que le démontre M. A. Sanson. Supposons qu'on ait à construire une écurie en moellons calcaires pour dix têtes; d'après ce que nous venons de dire, il faudra 129 mètres carrés de parois; admettons que les longueurs réunies donnent $15^m + 11^m + 15^m + 11^m = 52$; la hauteur suffisante sera évidemment $124/52 = 2^m48$, dans le cas où il s'agit d'un bâtiment dont toutes les parois sont exposées à l'air; autrement il faudrait déduire celles qui ne sont pas dans ce cas. Si, par exemple, les murs cotés ci-dessus 11^m el 16^m sont des murs de refend, nous ne tiendrons plus compte que des deux murs de 15^m, ce qui nous donne 30^m et alors nous avons $129/30 = 4^m30$; c'est ce cas qui est le plus fréquent.

Mais, outre l'acide carbonique, il se produit des gaz irritants qu'il est utile d'enlever par la ventilation; on installera donc celle-ci suivant les règles que nous donnerons plus loin pour les cheminées d'appel et les fenêtres des écuries.

Portes. — Les portes doivent être assez larges pour laisser passer un cheval garni de son harnachement ; ce qui suppose une largeur de 1^m30 à 1^m50. La hauteur est généralement de deux mètres. Pour une largeur de 1^m30 et au-dessus, on emploie des portes à deux vantaux ; l'un d'eux est maintenu par une barre de fer à crochet placée dans la muraille ; l'autre est assujetti par un loquet.

Les portes coupées sont aussi très usitées ; leur partie supérieure s'ouvre pendant que la partie inférieure reste fermée, ce qui permet d'aérer l'écurie. On emploie aussi, mais moins souvent, les portes à coulisses qui sont plutôt convenables pour les granges. Quelquefois on garnit les ouvertures des portes de rouleaux en bois, afin d'empêcher les animaux de se blesser en passant le long des murs.

Fenêtres. — Il est indispensable qu'une écurie soit bien éclairée ; mais il faut éviter, en même temps, qu'elle soit exposée à des courants d'air qui frappent sur la tête des chevaux. C'est pour cela qu'on adopte les ouvertures rectangulaires placées à 3 mètres au moins au-dessus du sol et ouvrant de manière que l'air frappe le plafond de l'écurie. Un mètre carré de fenêtres par paire de chevaux est très suffisant. Le meilleur mode de fermeture consiste dans un châssis vitré fixé par en bas sur des charnières, de manière que l'axe de rotation soit horizontal (fig. 49) ; un contrepoids fixé sur la partie supérieure tend à maintenir la fenêtre ouverte ; mais au moyen d'une corde installée sur des poulies, on la ferme à volonté ou on la maintient entrebâillée : l'extrémité de la corde est arrêtée par un crochet ou par

Fig. 49. Fenêtre d'écurie vue à l'intérieur.

une boucle à pression. On peut remplacer ce système par un loqueteau en fer placé à la partie supérieure du châssis; un croissant, ajouté sur le côté, empêche la fenêtre de dépasser un certain degré d'entrebâillement.

Une bonne précaution consiste à munir les fenêtres de volets qui permettent, en été, de donner de l'ombre à l'écurie; pendant les grandes chaleurs, on maintient les fenêtres ouvertes et on ajuste sur les baies des cadres en toile qui em-

Fig. 50. Pavage en bois.

pêchent l'intrusion des mouches et des taons.

Pour éclairer les écuries pendant la nuit, il faut renoncer aux lanternes ordinaires qui présentent de si grands dangers. La meilleure est la lanterne marine de forme sphérique, munie d'un verre épais protégé par des armatures de cuivre.

On installe aussi dans les murailles des niches vitrées pour loger des lampes ; ces niches ouvrent seulement à l'intérieur ; du côté de l'écurie elles sont garnies d'un verre sphérique.

Pavage. — La question du pavage est très importante ; car il importe qu'il ne se forme pas de cavité dans l'emplacement occupé par le cheval et, d'autre part, le poids et le choc des pieds de l'animal tendent à creuser sans cesse le revêtement. Le meilleur système consiste en l'emploi de petits pavés en granit, en grès ou en schiste, jointés avec du mortier de chaux, du ciment ou de l'asphalte. Les briques, placées de champ, peuvent aussi remplacer ce pavage. Une couche de béton noyée dans un bon mortier en ciment est aussi avantageuse, à condition d'y pratiquer des stries qui empêchent le glissement. On emploie assez souvent le pavage en bois préparé au sulfate de cuivre et noyé dans l'asphalte : ces morceaux de bois se placent debout (fig. 50). Tous ces modes de revêtement doivent reposer sur une couche de béton de 0m08 d'épaisseur.

Il faut avoir soin de ménager une pente pour l'écoulement des liquides ; mais cette pente ne doit pas être exagérée, de manière à fausser les aplombs du cheval. Elle ne dépassera pas 0m015 à 0m02 par mètre. Cette pente aboutit à une rigole qui circule derrière les chevaux dans toute la longueur de l'écurie ; le meilleur moyen de constituer cette rigole est de la paver comme un ruisseau avec de larges dalles dont une pente se raccorde avec la pente du pavage placé sous le cheval et l'autre avec la pente du trottoir ou de la chaussée qui constitue le passage de service derrière les chevaux ; de cette manière la rigole reçoit à la fois les urines des chevaux et les eaux de lavage de la chaussée. Cette rigole est plus ou moins creuse. Dans une exploitation un peu importante, on installe souvent un véritable canal en briques ou en béton recouvert d'une planche de chêne percée de trous ou des rigoles en fonte à rainure, telles que celles qu'on place dans les trottoirs pour recevoir les eaux des gouttières. Mais à ces systèmes coûteux, nous préférons le premier, c'est-à-dire le simple ruisseau, qu'on peut nettoyer d'un coup de balai. Sa pente doit être de 0m005 à 0m02 par mètre. Si ces conduits aboutissent à un égout, on fera bien de garnir la bouche avec une fermeture hydraulique qui empêche les émanations ; mais ceci n'est applicable qu'aux grandes exploitations. Le plus simple est de continuer le ruisseau jusqu'a la fumière ou la fosse à purin. Pour empêcher la production de ces gaz qui se dégagent des déjections liquides et solides, le colonel Basserie, commandant les remontes, a imaginé le drainage des écuries, c'est-à-dire la création d'un système de canaux couverts. Ce procédé est très bien conçu; mais malheureusement il est trop coûteux pour être vulgarisé dans les campagnes.

Plafonds. — Une excellente précaution est de plafonner les écuries de manière à empêcher les émanations de pénétrer dans les greniers à fourrage. Mais le système que nous préférons à tous les autres, ce sont les demi-voûtes en briques montées sur des fers en double T.

Auges et râteliers. — Les auges servent à contenir les aliments liquides; les râteliers reçoivent les fourrages.

Les auges se font en bois, en pierre ou en ciment. Les meilleures sont en pierre creusée d'une cavité spéciale pour chacun des animaux, afin d'éviter qu'ils ne se battent ou ne se disputent leur ration. On fait maintenant des auges ou crêches fort petites en fonte émaillée; elles ont l'avantage d'occuper fort peu de place et peuvent s'installer dans une encoignure : elles conviennent surtout pour les boxes d'élevages (fig. 51).

Les râteliers sont des espèces d'échelles en

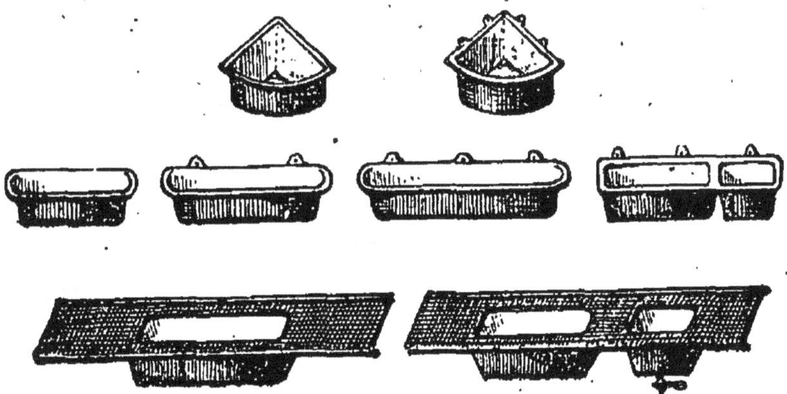

Fig. 51. Mangeoires en fonte émaillée.

bois formées de deux traverses distantes de 0m60 et assemblées par des barres fixées de mètre en

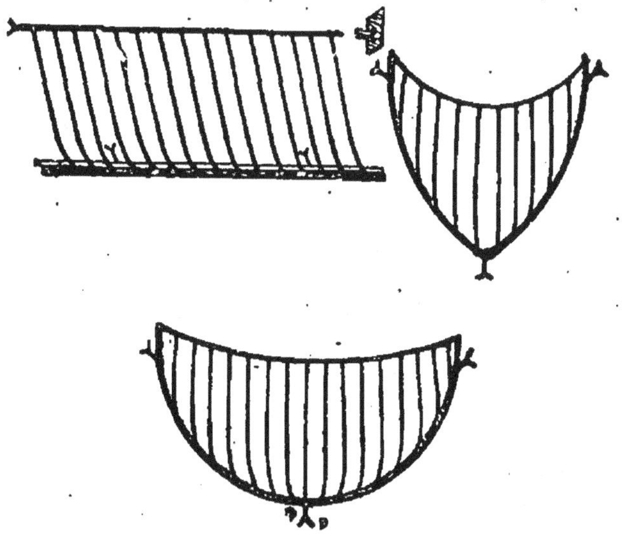

Fig. 52. Râteliers en fer.

mètre ; dans l'intervalle on dispose des barreaux espacés de 0m15 et pouvant tourner sur eux-mêmes. Le bas du râtelier est placé à 0m30 au-dessus de l'auge et celle-ci est ordinairement à 1m ou 1m10 du sol (distance du bord supérieur au pavage). Les montants des râteliers sont en chêne ; mais les barreaux peuvent se faire en acacia, en cytise.

Dans les écuries d'élevage, on remplace les râteliers par des *fourrières* (fig. 52), sortes de hottes à barreaux de fer qui se placent au-dessus des mangeoires en fonte émaillée dont nous venons de parler. A part la question de prix, ces systèmes sont préférables aux autres.

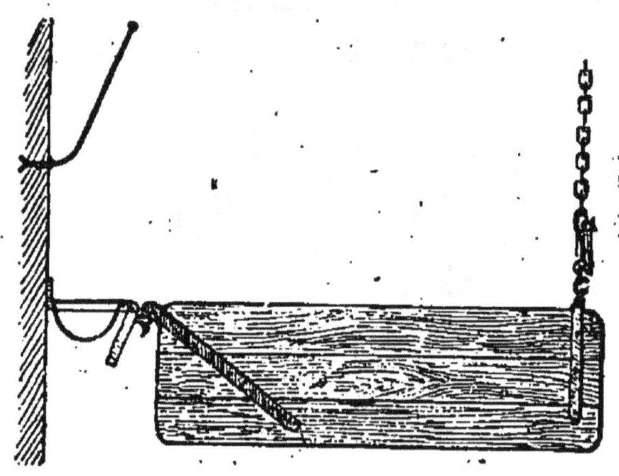

Fig. 53. Bat-flancs.

Séparations. — Dans les exploitations rurales, il est inutile de séparer les chevaux par des cloisons ou stalles ; au contraire, il est préférable de les laisser les uns à côté des autres à l'écurie, afin qu'ils s'habituent à se trouver ensemble ; mais pour empêcher les coups de pied, on suspend entre chaque animal une planche appelée *bat-flancs* (fig. 53) ou un assemblage de deux ou trois planches, attaché par une extrémité à la mangeoire et supporté, à l'autre extrémité, par une corde suspendue à une solive du plafond. Il arrive parfois que les chevaux enjambent cette barre et risquent de s'estropier, si on ne fait tomber

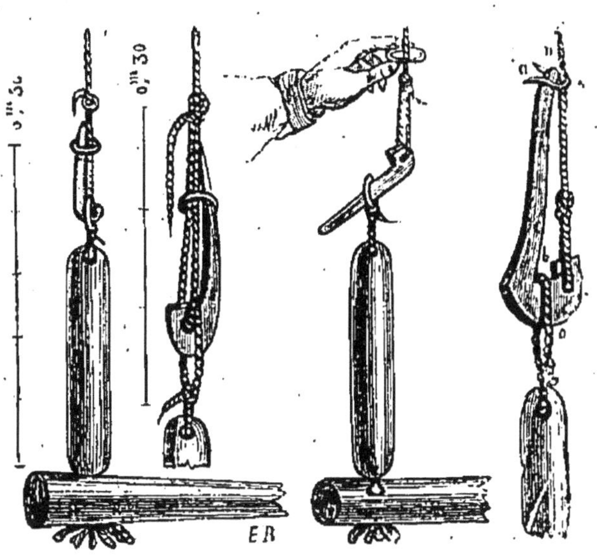

Fig. 54. Sauterelles.

vite le bat-flancs : à cet effet, la corde de suspension est reliée à la planche par un petit instrument en bois appelé *sauterelle* (fig. 54), composé d'un crochet qui est maintenu par un anneau pouvant glisser sur la corde ; si on déplace l'anneau, la sauterelle se dégage et la planche tombe.

Les chevaux sont attachés par des anneaux en

fer scellés dans l'auge ; ces anneaux doivent être assez nombreux pour qu'on puisse faire varier l'écartement entre les animaux, suivant le nombre de chevaux qui se trouvent dans l'écurie.

Sellerie. — Dans les grandes exploitations, on a besoin d'une pièce spéciale pour la sellerie. Dans les fermes ordinaires, on se contente de placer les harnais dans un coin de l'écurie ; en tous cas, l'agencement consiste en bouts de chevrons arrondis incrustés dans la muraille et présentant une saillie de 0m50 environ, ces chevrons sont espacés de 0m80 : quelquefois on en place un premier rang à 1m20 et un second à 2 mètres du sol.

Dispositions d'une écurie. — Nous avons déjà

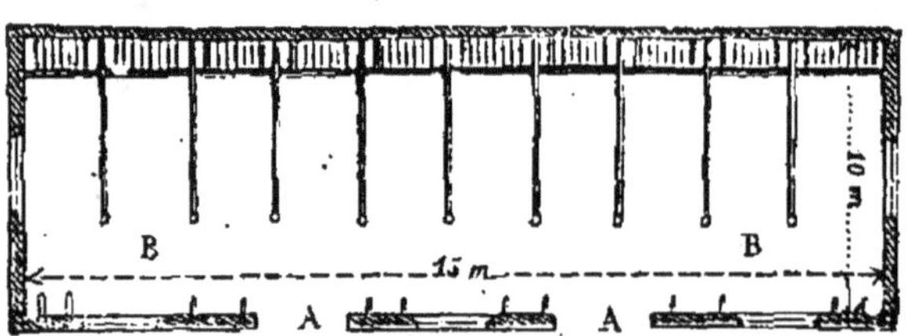

Fig. 55. Écurie simple ou à un seul rang.
AA, portes ; BB, corridor de service.

parlé des écuries à compartiments isolés ou boxes ; ceux-ci sont accompagnés de parquets ou cours attenantes (paddocks). Si les boxes sont nombreux, on les dispose sur deux rangs en ménageant au milieu un couloir central. Comme type de bonnes écuries à boxes, nous citerons l'Ecole de dressage de Caen.

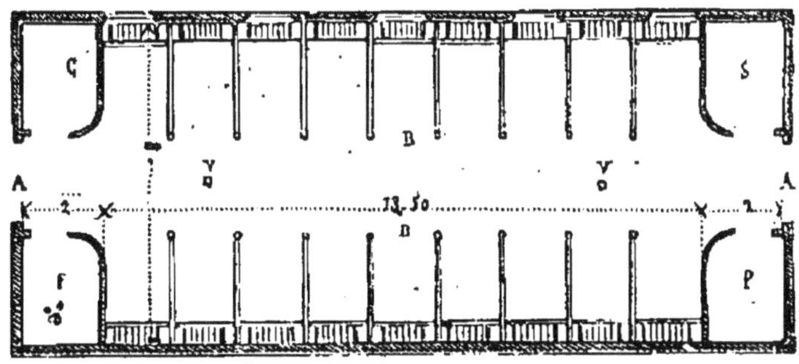

Fig. 56. Écurie double avec couloir au milieu. — AA, portes; BB, les deux rangées de chevaux placés croupe à croupe; C, logement du valet d'écurie; F, sellerie; S, coffre à avoine; P, descente des fourrages; VV, ventilateurs.

L'écurie la plus commune dans les bâtiments ruraux, est l'écurie longitudinale simple (fig 55).

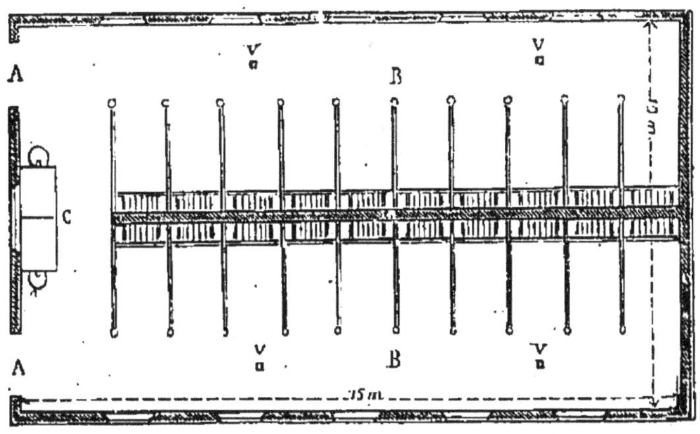

Fig. 57. Écurie à deux rangs, les chevaux placés tête à tête. — AA, portes; BB, rues en arrière; C, coffre à avoine; VV, cheminées d'évaporation.

Les animaux y sont disposés sur un seul rang, la face tournée à la muraille; derrière eux se trouvent un passage et deux rangs de crochets superposés pour suspendre les harnais. La largeur de la pièce doit être de 5 mètres, savoir : 0m60 pour les mangeoires, 2m45 pour le cheval, 1m35 pour le passage de service et 0m60 pour les harnais pendus à la muraille. A l'une des extrémités, est placé le lit du garçon d'écurie ; autant que possible on l'entoure d'une cloison vitrée. Au-dessus règne un grenier à fourrages auquel on accède par une échelle.

L'écurie longitudinale double (fig. 56) contient deux rangs de chevaux disposés en rang, suivant la longueur du bâtiment ; de cette manière, le passage situé derrière les chevaux sert pour les deux rangs à la fois. La largeur totale n'est que de huit mètres, mais il faut alors un autre emplacement pour les harnais et pour le lit du domestique. En raison de la longueur des fermes de charpente, on les supporte par des poteaux rangés le long du couloir central.

Dans l'écurie transversale simple, les rangs des chevaux sont disposés suivant la largeur du bâtiment. Celle-ci doit être calculée pour qu'il n'y ait pas de place sacrifiée ou inutilisée. Derrière les animaux, on réserve un passage et un emplacement pour les harnais.

Dans l'écurie transversale double (fig. 57), les chevaux sont rangés tête à tête, sur deux lignes transversales ; en réalité, ce sont deux écuries simples accolées par le mur des mangeoires ; mais ce mur disparaît et est remplacé par une

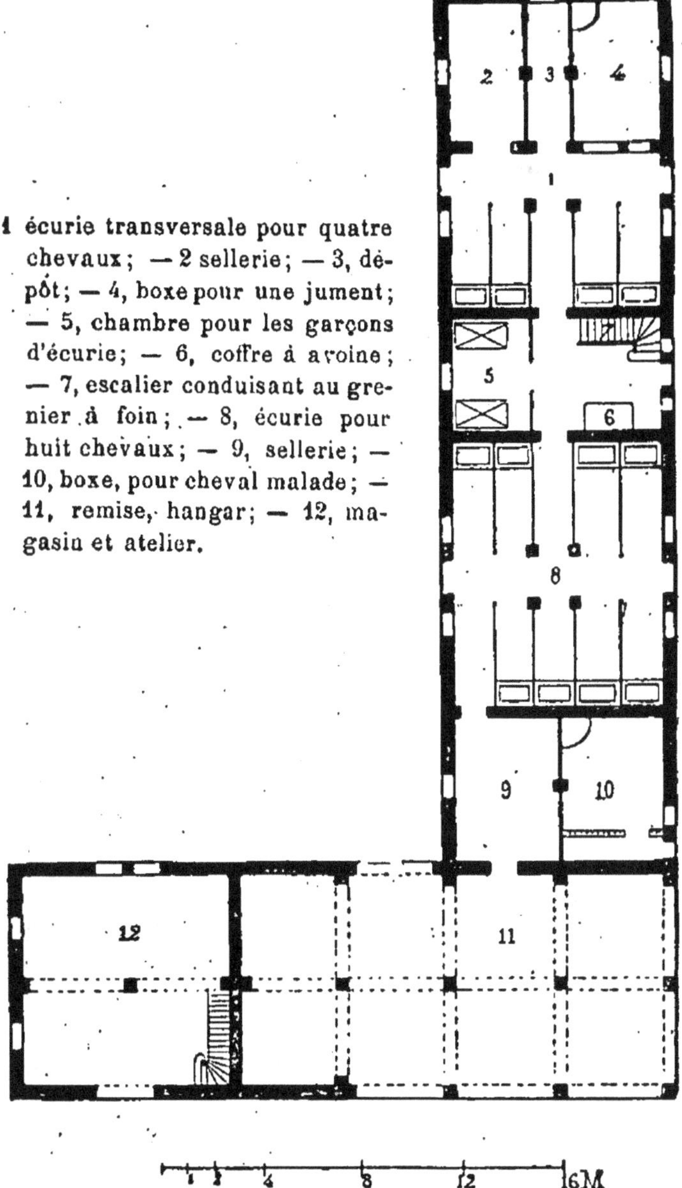

1 écurie transversale pour quatre chevaux ; — 2 sellerie ; — 3, dépôt ; — 4, boxe pour une jument ; — 5, chambre pour les garçons d'écurie ; — 6, coffre à avoine ; — 7, escalier conduisant au grenier à foin ; — 8, écurie pour huit chevaux ; — 9, sellerie ; — 10, boxe, pour cheval malade ; — 11, remise, hangar ; — 12, magasin et atelier.

Fig. 58. Plan d'écuries et de remises.

simple cloison de 2m50 de hauteur. Souvent, on ménage entre les crèches centrales un passage de service pour distribuer la nourriture, et on peut y installer un petit chemin de fer.

Nous donnons ci-contre un modèle d'écurie pour exploitation importante (1).

On voit que ce modèle donne le type d'une écurie de quatre chevaux et d'une écurie de huit. La remise n'est qu'un simple hangar, analogue à ceux dont nous parlerons plus loin, Le pavillon renferme l'atelier, la forge, la maréchalerie : c'est pour cela qu'il est isolé du grenier à foin.

§ II. — VACHERIES.

On doit distinguer les bouveries et les vacheries.

Les bœufs destinés au travail sont logés, à peu de chose près, comme les chevaux; seulement, une largeur de 1m33 leur suffit, et on peut supprimer les séparations et les bat-flancs.

Les vacheries ont, au contraire, des règles toutes spéciales d'installation, et exigent des contions particulières pour l'abri contre l'humidité, l'aération, la surveillance.

Portes. — Les portes peuvent être moins larges que dans une écurie; il suffit qu'elles aient 1m20.

(1) Plusieurs de ces plans sont empruntés à l'ouvrage de M. Narjoux, *La Ferme*.

On emploie avec avantage les portes coupées dont nous avons déjà parlé.

Dans quelques endroits, on remplace la partie supérieure par un châssis en osier ou en treillage, (fig. 59.) qui empêche l'entrée des volailles et des animaux de basse-cour. En hiver, on enlève

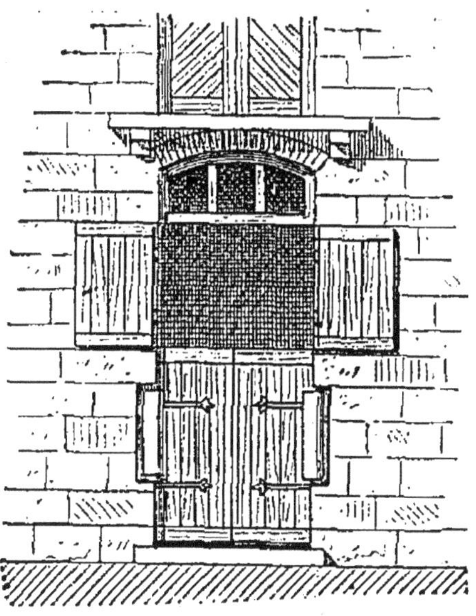

Fig. 59. Porte d'étable.

cette claie et on ferme la partie supérieure de la porte.

Fenêtres. — Les fenêtres d'une vacherie doivent être moins grandes que pour l'écurie ; on emploie fort bien les ouvertures allongées avec cintre en briques.

Pavage. — Le sol n'a pas besoin d'autant de résistance que dans une écurie, puisque les bovidés ne portent pas de fers. On peut se contenter d'une couche de béton, ou d'un dallage en

Fig. 60. Ventilation.

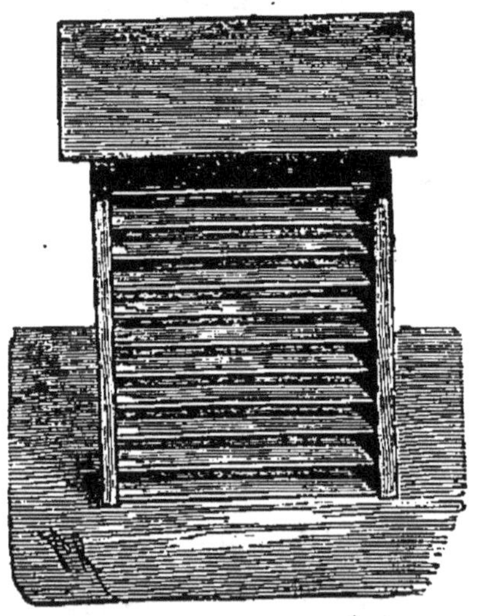

Fig. 61. Ventilation.

briques à plat et à joints cimentés. La pente est la même que dans les écuries, mais la rigole d'écoulement doit être plus large.

On a beaucoup préconisé, à une époque, les planchers à claire-voie qui permettaient aux excréments de tomber dans une fosse pavée et creuse de 0m40 à 0m50 de profondeur. Le plancher se composait d'un gril en bois, dont les différentes pièces étaient espacées de 0m02 à 0m03 ; ce gril était posé sous la partie postérieure de l'animal. Mais on a reconnu que ce système était d'une efficacité médiocre et d'un entretien difficile.

Plafonds. — Il est bon que les étables soient plafonnées, et, mieux encore, protégées par des demi-voûtes en briques.

Ventilation. — La ventilation des étables est une question fort importante : il faut, en effet, assurer l'expulsion de l'air échauffé et vicié, sans toutefois produire des courants d'air désastreux pour les animaux. Le ventilateur consiste en une cheminée rectangulaire en bois (fig. 60), de dimensions qui varient suivant l'importance de la pièce. Cette cheminée traverse les étages supérieurs et s'élève au-dessus du toit; elle est protégée par un toit en pavillon; sur chaque face elle porte des ouvertures garnies de persiennes, comme les abat-sons des clochers (fig. 61). Le mieux serait que ces persiennes fussent mobiles, comme celles des jalousies, afin qu'on puisse modifier leur ouverture en tirant une corde, et régler par suite la ventilation.

Fig. 62. Un cornalis.

Auges, râteliers. — Les mangeoires se construisent comme pour les écuries, mais leurs dimensions sont plus grandes. Les auges ne sont pas élevées de plus de 0m40 à 0m50 au-dessus du pavage; souvent même on les pose sur le sol. On les fait en bois, en pierre, en ciment, en poterie ; elles peuvent être adossées à la muraille ou isolées.

Lorsque les bovidés mangent, ils gaspillent beaucoup de nourriture, qu'ils laissent tomber et piétinent ensuite. Afin de remédier à cet inconvénient, on a imaginé de les obliger à passer leur tête à travers une cloison pour manger : de cette façon, les aliments qui échappent à leurs lèvres, retombent dans la mangeoire et sont repris ensuite. Ces cloisons sont tantôt en bois plein, tantôt à claire-voie. Dans ce dernier cas, ce sont tantôt des soliveaux placés perpendiculairement sur le bord de la mangeoire, tantôt des râteliers privés d'une traverse vis-à-vis de l'emplacement de la tête de l'animal, et reliés par des soliveaux horizontaux : c'est ce qu'on appelle un *cornalis*. (fig. 62.)

Cette disposition diffère un peu, selon les pays. Dans le Limousin, la claire-voie sépare cette table ou mangeoire des animaux, et peut se fermer en dehors de l'heure des repas (fig. 63 et 64); dans cette claire-voie, chaque animal a une ouverture de 0m40 de large et 0m60 de haut, où il passe adroitement sa tête pour le repas, et où il n'est pas inquiété par le voisin; il s'habitue à manger plus vite. Quand les bêtes sont repues, elles se retirent du cornalis, se couchent pour ruminer, et on peut alors fermer celui-ci pour laisser les animaux se

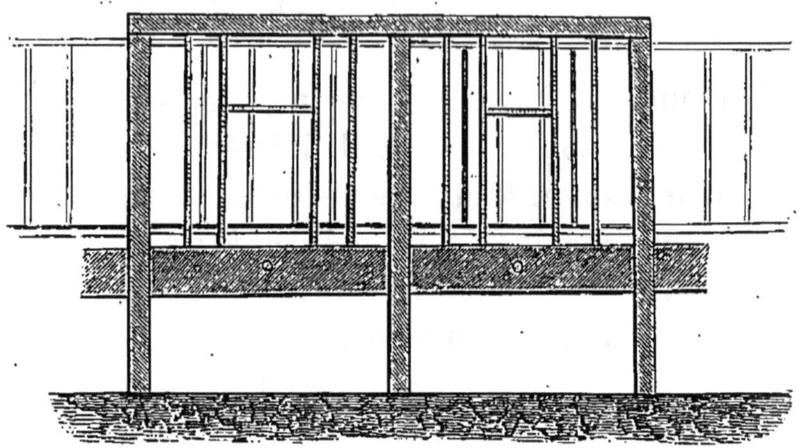

Fig. 63. Cornalis avec claire-voie mobile.

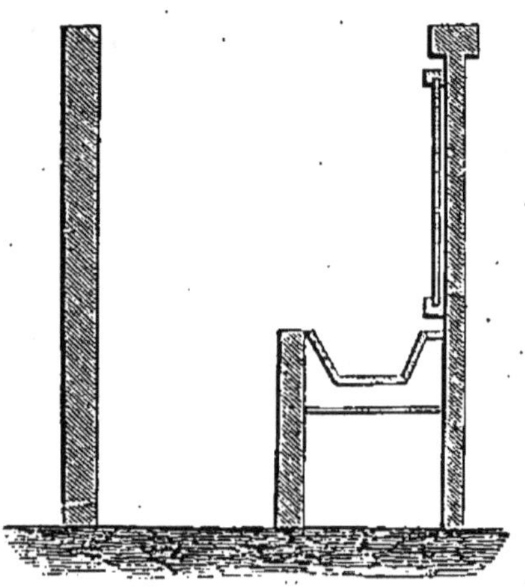

Fig. 64. Coupe d'un cornalis avec claire-voie mobile.

reposer à l'abri de toute agitation. Ils ne se dérangent même pas alors qu'on prépare les aliments dans le couloir, l'expérience leur apprenant qu'il n'y a pas encore d'aliments pour eux avant que le cornalis ne s'ouvre.

En Bretagne, à Grand-Jouan, on a adopté des

Fig. 65. Cornalis à claire-voie des étables bretonnes.

dispositions un peu différentes, dont donneront une idée exacte les figures 65 et 66.

Nous avons vu, dans les pays du nord et surtout en Danemark, des vacheries où, à côté de la

Fig. 66. Cornalis de Grand-Jouan (profil et face.)

mangeoire contenant les aliments secs, on avait ménagé une autre rigole dans laquelle on pouvait envoyer de l'eau pour la boisson, au moyen d'un robinet unique placé à l'extrémité du rang.

Dispositions. — Toutes les dispositions que nous avons décrites pour une écurie peuvent être adoptées pour la vacherie; seules, les dimensions changent.

Dans une étable longitudinale simple, il faut compter au minimum une largeur de 4m20, savoir : 0m50 pour la mangeoire, 2m40 pour l'animal, et 1m30 pour le passage de service. En outre, il est très avantageux de ménager un autre passage de 1 mètre devant la tête de l'animal, afin de faciliter la distribution des aliments. Il faut, de plus, réserver deux petits emplacements pour déposer la nourriture et effectuer les manipulations nécessaires.

Dans l'étable longitudinale double, le passage central doit être un peu bombé en forme de chaussée, pour empêcher les urines de déborder vers le centre et les renvoyer dans les rigoles ; sur cette chaussée, on installera un petit porteur Decauville. De même, le long de chaque muraille, on réservera des passages pour la distribution des aliments. D'après ce système, les animaux sont placés dans des directions contraires.

Nous préférons beaucoup le système qui consiste à placer les vaches sur deux rangs, de manière qu'elles se fassent vis-à-vis, de chaque côté d'un passage central Ce passage est bordé par les mangeoires, qui forment deux espèces de rigoles de chaque côté de la chaussée; celle-ci est bombée et peut recevoir un petit chemin de fer Decauville pour le transport des aliments.

Une vacherie de ce genre doit avoir 10 mètres à 10ᵐ50 en largeur ; les couloirs longitudinaux sont comptés pour 2 mètres. Le chemin de fer aboutit

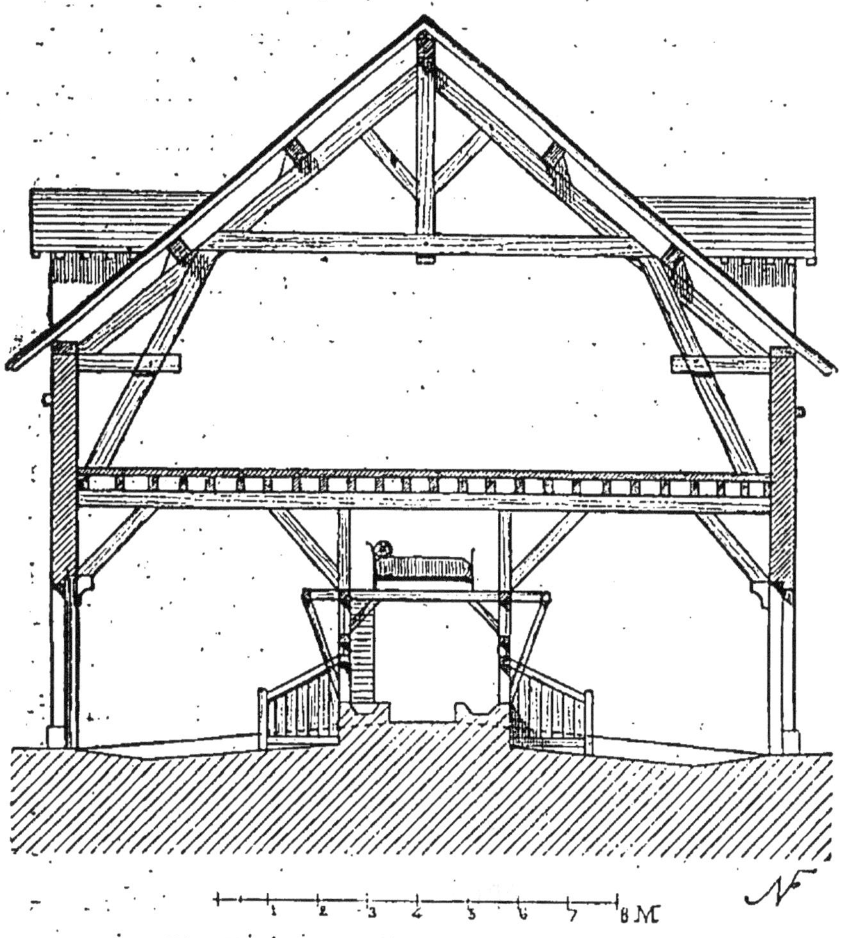

Fig. 67. Étable transversale double (coupe.)

dans une pièce qui sert à la préparation des aliments ; elle contient le hache-paille, le coupe-racines, le casse-tourteau, et même une chaudière pour la cuisson des aliments. Les rations sont ensuite chargées sur des wagonnets; ceux-ci ont des panneaux mobiles qui se rabattent et permettent de répartir la nourriture dans chaque mangeoire. Dans la pièce de préparation des aliments se trouve un escalier qui conduit au grenier à fourrages. On peut jeter les bottes par une trappe ménagée dans le plafond.

Dans l'étable transversale simple, les rangées de vaches sont disposées suivant la largeur du bâtiment, ce qui fait que chaque couloir sert à la fois pour répartir les aliments à une rangée et pour enlever les fumiers de la rangée subséquente.

On fait aussi des étables transversales doubles, où les rangées de vaches se font vis-à-vis (fig. 67); il y a donc, derrière chaque rangée, un passage commun pour le service, et, devant chacune, un autre passage commun pour la nourriture. De plus, on ménage le long d'une des murailles un autre passage perpendiculaire à ceux-ci, et également muni d'un chemin de fer. Cette disposition convient surtout pour les grandes vacheries. Nous avons vu des étables de ce genre en Danemark. Le passage réservé entre les animaux consistait en une simple chaussée cimentée qui bordait la ligne des mangeoires. A l'extrémité des mangeoires était placé un robinet avec un col de cygne, permettant d'envoyer de l'eau dans ces auges, soit pour les nettoyer, soit pour abreuver les bestiaux.

Quelques essais de vacheries semi-circulaires ont été tentés; mais ce genre de bâtiment offre des difficultés de construction; de plus, il est toujours difficile d'utiliser convenablement les coins.

Quant aux vaches et aux veaux, on les place dans des boxes ou loges : ce sont des parties d'étables à longue claire-voie de 2 mètres de haut; elles ont 3 ou 4 mètres en tous sens. Les animaux n'y sont pas attachés et peuvent se mouvoir librement. A ces boxes, on peut joindre un petit terrain de parcours clôturé avec du fil de fer ou de la ronce artificielle.

On peut aussi se contenter de simples stalles; pour une mère et son veau, il faut une stalle de 1^{m}70 de large. L'emplacement réservé aux veaux doit être sec, chaud et bien ventilé.

Lorsque le veau est séparé de sa mère, on lui donne des boxes de 1^{m}50 à 2 mètres de long; on peut en mettre deux dans une boxe de 3 mètres de côté.

§ III. — PORCHERIES

Autant que possible, les porcs seront isolés; en outre leurs abris doivent être solides, car le porc aime à fouiller la terre. Ces habitations ont besoin d'être exposées au midi, l'aération y sera très soignée et on se préoccupera des moyens de fournir aux animaux de l'eau fraîche.

Portes. — Il faut distinguer la porte principale qui permet d'entrer dans l'intérieur de la porcherie, et les petites portes conduisant des loges à porc dans les cours adjacentes. La première peut être une porte simple ou une porte coupée ; elle aura environ 1^{m}80 de hauteur sur 0^{m}60 de largeur. Les portes des cours ont aussi 0^{m}60 de largeur ; mais leur hauteur ne dépassera guère 1^{m}25.

Fenêtres. — Le plus souvent, les fenêtres des porcheries n'étant destinées qu'à l'aération, ne sont point munies de châssis ; mais dans les fermes bien organisées, on installe des baies avec cintres de briques et châssis en bois garnis de persiennes mobiles.

Pavage. — Le pavage exige les plus grands soins ; il doit être très solide et exécuté avec des matériaux très résistants, soit des pavés de grès cimentés, soit des briques sur champ. On a fait quelques essais heureux avec des parquets de chêne à claire-voie montés sur des tasseaux qui reposent sur le dallage en briques à plat ; cette disposition paraît très favorable à la santé des porcs.

Les cours doivent être pavées comme les loges, avec des pentes et rigoles pour l'écoulement des liquides.

Auges. — Elles sont en pierre dure, en briques ou en ciment ; on doit toujours y ménager un trou destiné à l'écoulement des eaux de lavage. Souvent on munit le bord supérieur d'une bande de fer. Leur profondeur ne dépasse pas 0m15 à 0m20 avec 0m30 de largeur intérieure. La hauteur du bord supérieur au-dessus du sol est 0m20 à 0m30 suivant la race.

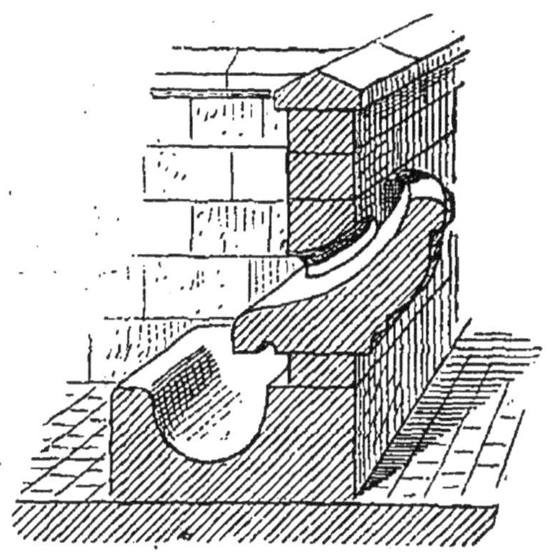

Fig. 68. Auge de porcherie.

Pour les porcelets, on se sert maintenant d'auges mobiles en fonte de forme circulaire et partagées en compartiments par des divisions suivant le rayon. Au centre de l'appareil, s'élève une tige garnie d'une poignée qui permet de le déplacer facilement.

La meilleure disposition à adopter pour les auges est de les encastrer dans les parois des loges, de manière qu'on puisse les remplir sans être obligé de pénétrer dans la loge. (fig. 68.) Une disposition fort simple consiste à placer dans l'embrasure de la cloison au-dessus de l'auge une porte suspendue horizontalement par des charnières. Lorsqu'on veut nettoyer ou remplir l'auge, on repousse cette porte sur le côté intérieur de l'auge, de manière à empêcher l'animal d'approcher : lorsque l'auge est remplie, on ramène la porte sur le côté extérieur, afin de laisser le porc accéder à l'auge, sans cependant qu'il puisse sortir par l'embrasure.

Séparations. — Les séparations entre les loges consistent en petits murs ou cloisons de 1m25 de hauteur ; nous préférons beaucoup la maçonnerie au bois : la brique est d'un excellent usage pour ce travail. Dans les cours, les séparations se font aussi en briques ou plus économiquement en treillages de bois avec des barreaux de 0m04 d'équarrissage.

Dimensions. — Les dimensions varient beaucoup suivant les races de porcs ; il y en a de grosses et de petites ; une bonne moyenne est 2 mètres ou 3 mètres ; elle convient même pour une truie avec trois ou quatre petits. Quant à la cour, elle aura la même largeur que la loge et une longueur aussi grande que l'on voudra. Dans ces cours, on réserve des dépressions ou des bassins contenant de l'eau fraîche pour les porcs. On sait que ces animaux, lorsqu'ils sont soumis à l'engrais, ont toujours une certaine fièvre à la peau qui les porte à se baigner dans les mares et les flaques d'eau; si on veut qu'ils se portent bien, on doit leur ménager des baignoires alimentées par des rigoles.

Dispositions. — Les porcheries simples consistent en une série de loges de 5 à 6 mètres carrés, munies chacune d'une porte qui réunit la loge et la cour; celle-ci peut être également pourvue d'une porte permettant d'accéder dans la cour par l'intérieur; il y a deux auges, une dans la cloison de la cour et destinée aussi à servir de bassin; l'autre placée dans la loge même. Chaque compartiment est ventilé par des tuyaux en poterie formant cheminée. Les rigoles d'écoulement partent de la loge, traversent les cours et débouchent au dehors dans une rigole principale ; celle-ci conduit le purin au dehors, car il n'est pas apprécié comme engrais et les fermiers ne veulent pas l'admettre dans leurs fumières.

Les porcheries doubles (fig. 69) offrent deux rangées de loges séparées par un couloir commun, 1 ; 2, sont les cases à porcs ; 3, les cours découvertes ; 4, les auges qu'on peut remplir du couloir central. Dans une construction de ce genre, la chaussée médiane est un peu plus élevée que les loges et celles-ci offrent une pente qui part de ce couloir et s'incline vers l'extérieur; on peut y installer un petit chemin de fer Decauville qui se prolonge jusqu'à la salle de prépara-

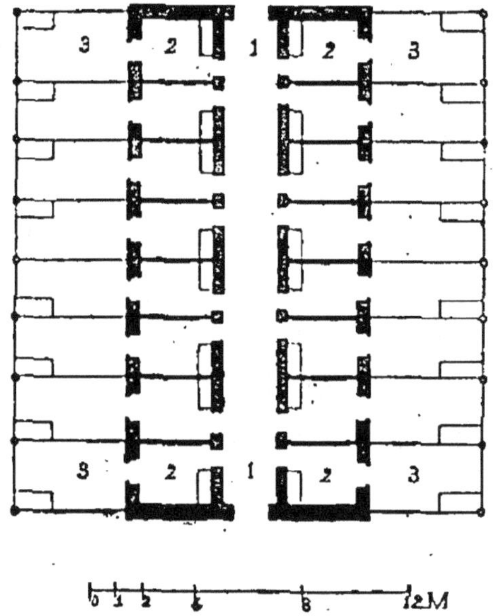

Fig. 69. Plan de porcherie double.

tion des aliments placée dans la vacherie comme il est dit ci-dessus.

Nous donnons (fig. 70) un modèle d'intérieur de porcherie. On voit que la toiture du couloir central est plus élevée que le reste ; l'intervalle ainsi ménagé reçoit les fenêtres qui servent à assurer l'aération et la lumière. Les cours sont entourées de grillages en fer ; lorsqu'on veut nettoyer les loges, on pousse le porc dans la cour et on ferme la porte de séparation, de sorte qu'on peut tranquillement effectuer le balayage.

Afin de compléter notre description, nous don-

Fig. 70. Intérieur de la porcherie.

nons (fig. 71) une vue de l'extérieur de la même porcherie. On voit que les grillages en fer sont placés sur un petit mur en pierres et que toute la construction est entourée d'un trottoir.

Dans certains cas, on peut construire un grand bâtiment carré contenant des loges et des cours sur chaque face ; l'espace central sert alors de cuisine et d'atelier pour la préparation des aliments. C'est une disposition fort commode dans les établissements où il n'existe pas de vacherie et où on fait un élevage spécial de porcs soit pour

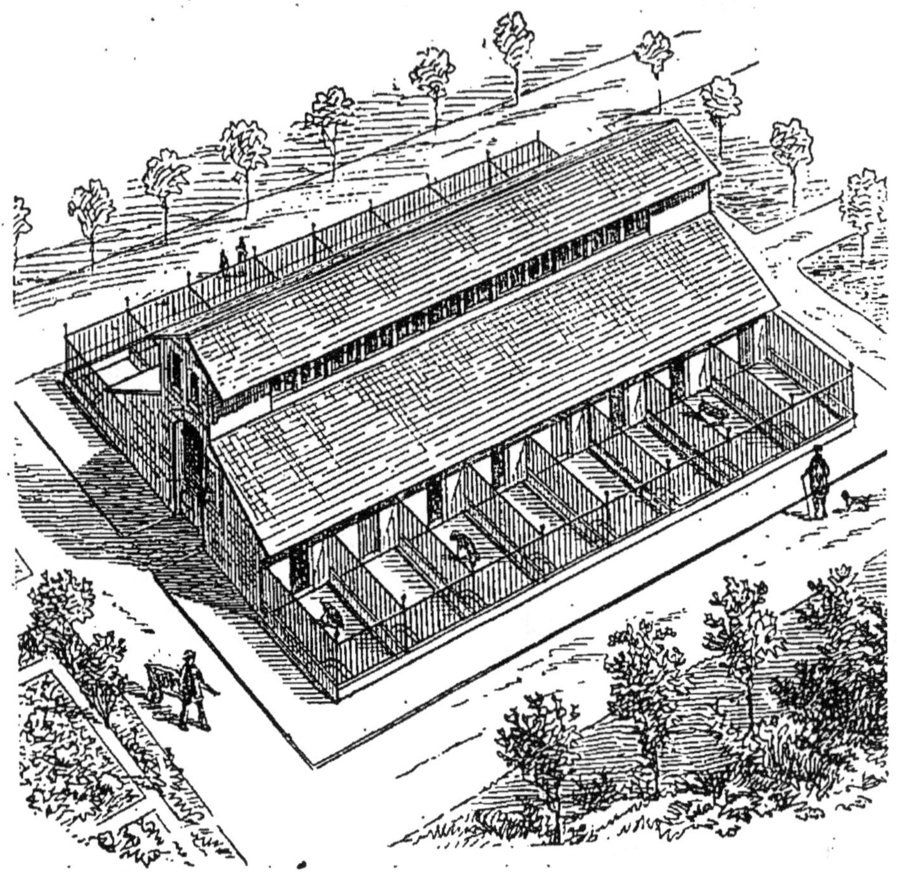

Fig. 71. Extérieur de la porcherie

l'engrais, soit pour utiliser des résidus de fromageries, de laiteries, etc.

§ IV. — BERGERIES

Dans beaucoup de contrées, on a des préventions contre les bergeries, et on préfère tenir les animaux dans des parcs. Cela n'est possible que dans les régions du littoral, où le voisinage de la mer maintient une température assez uniforme, et où les races sont rustiques. Mais dans tous les pays de grand élevage et de races améliorées, le Châtillonnais, le Soissonnais, on reconnaît l'utilité des bergeries et on n'applique pas moins de soins à leur installation qu'à celle des autres bâtiments de la ferme; leur construction peut être très légère et établie dans des conditions fort économiques.

Emplacement. — La première question à résoudre pour une bergerie, est l'absence d'humidité dans le sol; il faut donc choisir un terrain un peu élevé, bien drainé, sec et ferme. De plus, les moutons ont besoin de soleil pendant l'hiver et d'ombre en été; la bergerie aura donc deux façades, l'une au Nord, l'autre au Midi; le meilleur système est de les placer entre deux parcs clos, dont l'un sert pour la saison d'été et l'autre pour la saison d'hiver.

Portes. — Les portes se font en panneaux coupés; mais le mieux est de remplacer la partie supérieure par une claire-voie; il est nécessaire qu'elles ouvrent en dehors, car les moutons s'entassent pour sortir et empêcheraient d'ouvrir la porte; il est bon de les garnir de rouleaux de

0^m50 à 0^m60 de hauteur posés à 0^m30 au-dessus du sol.

Fenêtres. — Elles sont en général plus grandes que celles des écuries et vacheries ; il est inutile de les munir de carreaux ; mais il est très avantageux de les compléter par des persiennes mobiles qu'on peut fermer ou ouvrir suivant la saison.

On éclaire les bergeries pendant la nuit, surtout à l'époque de l'agnelage. Le système le plus sûr est de pratiquer dans la muraille une ouverture fermée par un carreau fixe du côté de l'intérieur et ouvrant au dehors ; dans ce compartiment, on loge une lanterne ou une lampe.

Sol. — Il est inutile de paver le sol ; on se contente de le couvrir d'une couche de béton, de bitume ou même d'une aire en argile battue ; la pente du sol sera de 0^m015 à 0^m02 par mètre. On a beaucoup préconisé pour les bergeries les planchers en bois à claire-voie formés de petits chevrons de 0^m03 à 0^m04 de largeur sur 0^m06 de largeur et espacés entre eux de 0^m01 à 0^m02. Ces planchers sont posés par sections sur des tasseaux qui reposent sur l'aire de la bergerie ; ils peuvent s'enlever pour le nettoyage.

Plafonds. — Les bergeries n'ont pas besoin de plafond ; mais si elles sont surmontées d'un grenier à foin, on les plafonne soigneusement ; ici encore, nous recommandons les demi-voûtes en briques.

Crèches. — Les appareils destinés à recevoir les aliments se composent d'un râtelier et d'un petit auget assemblés ; mais souvent on se contente d'un simple râtelier. Les crèches doivent

Fig. 72. Ratelier double.

être placées assez bas pour que l'animal puisse manger facilement ; d'autre part, il faut éviter que le mouton ne monte dedans.

Les barreaux des râteliers doivent être écartés de 0^m12. Les crèches sont fixes ou mobiles ; de plus, elles peuvent être simples ou doubles. La crèche fixe simple s'adosse au mur ; elle ressemble à celle des écuries, mais dans de plus petites dimensions ; l'auget a 0^m30 de largeur sur 0^m15 de profondeur et il est placé à 0m40 au-dessus du sol; le râtelier se pose au-dessus de l'auget, de manière qu'il y ait 0m20 d'intervalle entre le devant de l'auge et le bas des barreaux. L'auget est en pierres, en briques, et très souvent en bois.

Les crèches fixes doubles (fig. 72) s'établissent au milieu des bergeries et divisent celles-ci en

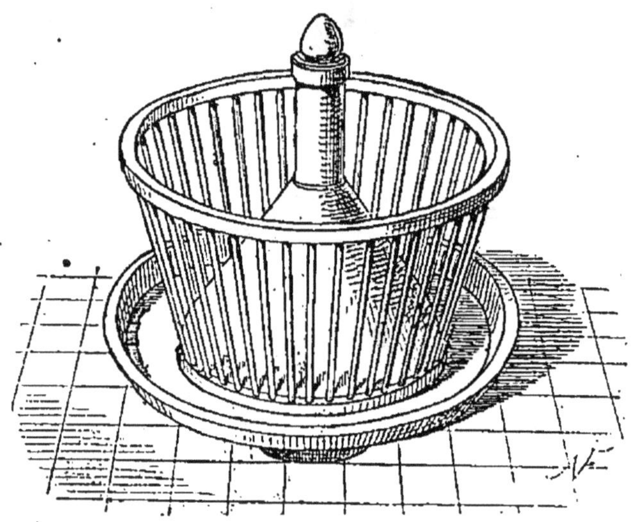

Fig. 73. Ratelier circulaire.

compartiments, en sections, qui constituent autant de petites bergeries contiguës. Elles consistent en deux crèches simples montées sur une traverse mitoyenne à laquelle elles sont rattachées par des traverses en bois ou en fer.

Les crèches mobiles sont plus avantageuses pour les bergeries, parce qu'elles peuvent être déplacées et permettent de modifier la disposition des compartiments. Elles peuvent aussi être simples ou doubles : les premières sont d'un usage moins commode, mais on peut en faire des crèches doubles en accolant deux crèches simples dos à dos et en les rattachant avec des cordes. Les crèches doubles sont montées sur des traverses en bois réunies et reliées par des soliveaux transversaux, dont les plus bas supportent les râteliers et les plus élevés maintiennent les râteliers. M. Grandvoinnet a inventé un râtelier double monté sur deux pièces de bois assemblées en X ; l'écartement est maintenu par une planche clouée sur les deux branches supérieures. D'autres planches un peu inclinées forment le fond des augets ; le râtelier est composé de barreaux enfoncés dans le fond des augets et dans des perches boulonnées contre les branches supérieures de l'X ; une planche partage en deux ce râtelier.

On construit aussi des râteliers mobiles montés sur des roues et qu'on peut brouetter dans les champs et dans les parcs.

On emploie beaucoup des râteliers circulaires (fig. 73) placés sur un plateau également circulaire et dont le bord extérieur constitue l'auget ; cette disposition permet aux moutons de manger sans se gêner; elle est fort commode pour les agneaux.

Dispositions. — Il ne faut guère compter dans une bergerie moins d'un mètre carré par mouton, une brebis avec son agneau occupe $1^{m}95$. La hauteur de la pièce variera entre 3 ou 4 mètres : plus la ventilation est insuffisante, plus la hauteur de la pièce doit être grande.

Les bergeries peuvent être ouvertes ou fermées. Les premières ne sont que de véritables

Fig. 74. Intérieur de bergerie.

hangars : les autres sont protégées par des cloisons et des murailles ; enfin il y a aussi les bergeries mixtes formées d'un hangar, dont une des faces est maçonnée ou munie de cloisons.

Dans les bergeries simples, les crèches sont rangées le long des murs tout autour de la pièce ; le bâtiment n'a guère que 4 mètres de large, en comptant $0^{m}50$ pour chacune des crèches.

Dans la bergerie double, il existe un rang de crèches double au milieu de la pièce; la bergerie a alors 8 mètres de large ; à l'extrémité des crèches du milieu on laisse un passage libre de 2 mètres.

Avec des crèches mobiles on peut donner à la bergerie les dimensions que l'on désire, et disposer les compartiments dans la longueur ou dans le sens transversal.

On fait aussi des bergeries triples ; mais il y a avantage alors à faire des bergeries à travées transversales ou des bergeries à toits multiples avec poteaux intérieurs.

Ce qu'on ne doit pas négliger, c'est le moyen d'enlever les fumiers et de les transporter à l'emplacement où ils seront entassés..

§ V. — BASSES-COURS

La disposition des basses-cours et poulaillers varie beaucoup suivant les usages locaux ; ce qu'on ne doit pas oublier, c'est de les orienter vers l'Est ; l'exposition de l'Ouest et du Nord est très défavorable.

Le poulailler sera construit en bois ; le rez-de-chaussée convient pour les canards et les oies ; le premier étage sera réservé aux poules. Il contient un grand nombre de compartiments avec des petites portes qui permettent de les visiter et de les nettoyer. Les juchoirs sont formés de barreaux arrondis de $0^{m}03$ à $0^{m}04$ centimètres de grosseur ; les barreaux sont distants de $0^{m}33$ et l'inclinaison ne dépasse pas 45°.

Dans la chambre, on calcule qu'on peut mettre

15 ou 20 poules par mètre carré. Les guichets, qui permettent aux poules de passer de la cour dans le pondoir, doivent être fermés par des portes glissant dans des coulisses verticales ; on a soin d'abaisser ces portes chaque soir après la rentrée des poules.

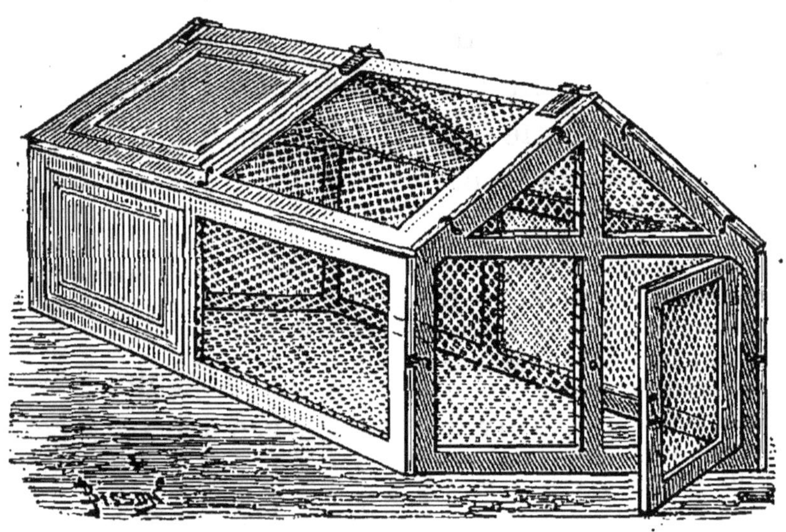

Fig. 75. Cage pliante pour poussins, volaille ou gibier.

Devant le poulailler s'étend une cour entourée d'un grillage en fer ou en lattes (fig. 75); il est très utile d'envelopper toute cette cour par-dessus et sur les côtés d'un treillage en fil de fer afin d'empêcher l'entrée des petits rongeurs, des moineaux, des chats, etc. Elle est tapissée de gros sable, et même de petites pierrailles dont les animaux font une grande consommation.

Nids. — Les nids se font de diverses façons. tantôt ce sont des compartiments couverts au niveau du sol, tantôt des boîtes suspendues le long des murailles. Dans le premier cas, les séparations sont faites avec des planches clouées ; chaque nid a 0m30 à 0m35 en tous sens. Les boîtes sont pendues le long des murailles à 1 mètre du sol ; elles peuvent être placées sur plusieurs rangs en quinconce ; on les abrite avec un toit en planches placé à 0m30 au-dessus des nids.

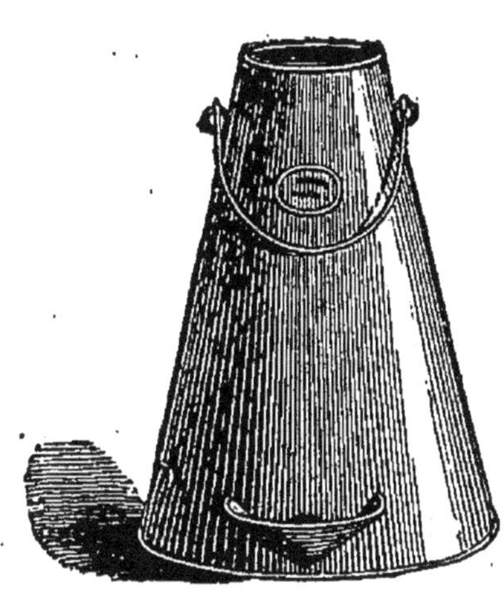

Fig. 76. Godet à boire.

Mangeoires. — On construit maintenant, pour les basses-cours, des mangeoires très avantageuses en métal ; elles sont abritées par un couvercle et percées d'ouvertures latérales, de telle manière que les animaux ne puissent monter dans leur auge et salir leurs aliments. On fait de même des abreuvoirs siphoïdes (fig. 76) composés d'un réservoir central de forme cylindrique muni, à sa base, de petits godets dans lesquels l'eau se maintient toujours à un niveau convenable.

Pour les dindons, on se sert souvent comme

perchoirs d'une vieille roue fixée horizontalement sur un piquet.

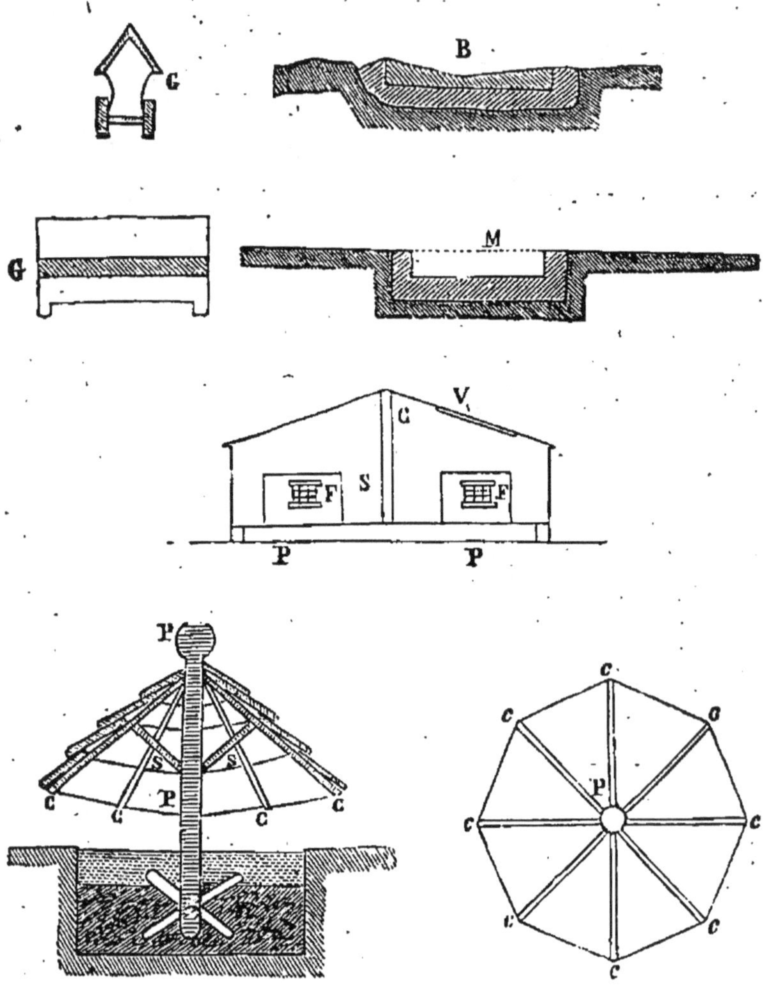

Fig. 77. Les poulaillers mobiles.

Il est bon de planter dans les basses-cours des arbres fruitiers qui donnent de l'ombre aux volailles et leur fournissent quelques aliments qu'elles aiment beaucoup, tels que les mùriers, les sorbiers, les pruniers, les aubépines.

Il est très avantageux, quand cela est possible, de faire passer à travers les basses-cours un filet d'eau courante.

M. d'Havrincourt a installé chez lui un système de basse-cour fort simple et très ingénieux. En voici les dispositions : la figure 77 V représente la cage du premier âge ; c'est une maisonnette avec petites couvertures grillagées et un trottoir planchéié. Le bac à eau M est taillé dans une pierre et placé dans le sol de manière que la boisson soit toujours limpide. G est une boîte pour les grains avec râtelier double, de manière que les volailles ne gaspillent pas la nourriture.

B est un bac spécial placé dans le sol et destiné à recevoir les aliments cuits ou les pâtées humides.

Enfin le pavillon P, est construit pour abriter les animaux. Il se compose d'un poteau P monté sur une croix qu'on enterre dans une couche de béton ; on remplit le pourtour avec de la pierraille, du mâchefer et on recouvre le tout avec du sable : huit chevrons C soutenus par des tiges S forment 8 pans qui sont recouverts de planchettes étalées les unes sur les autres.

C'est là que les volailles viennent s'abriter pendant la chaleur et se débarrasser des parasites qui les tourmentent.

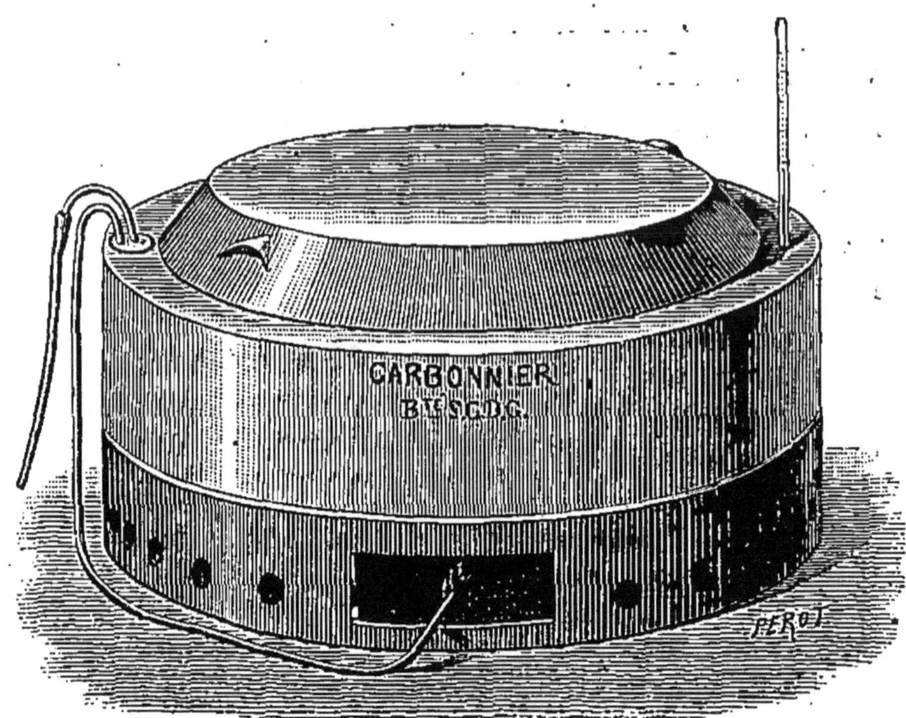

Fig. 78. — Couveuse Carbonnier.

Fig. 79. — Couveuse Voitellier.

Couveuses artificielles. — L'emploi des couveuses artificielles a depuis quelques temps beaucoup modifié certaines basses-cours.

L'incubation artificielle remonte à la plus haute antiquité puisqu'on la pratique depuis un temps immémorial en Egypte.

Créée par Carbonnier (fig. 78) vers 1860, la couveuse a été modifiée plus tard par Deschamps; enfin elle a encore été perfectionnée par MM. Roullier-Arnoult et Voitellier. Elle se compose de la *couveuse* proprement dite et de *l'éleveuse.*

La couveuse ou hydro-incubateur est formée par des boîtes en bois munies de tiroirs dans lesquels sont placés les œufs. Entre les tiroirs sont des réservoirs en zinc dans lesquels on introduit de l'eau très chaude; ce sont donc de véritables étuves. Les petits modèles sont de cinquante œufs; mais on construit de grands appareils pour 220 œufs ; c'est ce dernier qu'on emploie dans les fermes où l'incubation est traitée industriellement. Dans la partie supérieure, il y a une chambre sécheuse où on place les poussins sitôt éclos (fig. 79).

L'éleveuse ou hydro-mère consiste en une boîte dont la partie supérieure est munie d'un réservoir à eau chaude et dont la partie inférieure est ouverte sur le côté; cette ouverture est garnie d'un rideau que les poussins soulèvent pour entrer ou sortir. L'éleveuse est placée dans un petit parc grillagé ou vitré, où les poussins peuvent se promener.

Les couveuses sont placées dans un endroit sec, à l'abri des courants d'air et du vent, loin du bruit et de l'agitation ; à proximité, se trouve un fourneau destiné à chauffer l'eau pour alimenter la couveuse. Dans la pièce adjacente, seront rangées les éleveuses. Le sol des couvoirs sera revêtu d'une épaisse couche de sable afin d'éviter les trépidations.

La salle des éleveuses communiquera avec une cour spéciale dans laquelle on lâchera les jeunes poussins avant de les introduire dans la basse-cour.

§ VI. — PIGEONNIERS

Les pigeonniers ont perdu beaucoup de leur importance depuis un siècle ; car on a reconnu que les pigeons occasionnent des dégâts considérables aux récoltes de céréales et endommagent les toitures des maisons. Les grands pigeonniers féodaux en forme de tours disparaissent de plus en plus. Néanmoins lorsqu'on veut avoir un pigeonnier, on installe de petites tourelles en briques (fig. 80) ou simplement en planches. La partie supérieure de ces abris est divisée en compartiments de $0^{m}30$ de largeur et de hauteur et de $0^{m}45$ de profondeur. Cette tourelle repose sur un socle

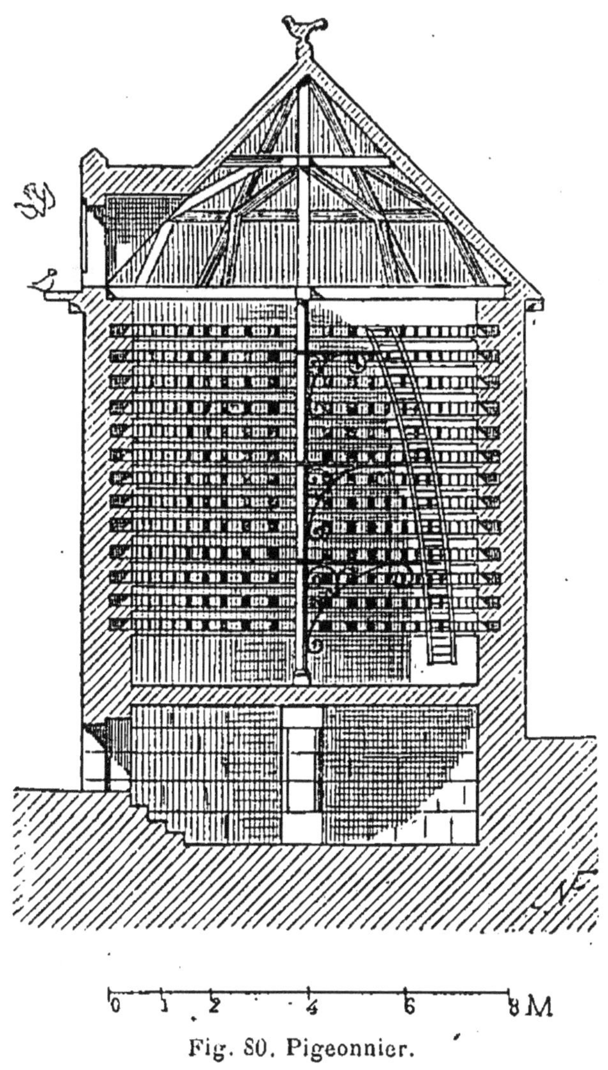

Fig. 80. Pigeonnier.

en maçonnerie, ou simplement sur un poteau si elle est peu importante ; l'intérieur est tapissé de compartiments où nichent les pigeons.

Dans le cas où l'on n'a que quelques pigeons, on emploie des boîtes en bois fixées contre une muraille. (fig 81).

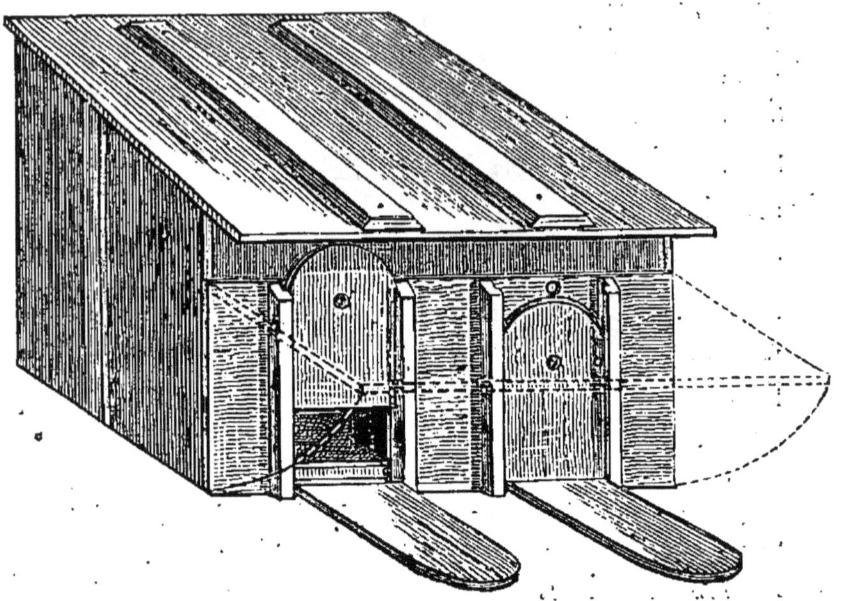

Fig. 81. — Pigeonnier pour appliquer aux murs.

§ VII. — CLAPIERS

Les clapiers sont des petites cases en bois très propres installées sur plusieurs étages; la façade de chaque boxe est treillagée; on compte par compartiment 0m45 en largeur et en hauteur sur 0m30 de profondeur. Il est bon d'installer dans un coin un petit râtelier afin d'empêcher les animaux de piétiner sur leur nourriture.

§ VIII. — CHENILS

Pour les chiens de ferme, il n'est pas besoin d'un chenil proprement dit : on leur donne une loge ou cabane haute de 1 mètre environ, large de 0m70 et profonde de 1 mètre à 1m50 suivant la race de l'animal. On se sert aussi de barils défoncés par un bout et montés sur des traverses en planches. En Danemark, la loge du chien de garde est montée sur un pivot placé au sommet d'une petite éminence pavée : ce qui permet à l'animal de faire tourner sa loge dans la direction où son attention est appelée.

Ce qu'on ne doit pas oublier, c'est de garnir la cabane, surtout pendant l'hiver, avec quelques bottes de paille.

§ IX. — RUCHERS

Les ruchers sont constitués par un ensemble de plusieurs ruches ; celles-ci se construisent en paille, en bois, en verre, etc. : mais les ruches en paille sont les plus usitées ;

On les expose au levant ou au midi ; pour les abriter du vent, il faut disposer des cloisons en planches ou en paillassons ou un abri formé par des arbres touffus.

Les ruchers doivent être placés loin des habitations, des étables, des poulaillers.

On loge aussi les ruches sous des hangars ou des appentis et même dans des bâtiments clos de toutes parts (1).

§ X. — MAGNANERIES

Les magnaneries se divisent en deux locaux : ceux où on produit la graine, ceux où on produit la soie.

Les premiers doivent être secs et bien aérés ; généralement on les place au premier étage et on y installe des cheminées de ventilation. Des appareils de circulation à eau chaude, des calorifères permettent d'y entretenir la chaleur nécessaire à l'éclosion ; ces locaux doivent être assez vastes ; car il est nécessaire que les vers ne soient pas entassés les uns sur les autres. A côté du local pour la production de la graine, existe un dépôt pour les feuilles de mûrier. Les fenêtres sont garnies de toiles fines et munies de persiennes.

Le local destiné à la production de la soie doit être plus chaud que le précédent ; aussi fait-on les murs plus épais. La ventilation est établie par des tuyaux en briques ou en bois avec des cheminées d'appel. Les fenêtres sont doubles ; c'est-à-dire qu'elles sont garnies de châssis à car-

(1) Voyez Maurice Girard, *Les Abeilles*, Paris, 1886. *(Bibliothèque scientifique contemporaine.)*

reaux et aussi de châssis en toile, en canevas ou en toile métallique. Dans la magnanerie sont installées des étagères avec des tablettes séparées par une distance de 0m60 et d'une largeur de 1 mètre environ.

Comme l'élevage des vers à soie ne dure qu'une partie de l'année, on peut consacrer à cette industrie temporaire des granges, greniers, hangars, en ayant soin de les faire plafonner et d'y installer des appareils de chauffage. Les tablettes sont mobiles et lorsqu'elles sont démontées, elles se rangent dans un coin de la pièce. Nous ne parlons ici, bien entendu, que des magnaneries considérées comme accessoires d'une ferme et non pas des établissements spéciaux pour la sériciculture.

CHAPITRE III

Bâtiments d'exploitation, Hangars, Magasins à fourrages, Granges, Chambres à grains, Silos, Cuveries et Celliers, Pressoirs, Laiteries, Glacières, Moulins, Boulangeries, Cuisines, Machines à vapeur.

Nous appelons *bâtiments d'exploitation* tous ceux qui ne servent ni à l'habitation de l'homme ni à celle des animaux. Les plus simples de ces bâtiments sont les *hangars* consistant en une couverture montée sur des poteaux ; nous nous occuperons ensuite des bâtiments clos et fermés.

§ I. — HANGARS

Les hangars rendent de grands services en agriculture ; ils servent d'abri aux machines agricoles, de remises aux chariots et voitures, de magasins pour les récoltes, d'ateliers, quelquefois de bergeries etc.

Pavage. — Le sol des hangars doit être un peu plus élevé que le terrain environnant ; quelquefois il est pavé ; le plus souvent il est protégé par une couche de béton où un cailloutage ; cela dépend des usages auxquels on les destine.

Dimensions. — Pour loger les moyens instruments, les charrues, les herses, etc., on fait des petits hangars de 3 mètres à 4 mètres de large ; pour les véhicules, la largeur est naturellement plus considérable. La hauteur varie de 3 mètres à 6 mètres ; mais il est bon de ne pas les faire trop bas, afin de permettre le passage de voitures chargées de gerbes ou de fourrages.

Dispositions. — Les hangars en appentis s'adossent à d'autres constructions ou à des murs de clôture. La toiture n'a qu'une seule pente ; elle repose sur des poutres scellées par un bout dans un mur d'appui et par l'autre sur des piliers en bois, en pierre ou en fonte ; ces piliers sont reliés par des sablières. Afin d'empêcher le poids de la toiture de fatiguer le mur d'appui, on place sous la demi-ferme une pièce de bois en écharpe qui établit l'équilibre entre la charge du mur et celle des piliers.

Les hangars à double pente sont les plus commodes ; ils se composent de poteaux en bois placés sur des dés en pierre scellés dans une fondation en maçonnerie. Ces poteaux reposent sur un encastrement pratiqué dans la pierre; ils sont maintenus par un goujon en fer, scellé dans la pierre et appliqué sur le bois : le haut des piliers est relié à la sablière par des chevilles ou des boulons en fer. On peut facilement établir ainsi de petits hangars de 5 mètres de largeur.

On emploie beaucoup depuis quelque temps des hangars économiques de M. Pombla dont nous donnons deux spécimens. Le premier (fig. 82) est en bois avec tirants en fer ; il se couvre en carton bitumé, toile goudronnée et zinc. Ces hangars se vendent par mètre carré de terrain couvert, pose comprise ; ils atteignent jusqu'à 12 mètres de largeur et plus.

En ajoutant des arbalétriers comme dans la figure 83, on peut employer tous les modes de couverture, carton, zinc, ardoises, toiles mécaniques et autres ; le prix est augmenté de 1 franc à 1 fr. 50 par mètre carré. Ce type convient surtout pour les combles à grande portée. On le vend au mètre carré ouvert ou couvert, pose comprise.

Remises. — Les remises diffèrent des hangars en ce qu'elles sont fermées sur trois de leurs faces par des clôtures fixes en maçonnerie ou en planches ; l'autre face est formée par des portes ou barrières de largeur suffisante pour laisser passer une voiture. Souvent les combles renferment un petit grenier. Les barrières d'entrée ont en

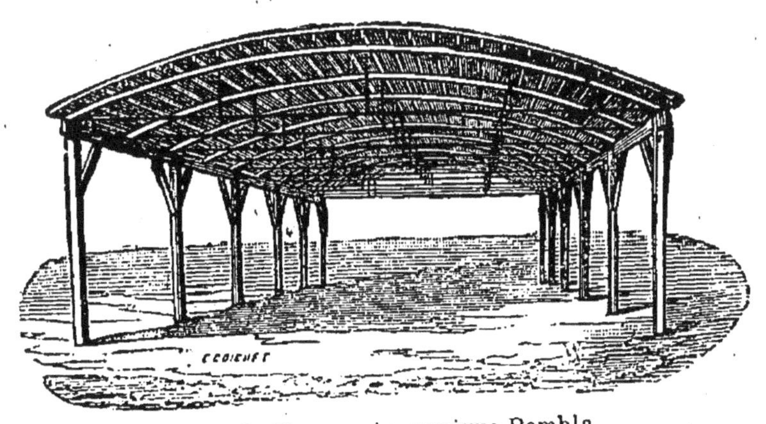

Fig. 82. Hangar économique Pombla.

moyenne 2 mètres de hauteur, afin d'empêcher l'entrée des volailles ; elles sont à deux battants.

Fig. 83. Hangar Pombla, avec arbalétriers.

Une remise de petite dimension mesure 6 mètres sur 5m50 ou 6 mètres, ce qui est suffisant pour placer deux voitures d'exploitation. Il faut avoir soin que l'aire des remises soit plus élevée que les terres environnantes, à l'abri de l'invasion des eaux pluviales.

§ II. — MAGASINS A FOURRAGES

La condition essentielle est de conserver les fourrages à l'abri de la pluie et de l'humidité du sol. Tout local couvert sur un sol sec peut donc servir à cet usage. On peut même employer des hangars et des remises semblables à ceux que nous venons de décrire ; dans ce cas, il est bon d'y installer un faux plancher monté sur des traverses de 0^m40 à 0^m50. Mais en général, il y a avantage à placer les magasins à fourrages au-dessus des vacheries, écuries, dépôts d'outils, etc. Les planchers n'ont pas besoin d'être très soignés ; on se contente de placer des planches sur les solives ; mais si le magasin est installé au-dessus d'une écurie ou vacherie, il faudra donner à ce plancher une plus grande épaisseur afin d'empêcher les émanations animales de pénétrer dans le fourrage. Le mieux est de poser à plat sur les solives de grandes tuiles scellées avec du plâtre ; par-dessus on étend une aire en plâtre ou en terre battue ; mais avec l'emploi des demi-voûtes en briques, cette précaution devient inutile. Dans le plancher on ménage des trappes pour laisser tomber le fourrage dans l'étable, dans l'écurie, ou mieux encore, dans le local qui sert à la préparation des aliments. Une disposition fort heureuse est de placer cette trappe au-dessus du chemin de fer qui dessert la vacherie ou l'écurie.

Les magasins ou greniers à fourrages seront éclairés par des lucarnes en nombre suffisant ; il y aura en outre une fenêtre munie d'une poulie pour monter les bottes de fourrages ; cette fenêtre est abritée par un auvent couvert en zinc.

Il faut remarquer que les fourrages provenant des prairies artificielles occupent un volume plus grand que le foin de prairie ordinaire : la paille brisée, à poids égal, occupe deux fois plus de place que le foin. En se desséchant, le foin diminue d'un quart environ. On a calculé que 50 à 60 kil. de foin non tassé occupent un mètre cube. Dans l'armée, on compte 860 mètres cubes pour 100.000 kilogr. ; naturellement ces chiffres diminuent beaucoup si le foin a été pressé à la machine hydraulique et cerclé avec du feuillard en fer. La paille occupe environ 16 fois plus de place que le poids égal de foin. Aux chiffres donnés par ces calculs, on devra ajouter les passages pour les manipulations et la partie vide nécessaire à l'aération de la pièce ; ce qui représente un sixième du volume du magasin.

M. de Gasparin a calculé que pour la nourriture annuelle d'une tête de gros bétail, on doit compter 72 à 75 mètres cubes. Pour les moutons, d'après Mathieu de Dombasle, il suffisait de 10 mètres cubes. Mais ces données ne sont exactes que pour des animaux qu'on nourrirait toute l'année avec des fourrages secs ; il faut compter que, pendant une partie de la belle saison, ils séjournent dans les herbages et mangent des racines et des graines, ce qui réduit de moitié les dimensions indiquées ci-dessus.

Puisque nous parlons fourrages, disons un mot des *supports de meules*. Ceux-ci se font quelquefois en maçonnerie, hauts de 0m75 centimètres ; mais le plus souvent ce sont des plate-formes en bois placées sur de grosses pierres ou sur des massifs en maçonnerie. Les formes et les dimensions sont très variables ; on entoure la meule d'une rigole pour recevoir les eaux de pluie.

§ III. — GRANGES

La grange est un magasin à gerbes fermé et couvert ; de plus elle sert à battre le grain, à le nettoyer et à abriter la paille battue (fig. 84).

Les dimensions d'une grange sont très variables ; pour une petite exploitation, qui contient des proportions restreintes de terres labourées, on peut faire des granges qui contiennent la totalité de la récolte. Si on se trouve au contraire en présence de quantités de gerbes considérables, on bâtit une grange de manière qu'elle puisse recevoir une ou deux meules, la machine à battre et la paille battue.

Une grange doit être très sèche et bien protégée contre l'humidité; on rejetera les pierres poreuses ou salées, les plâtras salpêtrés, les sables de mer;

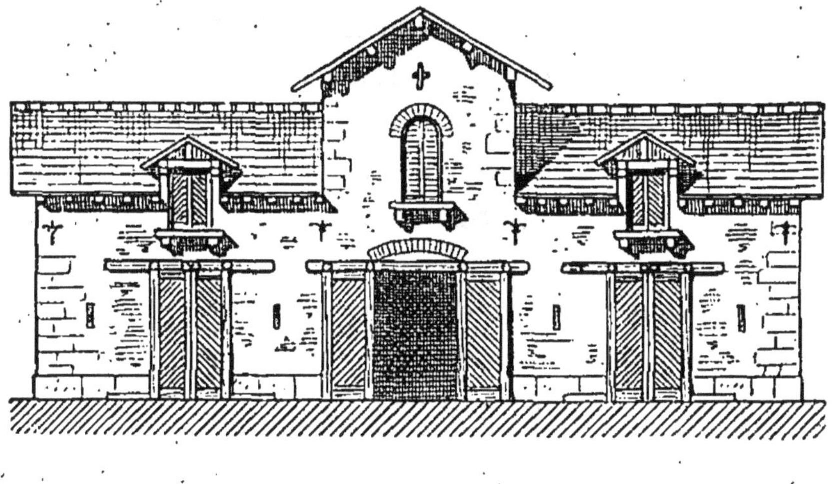

Fig. 84. Façade de la grange.

la toiture ne présentera ni trous ni lucarnes. On évite même de tasser les gerbes contre les murailles et on laisse un petit passage tout autour des monceaux de récolte.

La meilleure exposition pour une grange est le Nord ou l'Est, car il faut éviter aussi les vents chauds. On a constaté depuis longtemps que 100 kilog. de gerbes de blé occupent 1 mètre cube; l'orge et l'avoine prennent un dixième de moins: au contraire le seigle exige plus de place. Un mètre cube contient donc neuf à dix gerbes de blé ; si on admet qu'un hectare de terre cultivée donne, en moyenne, 20 hectolitres ou quarante douzaines de gerbes, on voit qu'il faut donner à la grange 50 mètres cubes environ par chaque hectare cultivé en grain.

Il ne faut pas oublier que le poids des gerbes exerce sur les murs une poussée latérale à laquelle il faut obvier par l'épaisseur des murailles ; autrefois même on appliquait contre les murs des contreforts en maçonnerie. On emploie aussi les liens en fer, les ancres et les clefs dont nous avons parlé.

Le sol de la grange doit être élevé de 0^m40 à 0^m50 ; on aura soin de l'égaler, de le niveler ; on le renforce avec des cailloux, des matériaux de démolition, avec une aire d'argile battue. Sur cette aire on place une couche de paille de colza, de fascines, sur lesquelles on empile les gerbes : il est encore mieux, si l'on n'est pas effrayé par le prix, de poser un plancher à claire-voie supporté par des piliers en maçonnerie ; de cette manière on obtient une sécheresse parfaite et une excellente aération ; les rongeurs sont moins hardis à se risquer dans la paille : pour lutter contre ces derniers, on établit souvent un léger pavage contre les parois et on garnit les bas des murs d'une couche de mortier mélangée de verre pilé.

Les passages intérieurs doivent être pavés ou cailloutés et munis d'une pente douce, afin de permettre l'accès des voitures.

Les portes (fig. 85) sont de dimensions différentes suivant l'importance de l'exploitation.

Fig. 85. Porte de grange.

Pour la grange d'un journalier, il suffira d'une porte coupée de 1 mètre de large sur 2 mètres de haut.

Dans une petite ferme, la porte aura deux vantaux et présentera 2 mètres de large sur 2m50 de haut. Ces deux vantaux peuvent être aussi coupés.

Pour une exploitation moyenne, la porte sera assez grande pour laisser passer une voiture ; elle aura 3 mètres de large sur 4 mètres de haut. Enfin, pour les grandes fermes, les portes atteindront 4 et 5 mètres de large sur 5 à 6 mètres de hauteur.

La forme la plus usuelle des portes consiste en un panneau pour chaque battant, monté sur un châssis en charpente avec barres d'assemblage et écharpes, le tout soigneusement bourlonné. Cette porte est munie de deux pivots fixés sur les montants ; celui du haut tourne sur un collier en fer scellé dans la muraille ; celui du bas sur une crapaudine placée dans le sol. Pour fermer les battants, on emploie une traverse à bascule qui oscille autour d'un boulon ; les deux extrémités de la traverse s'engagent sous des gâches placées sur la même ligne en sens inverse. Dans l'un des battants, on ménage une petite porte permettant de pénétrer dans la grange.

On emploie beaucoup maintenant les portes suspendues sur des roulettes ainsi que l'indique la fig. 85 : ces roulettes montées sur des mâchoires en fer glissent sur une tige de fer écartée de la muraille et maintenue par des crampons bien scellés. Pour arrêter ces portes, on place le long de la muraille, à distance convenable, des petites bornes en pierre ou en bois ; une bascule en fer sert à les maintenir fermées, enfin il est bon de les abriter par un auvent.

Outre la porte principale de la grange, on ménage souvent des portes accessoires pour le service (fig. 84).

Le mieux pour une grange, est de ne pas avoir

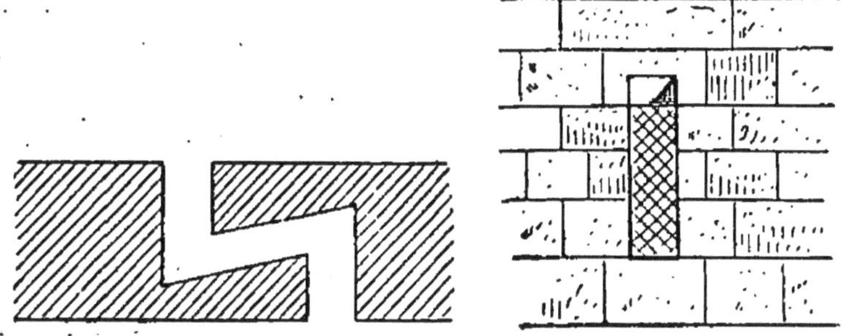

Fig. 86. Barbacane des murs.

de fenêtres ; on assure la ventilation par des cheminées d'appel ou par des barbacanes très étroites dans le genre de celle que nous indiquons ici (fig. 86) : on peut varier du reste ce modèle : souvent on obture en partie ces ouvertures par des briques placées en damier et laissant des intervalles libres entre elles.

On réserve du côté de la cour une ou deux fenêtres larges ($1^{m}50$ environ) qui servent au passage des gerbes. Ces ouvertures sont fermées par des volets très solides. Dans la toiture, on place des carneaux pour éclairer ou plus simplement des morceaux de verre fort remplaçant un morceau de couverture.

Pour ventiler les granges, on peut installer une cheminée d'appel dans la toiture ; mais le mieux est d'essayer d'aérer toute la masse de gerbes : à cet effet, on ménage dans la muraille des carneaux ou conduits formés de briques plates posées de champ. Afin d'assurer la circulation de l'air entre les gerbes on installe des tuyaux de drainage entre les différentes couches de céréales.

Les aires pour le battage au fléau sont généralement situées au centre de la grange. La grange est ainsi divisée en trois sections ; la section médiane est l'*aire*; celle de droite contient les gerbes non battues; celle de gauche, la paille battue ; les aires ont 3 ou 4 mètres carrés. L'aire se fait avec de l'argile battue dans laquelle on introduit de la bouse de vache, du crottin de cheval, du tan ou du sang de bœuf : ces matériaux ont pour but de donner à l'aire une plus grande élasticité ; on les introduit dans la proportion de 15 à 25 0/0. Ce mélange est disposé en couche de $0^{m}20$ à $0^{m}25$, puis on le laisse sécher pendant une quinzaine de jours au moins, en ayant soin de le battre tous les jours. Dans certains pays, on emploie des briques crues d'argile, cimentées avec un mortier peu épais. On a fait aussi des aires en plâtre délayé avec du sang de bœuf et recouvert d'une couche d'huile chaude.

Souvent on place autour des aires des rabat-

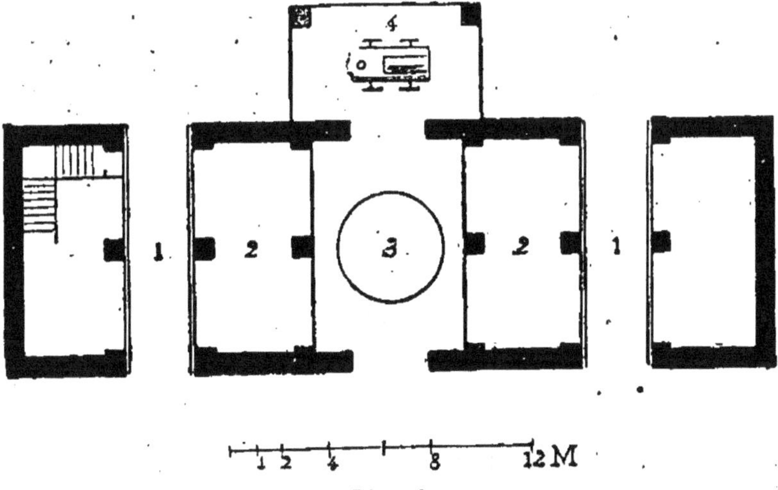

Fig. 87. Plan de grange.

grains, en bois, en maçonnerie ayant 0^m50 de hauteur.

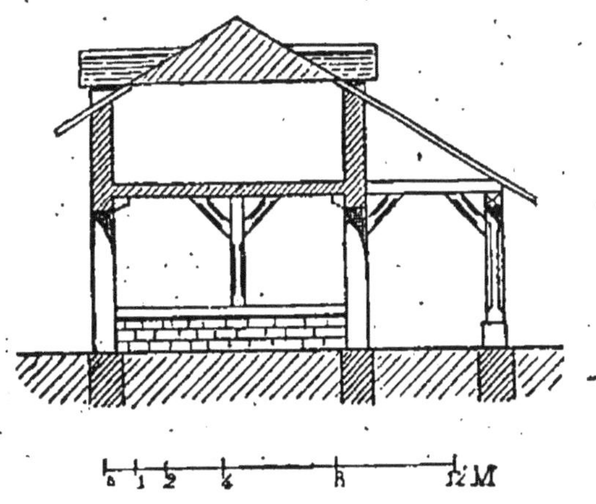

Fig. 88. Coupe de grange.

Dispositions. — La disposition la plus simple est celle que nous indiquions plus haut : une aire placée au centre et deux sections latérales pour les gerbes. Lorsque la grange est de grande dimension, il est nécessaire de donner un accès séparé à chacune des parties renfermant les gerbes et on peut adopter alors la disposition suivante (fig. 87) : 1 sont les deux passages pour les charrettes — 2 sont les sections réservées aux gerbes — 3 est l'emplacement de l'aire ou de la machine à battre — 4 est un hangar sous lequel on installe la locomobile. Les chars peuvent donc se décharger à l'abri et, après avoir été vidés, sortir par une porte opposée à celle par laquelle ils sont entrés.

Nous donnons (fig. 88) la coupe transversale de la même grange ; on voit la disposition de l'appentis qui abrite la locomobile. Les gerbes sont soutenues par un petit mur en maçonnerie sur lequel appuient les poteaux destinés à supporter le plafond. Celui-ci forme un second étage divisé en deux parties inégales : l'une sert à la paille ; l'autre est le grenier à grain. Dans la première, le plancher est simplement formé de solives de bois recouvertes de planches : au contraire, dans le grenier à grains, on emploie des demi-voûtes en briques montées sur des fers à T.

Dans beaucoup de pays, on établit un porche devant l'ouverture principale de la grange ; cet abri doit avoir une hauteur suffisante pour permettre le passage des charrettes chargées de gerbes. On le fait en bois supporté par des piliers en maçonnerie.

L'introduction du battage à la mécanique, qui se généralise de plus en plus, tend à modifier beaucoup la dimension des granges. Lorsque la batteuse est mue par un manège, celui-ci sera placé au dehors et en arrière de la grange, mais il est bon de l'abriter par un léger hangar.

Si on se sert d'une machine à vapeur, on doit avoir soin de grouper dans le bâtiment tous les instruments qu'on peut actionner par cette force motrice. Les batteuses à grand travail nécessitent un plancher sur lequel on amène les gerbes à battre ; la paille brisée sort par le côté opposé et s'entasse dans l'autre section de la grange. Le grain coule jusqu'à la partie inférieure de la machine où il est passé au tarare et au cribleur et logé en sacs. Mais, dans les grandes exploitations, on perfectionne beaucoup ce dispositif en installant les appareils par étages, suivant le conseil de M. Grandvoinnet. Au rez-de-chaussée sont le tarare débourreur de la batterie et les huches qui reçoivent les déchets, les balles et les menues pailles ; le premier étage est la batterie proprement dite ; le second étage contient les tarares finisseurs, cribleurs, trieurs ; le troisième étage les aplatisseurs, concasseurs, broyeurs ; le quatrième étage le grain nettoyé en sac ou en tas, les différents étages sont reliés par des escaliers de service ; on se sert de conduits en bois, de manches en toiles et de monte-sacs pour transmettre les produits ; en outre on installe des élévateurs à godet, ou des aspirateurs, des cheminées à poussière, etc.

Toutefois, nous préférons placer les aplatisseurs et concasseurs dans les locaux de préparation des aliments. Du reste ces dispositions nécessitent le concours d'un mécanicien habile pour l'installation des transmissions, des arbres de couche, des poulies de renvoi.

Les *gerbiers* ont la même destination que les granges ; seulement ils ne sont point clos et une simple barrière à claire-voie les protège contre les ravages des animaux. Les gerbiers couverts rentrent dans la catégorie des hangars ; mais on exhausse l'emplacement des gerbes soit par une maçonnerie, soit par un massif en pierrailles et en terre battue, soit par un gril en charpente. Les gerbiers comportent, comme les granges, des passages pour les voitures et des aires pour le battage au fléau. Le meilleur type à adopter pour ces bâtiments serait celui des halles à marchandises construites par nos compagnies de chemin de fer. Les deux pignons, en maçonnerie, sont percés de deux arcades pour livrer passage aux voitures ; le toit déborde largement de chaque côté de manière à abriter les charrettes qui viennent se ranger contre un quai en maçonnerie.

On peut faire rentrer dans la catégorie des gerbiers ces toits mobiles qu'on place sur le sommet des meules ; ces toitures sont maintenues par des poteaux directeurs sur lesquels on attache le toit à une hauteur convenable. C'est en Hollande et surtout en Danemark que nous avons vu employer ces gerbiers mobiles, qui sont assez onéreux : mais il serait avantageux, dans tous les pays, de dresser les meules autour d'un poteau central, auquel on adapterait une couverture circulaire en toile imperméable, une bâche arrondie.

§ IV. — CHAMBRES A GRAINS

L'atmosphère produit trois effets fâcheux sur les grains : l'humidité développe les moisissures cryptogamiques ; la chaleur favorise la multiplication des insectes ; la lumière accélère la végétation des grains ; toutes ces causes réunies produisent l'échauffement et la fermentation, qui ont pour conséquence la germination. Les *graineries* doivent donc être sèches, froides, obscures. Il faut les exposer au Nord et les protéger par d'épaisses murailles : de plus on doit éviter de les placer aux rez-de-chaussée, qui en général, sont trop humides. Les planchers seront en chêne ou en carreaux de terre cuite ; il est également avantageux de garnir de plaques de poterie les parois de la pièce ou au moins de les enduire d'un revêtement dans lequel on a introduit du silex concassé. Lorsqu'on établit plusieurs grai-neries superposées, on installera des demi-voûtes en briques avec fer T; les autres plafonds laissent toujours des passages et des vides pour les souris.

Les portes seront assez larges pour laisser passer un homme chargé; les meilleures dimensions sont 0m98 à 1 mètre de largeur, et 2 mètres à 2m28 de hauteur. Les fenêtres sont semblables à celles que nous indiquons pour les granges; mais on les garnit de deux châssis, l'un vitré, l'autre grillé. Une fenêtre-porte plus large, fermée par un volet en bois, sert à l'introduction des sacs de grain qui sont montés au moyen d'une poulie : on installe un balcon formé d'un plancher percé d'une trappe à deux battants qui se relèvent afin de livrer passage aux sacs; ce plancher repose sur des consoles en fer scellées dans la muraille. De même, dans les planchers, on réserve des trappes au-dessus desquelles on installe une poulie afin de pouvoir faire passer les sacs d'un étage à l'autre.

La ventilation doit être très active; elle s'opère avec des cheminées d'appel ou des conduits de bois adaptés contre les murailles, par des trappes grillées placées dans les planchers, par des fenêtres percées vis-à-vis les unes des autres.

par des tuyaux de drainage logés dans les tas de grains, par des conduits formés de deux planches clouées obliquement en forme de Λ et reposant sur le plancher. Les greniers à grain doivent être visités et nettoyés soigneusement chaque année; on balaye les planchers, on bouche les crevasses et les fentes; et on passe un lait de chaux sur les murailles.

Dimensions. — Les graineries ont beaucoup diminué d'importance maintenant que les cultivateurs vendent leur grain au fur et à mesure qu'ils le produisent. La couche de grain ne doit pas dépasser 0^m80 ou 0^m90 d'épaisseur; en général on lui donne 0^m50; ce qui fait un mètre carré par hectolitre, représentant un poids de 650 kilogrammes. C'est sur ces chiffres qu'on se base pour les dimensions des graineries; quant à la hauteur, il est inutile qu'elle soit très grande, 2 mètres ou 2^m30 suffisant.

Dispositions. — Nous avons dit qu'on pouvait faire des graineries à un étage ou à plusieurs étages superposés. L'une des plus curieuses est celle de sir J. Sinclair, fondateur du bureau d'agriculture à Londres. Elle est constituée par une tour carrée de quatre mètres de côté sur onze mètres de hauteur (fig. 89). A l'extrémité supérieure est une porte précédée d'un balcon et surmontée d'une grue pour monter les sacs. Les parois sont percées d'ouvertures en losange pour l'admission de l'air. Au-dessus de chaque trou est placée une gouttière en bois renversée en Λ et qui joint les trous deux à deux en traversant toute

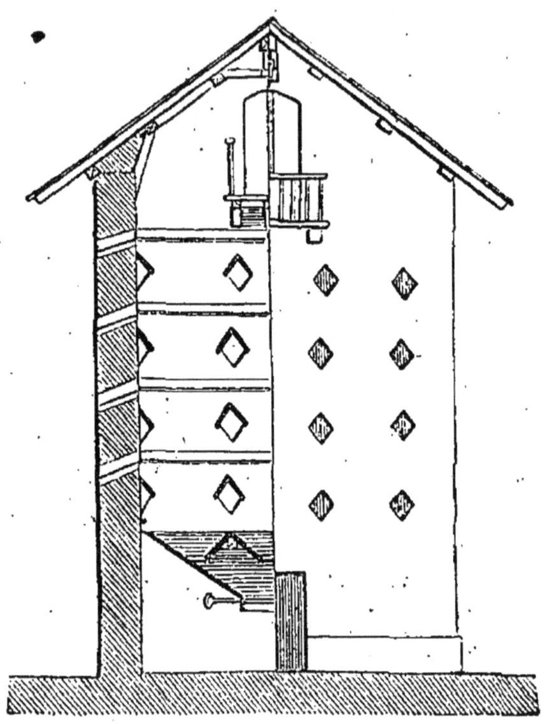

Fig. 89. Grainerie Sinclair.

la largeur du bâtiment. Ces gouttières permettent à l'air de circuler librement à travers l'épaisseur du grain : les ouvertures présentent une pente vers l'extérieur, afin d'empêcher l'intrusion de la pluie ; elles sont garnies d'une toile métallique fine qui arrête les insectes et les rongeurs.

A $2^{m}50$ au dessus du sol, la tour est coupée par un plancher composé de neuf trémies, ainsi que le montre la figure 90. Ces neuf trémies surmontent une trémie plus grande qui les réunit toutes et se termine par une trappe que l'on ouvre pour faire sortir le grain; à cette trappe est adaptée une chausse en toile qui facilite l'introduction

Fig. 90. Coupe de la grainerie.

des graines en vidant les sacs du haut du balcon supérieur; le grain remplit la grande trémie, les neuf petites et toute la partie supérieure sauf les espaces intérieurs des gouttières en A qui demeurent vides. Lorsqu'on enlève du grain par la grande trémie, celle-ci se remplit aussitôt de grain qui arrive des neuf petites trémies et il se produit dans toute la masse un mouvement qui renouvelle les surfaces exposées à l'air. On place sur les parois des tours plusieurs rangs de demi-gouttières, afin de faciliter le renouvellement des grains placés le long des murailles.

On construit aussi des tours en briques creuses ou des réservoirs en tôle percés d'un trou à hauteur d'homme et munis d'un robinet pour vider le grain.

§ V. — SILOS.

Les silos sont des cavités souterraines où on conserve les grains ; on généralise de plus en plus leur emploi et maintenant on fait des silos pour conserver des betteraves, du maïs et même des fourrages verts.

Nous parlerons d'abord des silos à grains ; ceux-ci ont la forme d'une citerne ou mieux encore d'une grosse amphore; on les construit en pierre dure, en brique, en béton, ou même en terre glaise calcinée avec des brandons de paille. Il est bon de séparer la terre de la maçonnerie par une couche de sable, de brique pilée, de bitume ou d'asphalte. Le grain doit être séché à l'étuve, entassé hermétiquement dans le silo et abrité par une fermeture qui empêche l'accès de l'air extérieur : généralement on obture avec de la terre qu'on pile avec les pieds. Dans beaucoup de pays de l'Orient, on se sert d'immenses amphores en poterie qui remontent à la plus haute antiquité et servent aussi à loger de l'eau ; nous en avons trouvé de superbes spécimens en Grèce, et notamment sur le plateau de l'Acropole d'Athènes.

Les silos pour racines et pour fourrages verts, sont formés par une cavité à laquelle on accède par une pente douce permettant de faire descendre les voitures. Les trois autres côtés du silo sont maçonnés et présentent une disposition en talus qui leur permette de mieux résiter à la poussée des terres. Dans le fond du silo, on ménage des rigoles pour l'écoulement des eaux qui suintent des racines ensilées ou s'infiltrent pendant les grandes pluies. Les betteraves, le maïs, le foin, sont entassés dans ces fosses et recouverts d'une couche de terre sur laquelle on étale des planches assujetties par de grosses pierres. On ménage la ventilation au moyen de tuyaux en poterie.

Ces fosses peuvent servir à conserver toutes espèces de légumes.

§ VI. — CUVERIES ET CELLIERS.

Les locaux nécessaires à la vinification se divisent en deux classes : la cuverie, contenant les cuves, pressoirs, fouloirs, égrenoirs etc; et les celliers, où on conserve les liquides.

La cuverie se compose d'une pièce rectangulaire située au rez-de-chaussée (fig. 91) : elle est éclairée par de larges fenêtres qu'on peut masquer avec des panneaux pleins et des volets; de même

Fig. 91. Intérieur d'une cuverie.

on pratique au niveau du sol de petites barbacanes qu'on peut fermer avec des volets et qui servent à faire écouler l'acide carbonique. Le sol est dallé solidement avec des pentes et des rigoles aboutissant à une cavité centrale qui reçoit les liquides échappés par incurie ou par accident.

Les cuves sont placées sur deux rangs avec un

Fig. 92. Vue de l'extérieur d'une cuverie au moment du transport du raisin.

large couloir au centre. Ce couloir est recouvert par un plancher muni d'un garde-fou; mais il est encore mieux de construire, comme dans la figure 91, un plancher qui recouvre toute cette partie de la cuverie et dans lequel on ménage des trappes au-dessus de chaque cuve. Un petit chemin de fer apporte les comportes pleines de raisin qu'on vide dans les cuviers. Une porte pratiquée dans la muraille au niveau de ce plancher donne sur un balcon surmonté d'une poulie qui sert à monter les paniers de raisin (fig. 92). Sur ce plancher on placera un égrappoir, dont le plan incliné est dirigé vers l'ouverture des cuves.

Au lieu de construire ce premier étage, on a cherché à parvenir au même résultat en enfonçant les cuves dans le sol; celles-ci se font alors en maçonnerie recouverte d'une couche de briques sur laquelle on applique soigneusement un enduit silicaté. Elles ont environ 3 mètres de côté et leur hauteur ne dépasse pas 2 mètres ou 2m50. Nous aimons moins ce système : d'abord il est très difficile d'avoir de bonnes cuves dans ces conditions; en second lieu, l'aération et l'expulsion de l'acide carbonique sont beaucoup moins rapides; en outre, on est obligé de retirer les liquides avec des seaux et des pompes.

Il faut distinguer, du reste, au point de vue de ces bâtiments les pays où l'on produit des vins ordinaires, mais avec un grand rendement à l'hectare (vignobles du Midi) et les pays où on produit des vins fins et en petite quantité, (Bordelais, Bourgogne).

Dans le Languedoc, les celliers consistent en un long édifice, percé sur une de ses faces à mi-hauteur de nombreuses ouvertures qui servent à l'entrée de la vendange. On accède à ces fenêtres par une rampe en terre suivie d'un palier, formant une épaisseur qui protège cette face contre la chaleur extérieure. L'autre face est autant que possible adossée à une petite élévation de terrain. Dans le Midi, le cuvage de la vendange et l'emmagasinage du vin se font dans la même pièce ; on y est obligé à cause du volume énorme de la récolte qui exigerait des caves très spacieuses, du reste cette précaution n'est pas indispensable, puisque le vin s'écoule aussitôt après la récolte.

Ce cellier est orienté dans la direction des rayons solaires, afin qu'il reçoive le moins possible de chaleur : de cette manière la température intérieure ne dépasse pas un maximum de 18 à 20°. La disposition intérieure est celle que nous avons indiquée : le long des murs sont rangés les foudres en cuves avec un passage au milieu ; ils sont surmontés par une galerie ou mieux encore par un plancher continu placé à 0m15 ou 0m20 au-dessus des foudres. Près de l'entrée sont les pressoirs et les pompes. Le long des murs on installe une double canalisation en cuivre étamé qu'on fait aboutir au cuvier où se trouve la pompe aspirante et foulante. Chaque foudre peut être relié avec la tuyauterie par un manche mobile : ce dispositif permet de vider ou de remplir les foudres, de faire des soutirages et des mélanges.

On calcule que les foudres de 300 à 400 hectolitres exigent un emplacement de 4 mètres, avec un couloir de 0m50 entre eux et la muraille; le passage central a 4 ou 5 mètres, ce qui suppose pour le bâtiment une largeur de 13 à 14 mètres; la hauteur du sol aux fermes est de 7 mètres. Avec les cuves en bois on peut diminuer l'emplacement parce qu'elles contiennent plus de liquide que les foudres.

Les celliers se sont beaucoup perfectionnés depuis quelques années. M. Bouffard, professeur à l'école de Montpellier, en a vu qui contiennent 20,000 à 40,000 hectolitres de vin ; ils sont à plusieurs travées et abrités par des toitures soutenues par des colonnes en fer ; il existe en outre un local spécial pour le lavage des marcs et la distillerie.

De ce genre de celliers, on peut rapprocher le type recommandé pour l'Algérie : dans ce pays il faut surtout lutter contre la chaleur. C'est pour cela qu'on construit des celliers à double enveloppe; on les enterre dans le sol autant que possible et on les abrite par des gazonnements ou par la végétation; l'air y arrive après avoir traversé des canaux souterrains ou des caves à parois humides.

Dans les pays qui constituent la seconde catégorie dont nous avons parlé, ceux qui ont un faible rendement, mais qui produisent des vins de choix, les celliers sont plus compliqués : ils comprennent la cuverie et une cave simple ou à plusieurs étages.

La *cave* doit posséder une température variant de 10 à 16° : de plus sa température est constante autant que possible ; c'est pour cela qu'il faut abriter la cave contre les influences de la température extérieure.

Les caves creusées dans la roche sont souvent très humides ; aussi est-il nécessaire de les aérer. Dans certains vignobles, on a des caves à différentes températures, afin d'y faire successivement séjourner les vins suivant leur degré de maturation. Plus une cave est fraîche, plus la maturation est lente, mais plus les vins se conservent.

S'il y a des infiltrations d'eau dans le sol, on remédiera à cet inconvénient en faisant un carré d'argile entre la terre et les murs, ou en ménageant un drainage ; on recouvre aussi le sol d'un sable siliceux très sec. La lumière solaire a pour résultat de tuer certains microbes malfaisants ; mais il faut avoir soin qu'elle ne soit pas accompagnée de chaleur, c'est pour cela que la plupart du temps, on préfère laisser les caves obscures.

Les meilleures sont creusées à une profondeur de 5 mètres au moins : la hauteur sous voûte est de 4 mètres, le sol cimenté ou bétonné présente une pente vers une cuvette où l'on peut recueillir les eaux inutiles. Elles peuvent être plafonnées ou voûtées, la voûte est bien préférable. Elles sont construites avec des matériaux hydrauliques. La porte d'accès est précédée d'un couloir fermé par une autre porte, afin d'éviter l'influence de la température intérieure. Dans les caves malsaines, on fait bien d'installer une cheminée d'appel pour la ventilation.

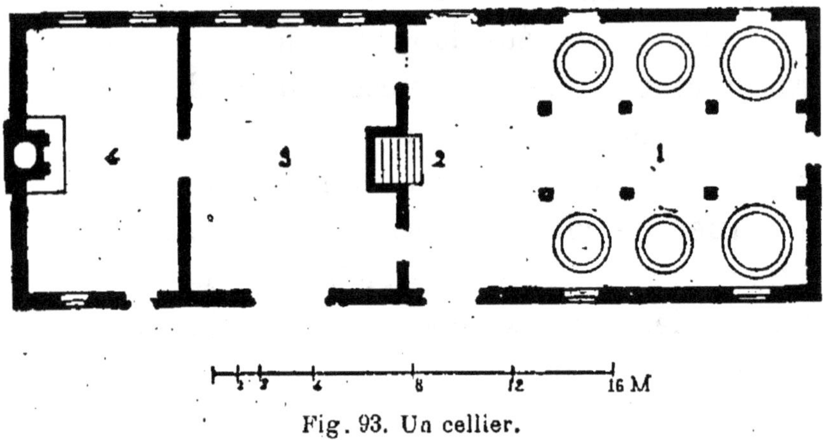

Fig. 93. Un cellier.

Les tonneaux sont rangés dans les caves le long des murailles, avec un rang simple ou double au centre si cela est possible. La largeur des couloirs est 1m20, afin de permettre de manipuler les tonneaux. Ils sont placés sur des poutrelles en bois, quelquefois sur des chantiers en maçonnerie. Dans les celliers et même dans les caves, on accède par des pentes douces abritées par une couverture.

On calcule qu'un tonneau a 0m90 de longueur, et que l'espace nécessaire pour le manœuvrer est 1m29; par suite, une cave à deux rangées de tonneaux, avec passage intermédiaire, aura 3 mètres; pour quatre rangées avec deux passages, on comptera 6 mètres, et 9 mètres pour six rangées avec trois passages. On place deux ou trois rangs de tonneaux les uns sur les autres, ce qui s'appelle *gerber*. Il ne faut pas dépasser ce nombre, afin d'effectuer facilement l'importante opération du soutirage et de l'ouillage. Dans une cuverie que nous avons visitée, il y avait six cuves (fig. 93); un escalier conduisant aux celliers ou aux caves (2) : celles-ci sont surmontées d'une pièce assez vaste (3) servant de tonnellerie; il y a une petite distillerie (4) qui est fort utile pour les bouilleurs de cru, et sert à distiller les vins ou à utiliser les marcs.

§ VII. — PRESSOIRS A CIDRE.

Nous venons de parler des locaux servant à la vinification; il faut dire aussi quelques mots des bâtiments de cidrification, dont l'importance augmente chaque jour. Les anciens pressoirs normands se composent de deux pièces, sans parler des celliers : dans une pièce, on installe une auge circulaire en pierre dure, dans laquelle passe une grande meule de moulin enfilée sur un essieu qui tourne autour d'un axe central. Un cheval met en mouvement cette meule. Lorsque les pommes ont été écrasées, broyées par cette meule, on les reprend avec une pelle et on les dispose sur le pressoir. Celui-ci se compose essentiellement d'une *maye* en bois et d'une presse formée d'une grande vis sur laquelle appuient deux grosses poutres ou *moutons*. Tout cet assemblage est relié avec la charpente de la pièce, qu'il consolide.

Ces dispositions tendent de plus en plus à se modifier. A l'antique auge en pierre, on substitue des broyeurs ou concasseurs à main, qui exigent peu de place. Les anciens pressoirs sont remplacés par de petits pressoirs en métal, qui n'exigent aucune disposition spéciale et peuvent même être transportés.

Il faut avoir soin de daller soigneusement les pressoirs, avec une pente suffisante pour les nettoyages.

Les celliers auront des portes très vastes, en raison de la grande dimension qu'on donne généralement aux futailles qui contiennent le cidre Ces celliers seront frais et bien aérés; mais les influences de la température y sont moins redoutables que dans les magasins vinaires. Assez souvent on leur annexe une petite pièce contenant la chaudière pour distiller le cidre.

§ VIII. — LAITERIES.

Cette partie de l'exploitation a pris une grande importance depuis que l'industrie laitière joue un rôle plus considérable dans l'économie rurale. Nous devrons distinguer plusieurs espèces de laiterie, suivant qu'il s'agit spécialement de produire le lait pour la vente en nature, ou pour le beurre, ou pour le fromage, ou pour tous ces produits simultanément (1).

Laiterie pour la vente du lait en nature. — Une laiterie doit avant tout être fraîche, exempte d'humidité stagnante, facile à ventiler; il est indispensable qu'elle soit munie en abondance d'une eau excellente, et qu'elle présente une pente suffisante pour l'écoulement des eaux de lavage. On les oriente de manière que les ouvertures soient tournées vers le nord. La disposition la plus avantageuse est de l'adosser à un coteau qui l'abrite du côté du midi. On profite de la pente du sol pour assurer la sortie des eaux.

Une laiterie doit être éloignée des fumiers, de la fosse à purin, des porcheries, des pressoirs et

(1) Consulter à ce sujet E. Ferville. *L'industrie laitière (Bibliothèque des connaissances utiles)*, p. 348 et suivantes.

des instruments qui envoient de la poussière : machines à battre, tarares. La température intérieure doit être maintenue entre 10 et 11°; pour cela, il est nécessaire que les murailles en soient très épaisses, afin de lutter contre l'influence de la chaleur extérieure. Dans beaucoup de contrées, telles que le Danemark, la Suède, le pays de Bray, on enterre à demi les laiteries dans le sol de la cave; ce système est excellent, pourvu qu'on ait soin de pourvoir à un écoulement régulier des eaux et d'assurer la ventilation au moyen d'une cheminée d'appel.

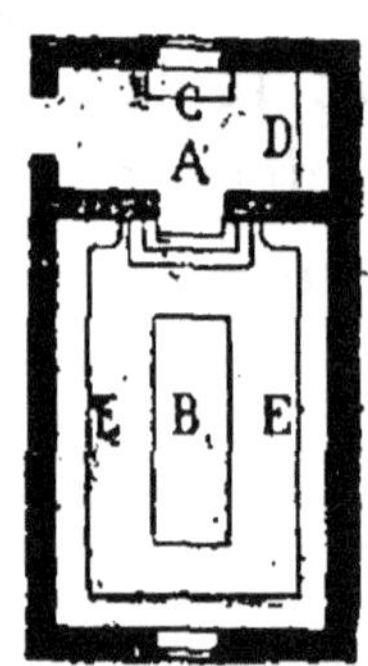

Fig. 94. Plan de laiterie.

Quand on se propose seulement de vendre le lait en nature, on peut se contenter de deux pièces : l'une sert pour mesurer le lait, le passer au réfrigérant ou au calorisateur, et l'expédier; on y opère aussi le nettoyage des ustensiles; l'autre pièce, placée sous la première ou en contre-bas, est maintenue aussi fraîche que possible, afin de conserver le lait refroidi. Cette dernière est alimentée par un courant d'eau froide. Voici un type de laiterie de ce genre (fig. 94) : A est la pièce de réception, de laquelle on descend par quatre marches dans le caveau à lait. Celui-ci possède une rangée d'étagères sur tout son pourtour; en B, il contient un bassin alimenté par de l'eau courante. Dans la pièce A, on trouve en C un évier pour le lavage des ustensiles; en D, on peut installer une chaudière ou un calorisateur pour pasteuriser le lait.

Le sol de la laiterie sera pavé avec des briques bien cimentées ou des carreaux épais en terre

Fig. 95. Intérieur de laiterie.

cuite (fig. 95); ces matériaux sont préférables aux dalles de pierre schisteuse, aux aïres en béton ou en ciment, qui finissent toujours par offrir des cavités ou des crevasses. Les murs et les plafonds sont blanchis avec de la chaux délayée dans du petit-lait. On peut aussi recouvrir les murailles avec des plaques de faïence vernissée, très faciles à tenir propres. Pour les tables de laiterie, elles doivent être en pierre dure, et non en bois ou en métal; on pourrait aussi les construire avec des plaques de lave émaillée, qui sont absolument inaltérables. Ces tablettes peuvent être posées sur le sol, le long des murailles, comme un simple gradin: mais il est plus avantageux de les élever à 0m50 de terre, en les soutenant par des supports en briques ou en pierre dure.

Les ouvertures sont de petite dimension (0m30 à 0m40 en largeur sur 0m50 à 0m60 en hauteur); elles doivent être garnies de vasistas vitrés qu'on puisse fermer à volonté. Toutes les fenêtres sont munies d'une toile métallique assez fine pour ne pas laisser pénétrer les mouches; de plus, elles possèdent des volets de bois, qu'on peut rabattre afin d'intercepter l'arrivée de la lumière. La porte sera percée, dans le panneau supérieur, d'une ouverture qui sera garnie d'une toile métallique, et qu'on pourra fermer avec un volet en bois. Inutile d'ajouter qu'elle sera défendue par une bonne serrure. Il est utile que le caveau à lait soit voûté avec ces demi-voûtes en briques soutenues par des solives en fer, dont nous avons déjà parlé. Le dessus de ce caveau pourra être occupé par un grenier, dont on a toujours besoin dans une ferme, et qui protégera la pièce inférieure contre l'action du soleil.

Si la laiterie ne possède pas de machine à vapeur permettant d'échauder les ustensiles et d'alimenter le calorisateur, on installera une grande chaudière dans un fourneau en briques surmonté d'une cheminée qui tire bien. L'essentiel est d'avoir de l'eau fraîche et parfaitement limpide.

On ne doit rien négliger à cet égard : détournement d'eau de source, canalisations souterraines, turbines aériennes pour élever les eaux, béliers hydrauliques, pompes à manège ou à

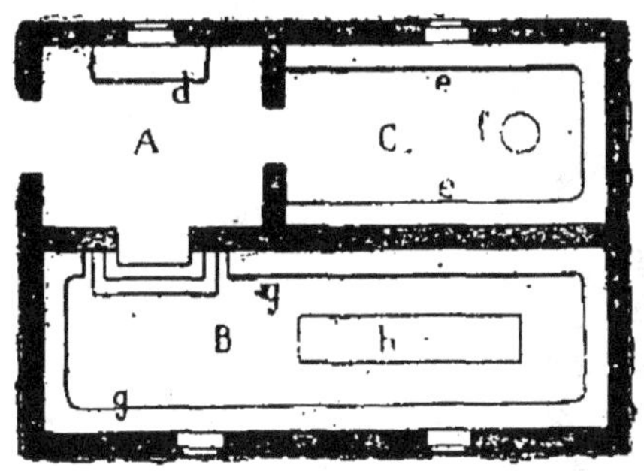

Fig. 96. Laiterie et beurrerie.

moteur. Pour l'écoulement des eaux, on établira des caniveaux fermés par des regards en fonte ; l'embouchure externe de ces caniveaux sera garnie de grillages, afin d'empêcher les rats de pénétrer dans les conduits. On se gardera bien de faire déboucher cette canalisation sur une fumière ou sur une fosse à purin.

Laiterie pour la fabrication du beurre. — Tout ce que nous venons de dire est en partie applicable à une laiterie pour la fabrication du beurre ; mais il faut tenir compte des exigences de la montée de la crème et de celles du barattage.

Une laiterie bien installée comprend trois pièces, ainsi qu'on peut le voir sur la (fig. 96).

Fig. 97. Bassins à rafraîchir.

La pièce A sert pour la réception et le pesage du lait; la pièce B, placée en contre-bas, est le caveau où s'opère la montée de la crème ;

le local C est le barattage. En A, nous trouvons l'évier *d* avec sa chaudière; en B, des tablettes *g* en pierre dure et un bassin rafraîchisseur *h*; en C, la baratte *f* et les tablettes à pétrir *e*. Il y aura avantage à placer le caveau à crème sous le barattage, afin de ne pas donner au bâtiment de trop grandes dimensions. Ce caveau sera enterré de 1 mètre à 1^m^30 seulement; il sera voûté; les ouvertures auront les dimensions indiquées ci-dessus.

Pour le rafraîchissement du lait, on installe des auges en briques le long de la muraille, tout autour de l'appartement; ces auges sont revêtues, à l'intérieur, d'une couche de ciment. Le fond de ces auges est garni d'une claie en bois, afin de permettre à l'eau de circuler sous le fond des vases. Dans certaines laiteries, on enterre ces bassins complètement dans le sol. Nous trouvons ce système incommode, car il oblige à se baisser pour retirer les vases de ces bacs; de de plus, il nécessite une canalisation très profonde, afin de faire écouler l'eau qui a servi à rafraîchir le lait. La meilleure disposition est d'enterrer les bassins d'une dizaine de centimètres, de telle manière qu'on soit à portée pour soulever facilement le vase à lait par les anses. On peut aussi, plus économiquement, installer des bassins en bois analogues à ceux que nous représentons (fig. 97); ils mesurent 0^{m}90 sur

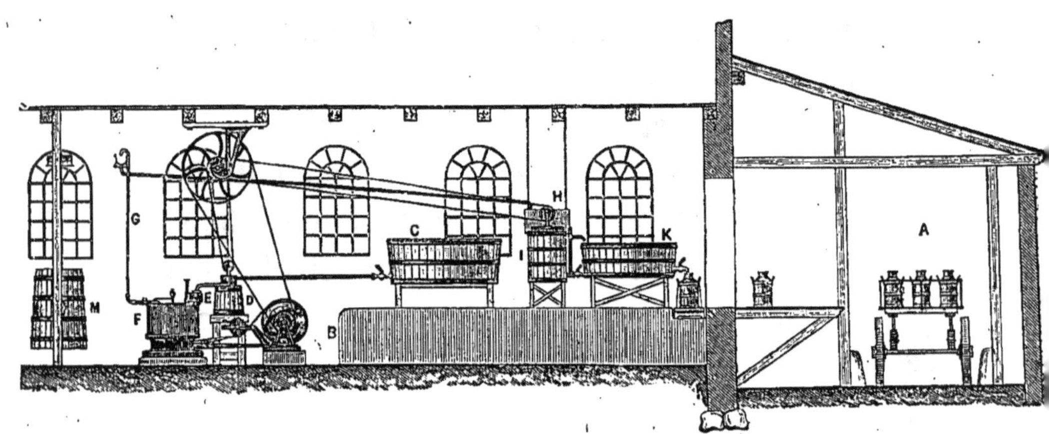

Fig. 98. Laiterie mécanique (Hignette).

3 mètres, et s'emploient fort bien pour le système américain (refroidissement à l'eau froide).

Laiterie mécanique. — Nous venons de parler d'une laiterie ordinaire pour petite ou moyenne exploitation. La question change beaucoup s'il s'agit d'une laiterie mécanique ; il faut prévoir les dispositions nécessaires pour l'installation des machines centrifuges, des délaiteuses mécaniques. Si on doit employer un moteur à vapeur, celui-ci sera placé dans une pièce spéciale, afin que la fumée et la vapeur d'eau ne pénétrent pas dans la laiterie. On peut alors utiliser la vapeur pour nettoyer les ustensiles et alimenter le calorisateur. Nous donnons (fig. 98) la coupe d'une laiterie installée par M. Hignette pour le travail avec la centrifuge Burmeister et Vain.

A est la charrette qui amène les pots à la laiterie ou sert à les remporter ; B est un massif de maçonnerie qui supporte plusieurs appareils et notamment le réservoir C, d'où le lait découle dans le réchauffeur D ; de là il passe dans l'écrémeuse F à travers le régulateur E ; la crème recueillie est barattée dans la baratte danoise M : le lait maigre remonte par le tuyau vertical G et coule dans l'appareil à pasteuriser I ; il est ensuite versé dans le baquet K, où on le recueille pour remplir les pots qui sont de nouveau chargés en A : si on veut fabriquer du fromage maigre, le lait écrémé au sortir du tuyau G est dirigé sur la cuve à fromages.

Nous donnons également un autre type de laiterie avec écrémeuse et délaiteuse, établi par

Fig. 99. Laiterie centrifuge (Pilter). Coupe.

M. Pilter (fig. 99 et 100). Il convient pour une exploitation traitant 400 à 600 litres par jour. Le moteur (manège rotatif, manège à plan incliné, locomobile) est placé à gauche de la figure ; B, écrémeuse Laval; C, mouvement intermé-

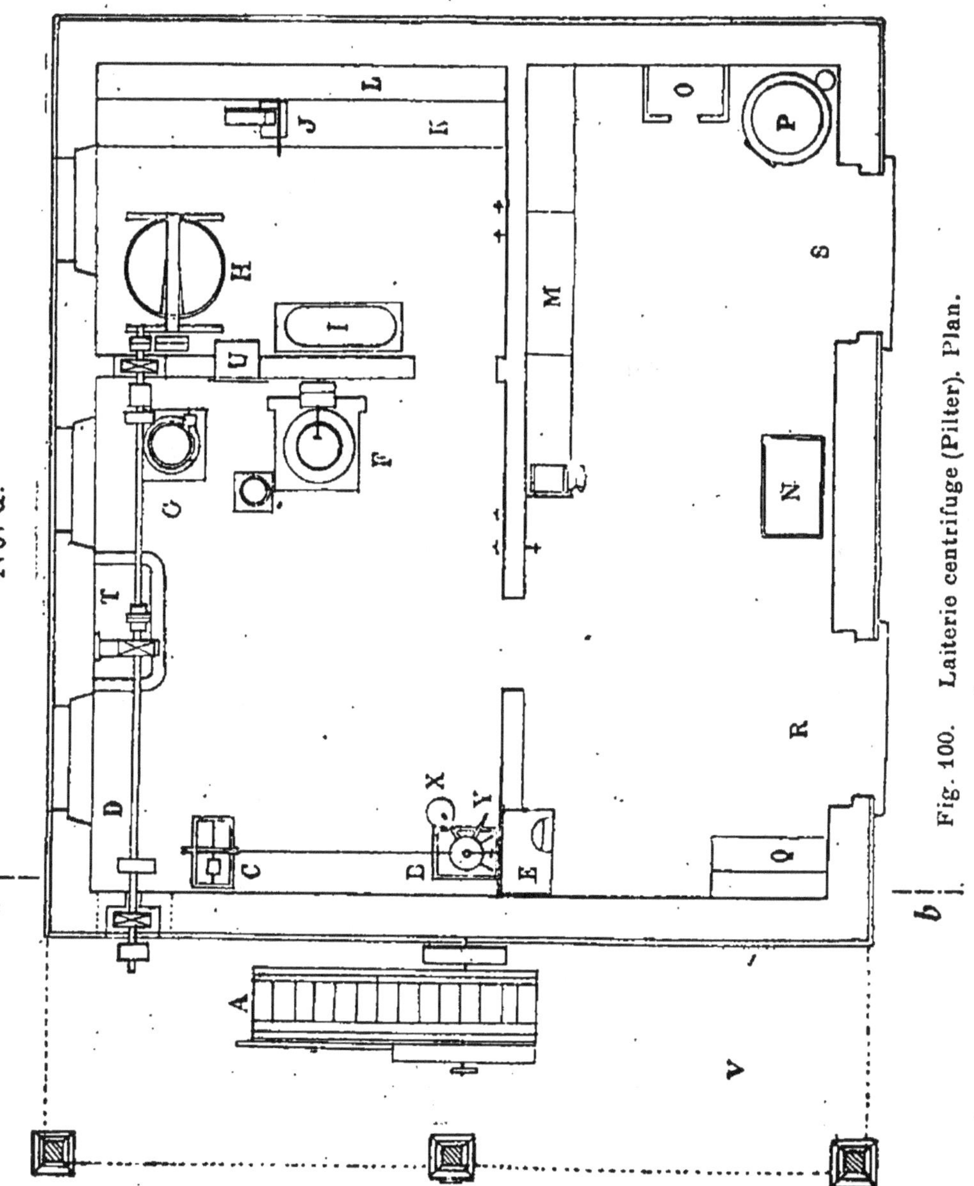

Fig. 100. Laiterie centrifuge (Pilter). Plan.

diaire ; D, arbre de transmission ; E, réservoir à lait ; H, baratte danoise n° 5 ; M, étagère pour pots vides ; N, bac à échauder ; O, charbon ;

P, fourneau économique ; Q, instrument de vérification ; R, réception du lait ; G, délaiteuse petit modèle ; F, malaxeur rotatif ; I, auge à beurre ; J, moule à beurre ; K, table ; L, étagère ; S, sortie ; T, rafraîchissoir pour la crème ; U, pesage du beurre délaité ; V, hangar ; X, crème ; Y, lait écrémé.

Dans les grandes exploitations ou les beurreries collectives traitant 12,000 à 15,000 litres de lait par jour, on peut établir des installations tout à fait industrielles : monte-charges, distributeurs de crème et de lait, chariots sur rails pour les transports, chauffage à la vapeur, etc.

Laiterie pour la fabrication du beurre et du fromage. — L'installation d'une fromagerie est une question très complexe ; car elle dépend de l'espèce de fromage qu'il s'agit de fabriquer : les uns exigent des pièces chaudes, les autres des caves froides ; les uns requièrent de l'humidité, les autres de la sécheresse ; à ceux-ci, il faut plusieurs séchoirs ; à ceux-là, des installations pour cuire et presser.

Ce qu'on peut prévoir dans toute fromagerie, c'est la nécessité de chauffer plus ou moins le lait avant de le mettre en présure ; pour cela, il faut se préoccuper de l'installation des chaudières avec des cheminées qui tirent bien, à moins qu'on ne puisse se servir de cuves chauffées à la vapeur, ce qui est bien préférable.

Il est une seconde question qui doit préoccuper les cultivateurs; c'est l'écoulement du petit-lait,

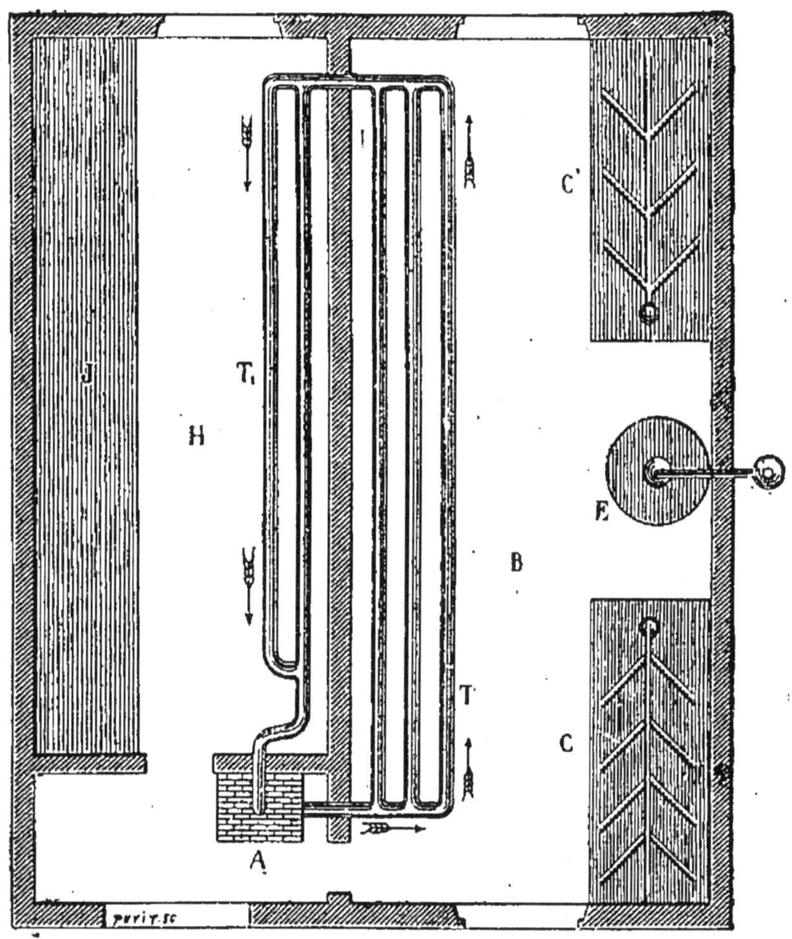

Fig. 101. Tyrothermo Bénard. (Fromagerie de la Brie).

après le rompage du caillé. Dans beaucoup de cas, il est avantageux d'envoyer ce liquide par un conduit spécial dans une citerne où on le reprend, soit pour le mélanger dans la nourritur des **porcs** ou pour le distribuer dans les champs comme eau d'irrigation.

Dans les caves qui ont besoin d'être chauffées, on pourra fort utilement se servir du thermosiphon de M. Bénard, ou *tyrotherme* (fig. 101). Cet appareil se compose d'un foyer A entourant une chaudière en cuivre ; l'eau chaude, en raison de

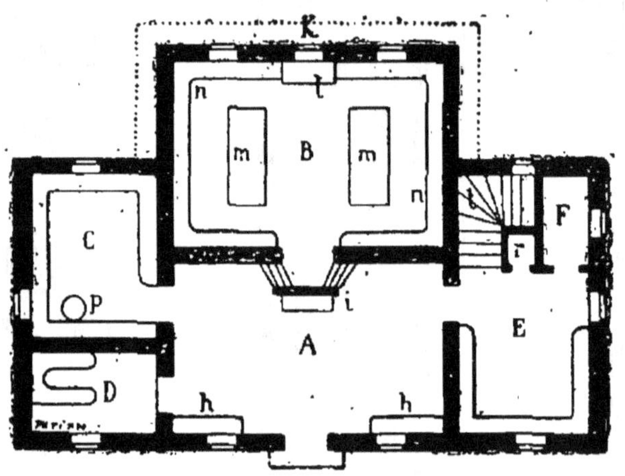

Fig. 102. Beurrerie et fromagerie.

sa faible densité, soit par le tuyau supérieur T et revient à la chaudière par un tuyau T'. Ce système consomme un litre d'eau par jour et la dépense de combustible ne s'élève qu'à 0 fr. 25 par jour en été et 0 fr. 60 en hiver pour obtenir une température constante de 40°.

Voici le plan d'une laiterie fort simple pour la fabrication du beurre et du fromage (fig. 102) ; elle a été signalée par Bouchard-Huzard, et Hervé-Mangon. *A* est la laverie et la pièce de réception du lait ; elle contient deux éviers *h h* et une table *i*, adossée à un escalier double conduisant au caveau à crème B. Celui-ci a ses fenêtres tournées vers le nord et est placé à 1 mètre en contre-bas du sol intérieur ; ses murs sont entourés par un fossé K ; il contient des étagères ou des auges *n* et des dressoirs ou des bassins *m m* suivant les cas ; les eaux de lavage s'écoulent par l'évier *e*. Le barattage est placé en *C;* on peut, si on veut, mettre la baratte *p* en communication avec un manége placé à l'extérieur et dont on surveille le travail par la fenêtre latérale. La pièce D contient les chaudières à eau ou le moteur à vapeur qui actionne les machines. La fromagerie est en E ; la vapeur y arrive de la pièce D ; elle est pourvue d'un évier *r*, le pièce F peut servir de séchoir,saloir ; enfin l'escalier *t* conduit soit à une cave d'affinage placée dans la fromagerie, soit à un grenier de séchage situé au-dessus, suivant la fabrication qu'on veut opérer.

Fruitières. — L'exploitation du lait a donné lieu à la formation de nombreuses associations soit pour la vente du lait en nature, soit pour la fabrication du beurre ou la production du fromage. Ces associations s'appellent *fruitières* ; elles se sont généralisées surtout dans les Alpes, le Jura et les Pyrénées. De grands progrès ont été apportés dans leur installation et beaucoup de ces fruitières sont actuellement de véritables usines à fromages.

Elles contiennent en général une pièce pour la réception du lait, une autre pour le travail du caillé et une autre pour la maturation des fromages ; de plus il y a une chambre pour le maître de fruitière et pour l'apprenti. Dans les grandes installations, il existe aussi un bureau pour le comptable, une salle de réunion pour les sociétaires, une cave d'été, une cave d'hiver et des logements, etc.

C'est surtout dans le chauffage que ces fruitières ont amené des perfectionnements. Autrefois, le lait se plaçait dans une chaudière en cuivre d'une capacité de plusieurs centaines de litres suspendue à une potence en fer qui tournait sur deux pivots ; ce système, qui est celui de la Comté, oblige le fromager à travailler au milieu du rayonnement de la chaleur. Aussi a-t-on perfectionné la forme de ces fourneaux ; on les a construits en forme circulaire ; la moitié de ce cercle est en briques, l'autre est constituée par des portes mobiles en fer qui peuvent s'ouvrir pour livrer passage au chaudron. On a encore amélioré ce système en construisant des chaudières fixes à foyer mobile. Le foyer est constitué par un wagonnet à grille qui reçoit le combustible ; ce véhicule circule dans un canal, placé en dessous de la chaudière à lait, contenant deux rails, et se prolongeant sous une chaudière plus petite destinée à chauffer l'eau bouillante. Par ce système, lorsqu'on n'a plus besoin de chauffer le lait, on peut envoyer le combustible sous la chaudière à eau.

Dans les montagnes, on construit assez souvent ces fruitières en troncs de sapin brut assemblés à mi-bois, suivant la mode russe ; dans les plaines, on les bâtit en pierres et en briques, suivant la mode du pays. Souvent, une société possède une station dans la montagne et une autre dans la plaine.

Ces bâtiments sont élevés au moyen d'un capital fourni par les sociétaires ; d'autres fois on se contente de louer une ferme et d'y faire les installations nécessaires, en attendant que la société ait un capital suffisant pour édifier son local.

Une des principales choses à observer pour les constructeurs de fruitières, c'est de ménager un accès facile aux personnes qui apportent le lait sur leurs épaules ; en outre, la pièce de réception sera claire, bien lumineuse, afin que le fruitier puisse facilement juger à l'œil la qualité du lait livré et que, de son côté, le client puisse contrôler les indications fournies par la balance ou par la mesure de jaugeage.

Dans les fruitières où on ne s'occupe que de la vente du lait en nature, il faut utiliser tous les appareils et installations qui peuvent assurer la conservation du produit, d'après les dernières données de la science (réfrigération, chauffage, fermeture hermétique).

§ IX. — GLACIÈRES

Installation. — Il est toujours avantageux d'avoir une glacière à proximité de la laiterie, soit pour rafraîchir l'eau des bassins, soit pour raffermir le beurre après le barattage, soit pour conserver les provisions de la ferme. L'installation est simple et peu coûteuse. On enterre dans le sol une petite cabane ou plutôt une grande caisse en planches, à doubles parois étanches et écartées entre elles de 0m30 centimètres. L'intervalle est rempli avec de la sciure de bois, de la paille hachée, de la tourbe, de la cendre, de la laine, des scories : en outre, on entoure cette boîte de quelques bottes de paille et on accumule tout autour de la terre, de manière à former un monticule sur lequel on peut semer du gazon. La paroi inférieure de la caisse est formée par une claie et tapissée de ramilles, de manière que l'eau produite par la fusion de la glace s'égoutte rapidement ; il faut lui ménager une issue à l'extérieur dans un fossé, une mare, etc. Avec des planches ou quelques pierres, on dispose trois ou quatre marches pour descendre à la porte de la glacière qui est tournée vers le nord et protégée par deux ou trois bottes de paille. Dans la cavité on loge la glace par gros blocs et on remplit les interstices avec la paille hachée. Il faut avoir soin de bien fermer la porte et de n'aller à la glacière que de grand matin.

Dans beaucoup de fermes, il n'y a même pas besoin de construire une glacière, il suffit d'utiliser une petite pièce disponible, comme il y en a presque toujours dans les exploitations rurales. Au moyen d'une légère maçonnerie, on masque les fenêtres ; toutefois on en réserve une, tournée au nord et garantie par un double volet ; elle sert à emmagasiner la glace. La porte d'entrée est protégée par un tambour en bois qui forme une double clôture. A l'aide d'une échelle, on pénètre dans la glacière par une trappe pratiquée dans le haut de ce tambour. On peut aussi faire ouvrir la glacière directement sur le caveau à crème dont la température est toujours très basse.

M. Fjord a démontré, en Danemark, qu'on peut remplacer la glace par de la neige comprimée ; le travail est moins pénible et la conservation aussi assurée.

§ X. — MOULINS, BOULANGERIES, BUANDERIES

Nous n'avons pas à parler ici de l'installation des moulins proprement dits et encore moins des minoteries ; mais dans beaucoup de fermes, on

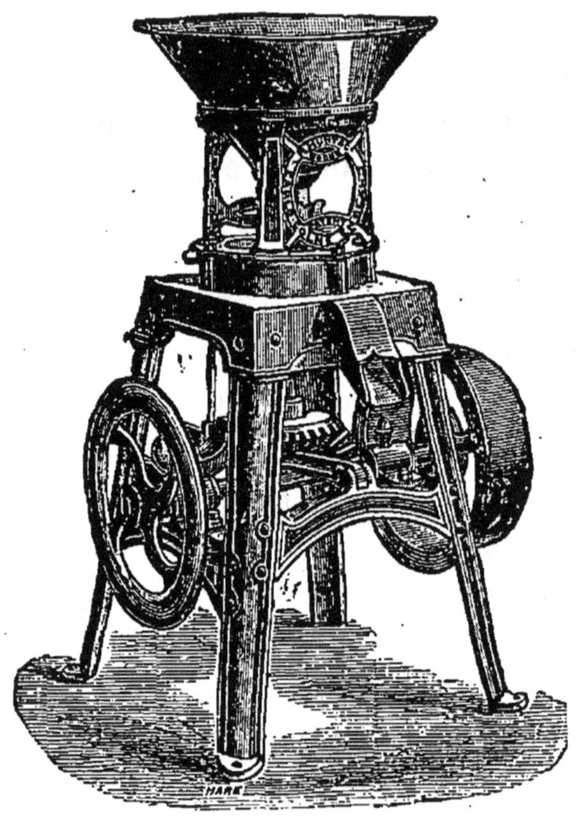

Fig. 103. Petit moulin de fermier (Mot).

trouve facilité et économie à moudre sur place le blé, le sarrazin, etc. Lorsqu'on peut utiliser une chute d'eau, l'installation ne diffère pas de celle des moulins véritables ; mais de grands progrès ont été réalisés de ce côté, on est parvenu à construire des moulins agricoles qui marchent au moyen de turbines éoliennes (voir

Fig 104. Blutoir pour petits moulins (Mot).

plus loin), de manèges ou même à bras. Nous représentons (fig. 103) le moulin Wood de M. Mot : ce modèle qui s'appelle « le fermier », peut être actionné par une petite machine à vapeur ou un manège à deux chevaux ; il sert à concasser ou à moudre toute sorte de grain en fine farine, ainsi que les tourteaux à raison de 3 à 5 hectolitres par heure. Il existe des modèles plus grands et d'autres plus petits.

On construit pour ces moulins des blutoirs de

dimensions assorties. Celui que nous représentons (fig. 104) marche à bras.

Les meules de ces moulins sont en métal

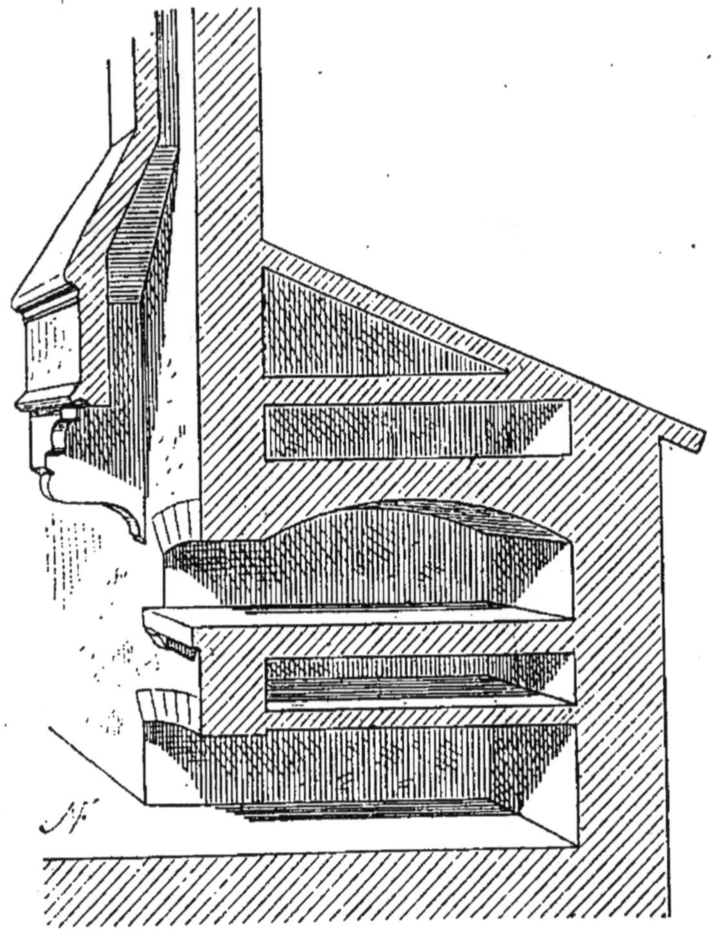

Fig. 105. Coupe d'un four.

aciéré, ce qui évite le travail si pénible du rhabillage.

Dans les exploitations un peu importantes, ces moulins rendent de grands services, surtout pour la préparation des aliments des animaux, pour le broyage des tourteaux ; ils permettent aussi d'établir dans chaque groupe d'habitations un moulin économique.

Boulangerie et Buanderie. — En général, la boulangerie sert aussi pour la buanderie et pour la cuisine des animaux.

Le *fournil* est une pièce assez grande pour qu'on puisse manœuvrer la pelle à enfourner : il est dallé soigneusement et renferme le pétrin, la chaudière à eau, une table à pain, des rayons, des balances, un coffre à farine, etc. La partie la plus importante est le *four*. Celui-ci est de forme ovale ou ronde ; il est couvert d'une voûte aplatie, les matériaux employés sont les briques réfractaires, dont le grain dur et serré résiste à la chaleur. Ce four est entouré d'une maçonnerie épaisse ; au-dessous, on réserve un espace ou étuve inférieure ; une autre étuve pareille est placée au-dessus du four (fig. 105). La porte d'entrée ou bouche est fermée par une solide porte en fer. On calcule qu'un four de deux mètres de diamètre sert à cuire 40 kil. de farine ; 2^m50 pour 60 ; 3 mètres pour 80 ; 3^m50 pour 120.

Dans les fermes un peu importantes, on consacre une pièce spéciale à la buanderie : celle-ci comporte essentiellement une vaste cheminée ou fourneau supportant une chaudière pour faire bouillir l'eau de lessive; elle contient les baquets, les chevalets nécessaires au lavage. Une précaution très hygiénique serait de réserver dans cette pièce un cabinet pour y loger une baignoire. Ce sont des soins de propreté encore peu connus dans nos campagnes, mais que tout cultivateur intelligent doit s'efforcer de propager, en donnant lui-même l'exemple.

Nous reproduisons (fig. 106) un modèle qui contient une buanderie (1), un dépôt de combustible (2), un fournil (3), un four (4).

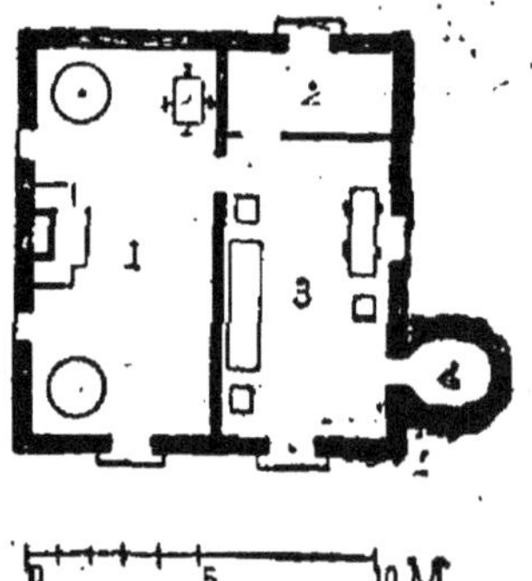

Fig. 106. Four et buanderie.

Lavoir. — Si on possède une mare ou un cours d'eau, on y installera un *lavoir*, en égalisant une certaine longueur de la rive et en y plaçant de larges pierres plates inclinées; on abritera cet emplacement par une petite toiture.

Pour les menus lavages, on emploie fort bien des tables en bois présentant une inclinaison suffisante ou même des planches garnies d'une lame de zinc ondulée.

Il faut éviter que l'eau de savon ne coule dans les abreuvoirs ou les mares destinés à la boisson des animaux.

§ XI. — CUISINES

La cuisine est une partie très importante de l'habitation rurale ; souvent même on la divise en deux sections : la cuisine servant à préparer les aliments de l'homme ; celle qui sert à arranger les rations des animaux.

Dans les petites exploitations, la cuisine est la pièce unique de l'habitation ; elle tient lieu de salle à manger et de chambre à coucher. La cheminée qui la chauffe sert aussi à cuire les aliments ; elle contient un fourneau dont la fumée s'échappe par la hotte de la cheminée.

Dans une exploitation plus importante, la cuisine ne contient plus les lits, mais elle sert de salle à manger et les habitants profitent de la chaleur de la cheminée tout en prenant leur repas. Outre la cheminée, elle contient encore un fourneau assez complet, autant que possible un de ces nouveaux fourneaux en fonte avec petit four et réservoir à eau chaude : outre cela, on installera un dressoir, un billot, une grande table épaisse en hêtre, une fontaine, un lavabo, des bancs ou tabourets, un garde-manger, un bûcher pour le bois, des rayons pour le pain. A côté de la cuisine, se trouve une petite pièce à usage de laverie, contenant la pierre d'évier, des égouttoirs, des seaux. Le sol bien dallé doit offrir une pente pour faciliter l'écoulement des liquides.

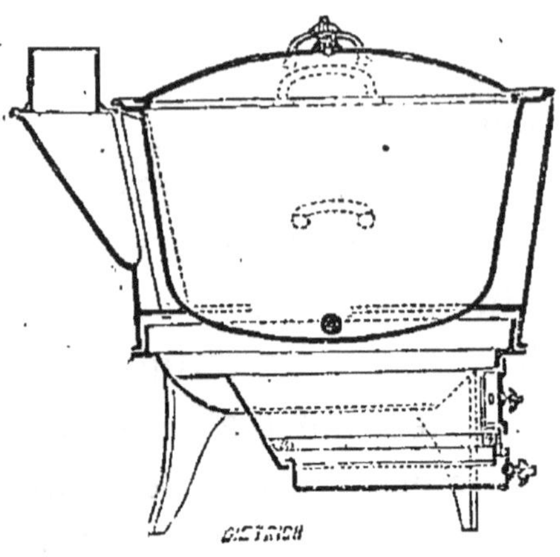

Fig. 107. Chaudière à légumes.

Nous avons déjà dit que la cuisine pour les aliments des bestiaux était souvent confondue avec la boulangerie. Elle contient un fourneau sur lequel on peut installer de vastes chaudières. C'est dans ces récipients qu'on place les légumes à cuire; d'autres fois on place ces légumes dans un tonneau dont le fond percé de trous est placé sur la chaudière de manière que les végétaux cuisent par la vapeur. On construit aussi des chaudières spéciales très économiques telles que celles de M. Senet, qui peuvent être chauffées au bois ou à la houille; elles contien-

Fig. 108. Chaudière à légumes.

nent de 25 litres à 265 litres et peuvent se démonter dans toutes leurs parties (fig. 107 et 108).

§ XII. — MACHINES A VAPEURS

Aujourd'hui les moteurs à vapeur se répandent de plus en plus dans les fermes et, au fur à mesure que la main d'œuvre renchérira, il faut compter que les cultivateurs s'entendront pour louer ou acheter des machines de toute espèce.

On emploie deux sortes de machines à vapeur, les *locomobiles* et les *machines fixes*.

Les *locomobiles* servent plus spécialement pour le battage dans les champs, qui tend à se généraliser de plus en plus et amènera la réduction des bâtiments servant de granges : quant aux locomobiles qui servent au labourage à vapeur elles sont d'une construction spéciale; tout cela rentre dans le domaine de la mécanique agricole. Mais ce que nous ne devons pas oublier, c'est que l'usage de ces gros engins oblige à donner aux routes d'exploitation une largeur convenable, à empierrer fortement les chaussées, à consolider les ponts et ponceaux, etc.

Quant aux *machines fixes*, elles sont surtout employées aujourd'hui pour la laiterie, depuis l'introduction des machines centrifuges. Elles doivent reposer sur des fondations en briques d'une épaisseur convenable. Du reste, l'installation de ces appareils, des transmissions, des paliers, etc., nécessite le concours d'ouvriers spéciaux.

Rappelons qu'il est nécessaire d'avoir à proximité des chaudières un dépôt de combustible et que les cheminées doivent être assez élevées pour activer le tirage et empêcher les étincelles de tomber sur les pailles répandues dans les cours.

On peut établir aussi une canalisation pour envoyer la vapeur à la cuisine, à la fromagerie, à la buanderie, etc.

TROISIÈME PARTIE

CONSTRUCTIONS ET INSTALLATIONS ANNEXES

CHAPITRE PREMIER

Fumières, Fosses à purin, Cabinets d'aisances, Dépôts d'engrais.

§ Ier. — FUMIÈRES

Les fumières sont des emplacements où on laisse décomposer les matières végétales et animales destinées à fertiliser la terre.

Voici, d'après Schwertz, les conditions que doit remplir une bonne fumière :

1° Ne rien perdre du liquide qui suinte du fumier ;

2° Recueillir ce liquide dans un réservoir assez à portée pour qu'on puisse le reverser au besoin sur le fumier;

3° Ne laisser couler ou tomber d'autre eau sur le fumier que la pluie reçue naturellement par sa surface ;

4° Réserver un espace assez vaste pour que le fumier ne s'amoncelle pas à une trop grande hauteur;

5° Faire que les voitures puissent approcher facilement et qu'il ne faille pas un grand effort pour enlever les charges un peu lourdes ;

6° Les fumières doivent être placées du côté où les vents sont les plus rares, du côté du Nord dans notre pays. Il faut qu'elles soient éloignées des maisons d'habitation, sans être trop loin des écuries et des étables. En général, on les installe au milieu des cours ; mais il serait préférable de consacrer, derrière les bâtiments où logent les animaux, une petite cour spéciale pour les fumiers.

Ce qui permet d'établir les fumières plus loin des maisons, c'est l'installation d'un petit porteur Decauville avec wagon à claire-voie servant aussi de civière pour porter le fumier dans les champs.

Les fumières doivent posséder un fond imperméable ; pour cela on y établit une couche d'argile bien battue atteignant 0m30 à 0m40 d'épaisseur. Mais le mieux est encore de la recouvrir d'un lit de béton, ou d'un pavage en grès ou en moellons : il est indispensable de paver aussi le passage des voitures, et, pour la même raison, d'entourer la fumière d'une route pavée.

Il faut apporter un grand soin à l'établissement des rigoles d'écoulement; lorsque celles-ci atteignent une certaine profondeur, il est nécessaire de les couvrir. Le mieux est de construire le fond en briques posées soit à plat, soit en cintre concave, soit en V; les montants se font en briques ou en moellons; on recouvre avec une pierre plate; tous ces matériaux sont unis avec de la chaux hydraulique. On peut employer aussi des tuyaux en poterie de 0m25 de diamètre. Il est prudent de réserver de loin en loin des regards, afin de pouvoir nettoyer les tuyaux lorsqu'ils sont engorgés par les matières solides entraînées avec les urines.

§ II. — FOSSES A PURIN

Le purin, qui est un des principes les plus actifs du fumier, doit être recueilli avec soin : à cet effet, on dispose la fumière en plan incliné, afin de permettre aux liquides de s'accumuler dans la partie la plus basse, d'où on les reprend avec une pompe afin de les transporter sur les terres. Ces pompes doivent être d'une construction spéciale, qui permette le passage des pailles, des boues et mêmes des cailloux. Nous donnons comme spécimen, la pompe de Faul (fig. 109) qui se distingue par sa solidité, son bon marché

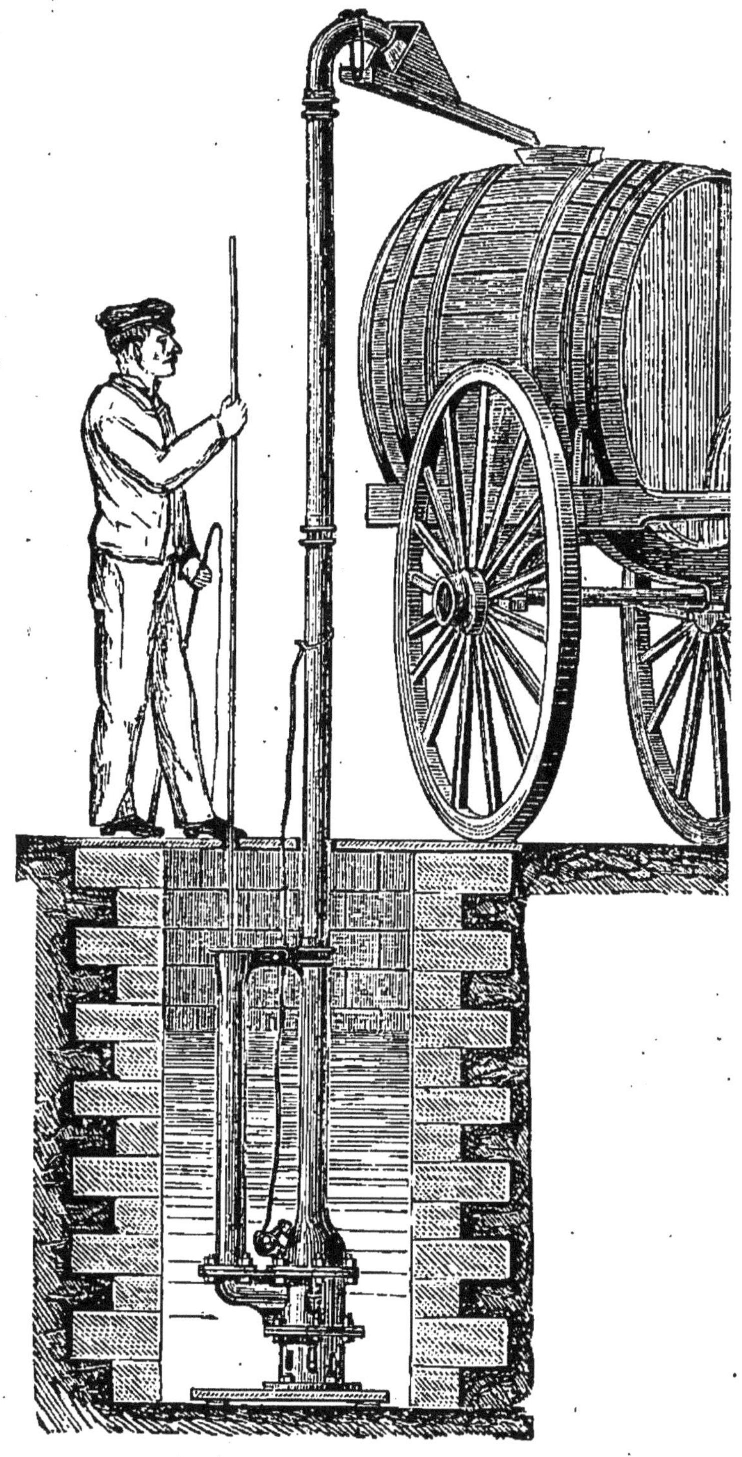

Fig. 109. Pompe à purin de Ch. Faul.

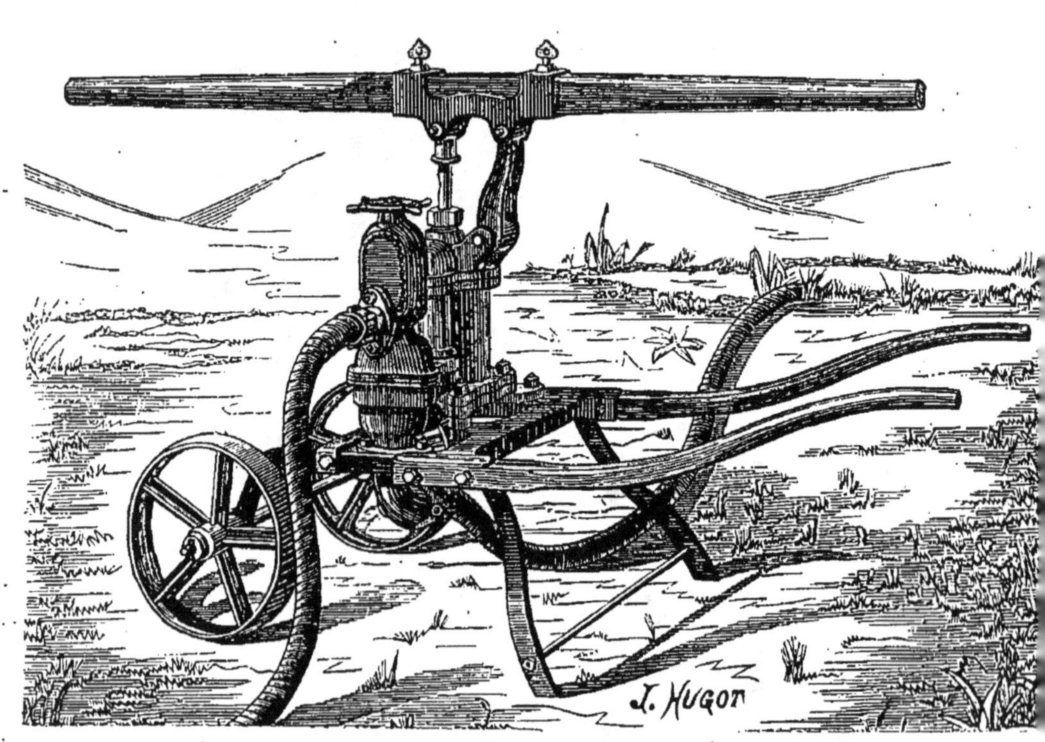

Fig. 110. Pompe à purin. (Ritter.)

et la commodité de sa manœuvre. Citons aussi celle de M. Ritter (fig. 110) qui peut se transporter d'un lieu à un autre,

Pour porter le purin à grandes distances on se sert d'un tonneau en tôle, semblable aux tonneaux d'arrosage de nos services édilitaires; souvent ce tonneau porte sa pompe avec lui (fig. 111).

Le mieux est d'installer à côté de la fumière une citerne à purin, qui reçoit aussi les eaux d'infiltration, les urines des écuries, des étables, et aussi les résidus des fosses d'aisances.

La fosse à purin consiste en une citerne revêtue d'argile bien battue et maintenue par une maçonnerie : la couche d'argile aura 0m15 à 0m20; il suffit alors d'une épaisseur d'une brique sur les côtés et d'une brique à plat dans le fond; de cette manière on évite toutes les infiltrations. La fosse à purin aura la forme circulaire ou celle d'un rectangle à pans arrondis; le fond forme cuvette. Il y a deux espèces de fosses, celles qui sont recouvertes d'une voûte maçonnerie avec une ouverture masquée par une dalle et permettant de pénétrer dans la fosse; celles qui sont simplement abritées par des madriers placés à claire voie, les uns auprès des autres. Les pompes servent, à la fois, à entonner le purin pour remplir les tonneaux d'arrosage et aussi à le reverser sur la fumière. Si on craint l'action corrosive du purin sur les métaux, on emploie des pompes en bois formées d'un tronc d'arbre creusé ou même d'un corps carré constitué par des planches clouées ensemble. Dans ce tuyau joue un piston muni d'un clapet en cuir; un autre clapet, aussi

Fig. 111. Tonneau à purin (Ritter).

en cuir, est disposé dans l'intérieur du tube. La tige du piston est attachée à un levier en bois fixé sur le corps de pompe; l'extrémité du levier porte un manche ou une poignée en fer. Si la fumière a une grande superficie, on adoptera au bec de la pompe une gouttière en bois ou un tube en toile.

Distribution du purin. — On a imaginé de porter directement sur les terres en culture des liquides fertilisants produits par un mélange d'eau, d'urines et de matières fécales ; ces liquides sont ensuite conduits par des tuyaux et canaux. C'est ainsi qu'en Suisse, on dirige depuis longtemps le liquide des étables, le *lisier*, sur des pâturages par des rigoles ouvertes et des canaux en bois : on peut arroser la surface, en faisant refluer le liquide au moyen de tampons d'obstruction; on peut aussi arroser souterrainement.

En France, M. Batailler a pratiqué le même système; il a installé une citerne en maçonnerie à fermeture hydraulique dans laquelle se meut un agitateur actionné par un moulin à vent : dans cette citerne arrivent les matières fécales et l'eau de fontaine : lorsque l'engrais est bien dilué, on l'envoie sur les champs en profitant de l'inclinaison du sol; les résidus qu'on trouve dans les citernes sont mélangés avec de la terre pour former un engrais.

Le système anglais Kennedy, dont on a tant parlé, consiste dans une canalisation souterraine; on y fait refluer les eaux fertilisantes par une machine à vapeur, lorsque la pente du terrain n'est pas suffisante. Tantôt la machine à vapeur sert à élever l'engrais liquide dans un réservoir semblable à ceux dont on se sert dans nos gares de chemins de fer, et les eaux, par leur propre poids, se répandent dans les conduits de distribution; tantôt la machine à vapeur refoule les liquides dans les tuyaux. Ceux-ci sont en fonte ou en tôle bituminée; ils sont pourvus de robinets sur lesquels on visse des tuyaux en tôle ou en cuir, terminés par une lance de pompe à incendie.

Capacité d'une fumière. — La quantité de fumier produite dans une ferme est proportionnelle au nombre des animaux. D'après M. de Gasparin, on calcule qu'un cheval et un bœuf produisent chacun 50 kilogrammes de fumier par jour, ou un dixième de mètre cube, ce qui représente 36 mètres cubes par an. Mais il faut déduire le temps pendant lequel ces animaux sont absents de l'étable et de l'écurie pour le travail, ce qui réduit d'un tiers ou de moitié ce chiffre. Les bêtes à laine fournissent environ 1,000 kilogrammes de fumier, et les porcs 200 kilogrammes par an, ce qui fait par an :

Cheval........................	24	mètres cubes.
Bœuf de travail............	24	—
Bœuf d'engrais..............	36	—
Vache au pacage partiel....	18	—
Bête à laine..................	2	—
Porc..........................	4	—

La hauteur d'un tas de fumier variant de 1m50

à 2 mètres, la surface nécessaire à l'emplacement pour la production annuelle sera :

Cheval............ ...	12 à 16	m. carrés.
Bœuf de labour......	12 à 16	—
Bœuf à l'engrais.....	18 à 24	—
Vache...............	9 à 12	—
Bête à laine..........	1 à $1\frac{1}{4}$	—
Porc.................	2 à $2\frac{1}{2}$	—

Si le fumier est enlevé tous les six mois, les deux tiers de cette surface suffiront.

En ce qui concerne les fosses à purin, on calcule que la quantité des liquides produits compense à peu près ceux qui sont enlevés par l'évaporation. Quant aux proportions apportées par l'urine des animaux, on compte :

Cheval............ ..	1000	kilog. ou	1	m. cube.
Bœuf ou vache......	3000	—	3	—
Porc...............	500	—	1/2	—
Mouton.............	100	—	1/10	—

Dispositions. — La manière la plus simple d'installer une fumière est d'établir au niveau du sol une aire constituée ainsi que nous l'avons dit plus haut ; si elles sont convexes, elles sont entourées par une rigole pour recevoir les liquides ; si elles sont concaves, elles sont traversées par une rigole qui aboutit à la fosse à purin. On peut placer plusieurs fumières les unes à côté des autres, ce qui permet de vider l'une, pendant que les voisines continuent à se faire. Voici (fig. 112) un modèle fort simple et très avantageux. Les deux fumières 1 et 1 sont en maçonnerie; elles offrent un plan très incliné, de manière que le purin s'écoule vers la fosse 2; dans la partie la plus profonde, à la limite des fumières et de la fosse, est placée une pompe à purin; 4 est le tampon permettant d'accéder dans la fosse.

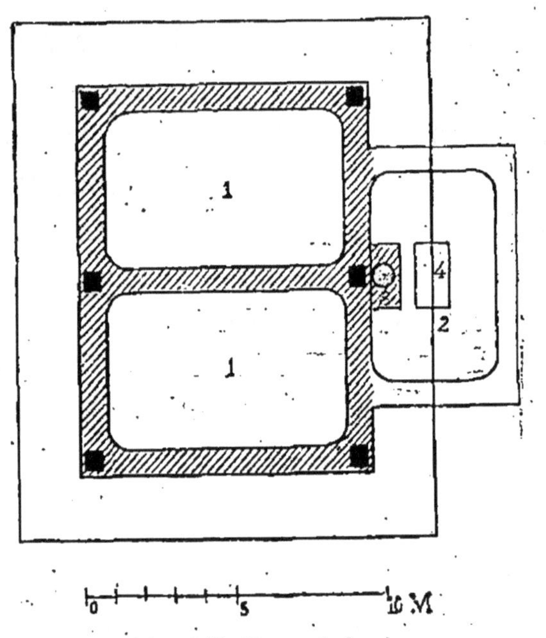

Fig. 112. Fosse à fumier.

Les plates-formes à fumier sont simplement entourées d'une garniture en pierre; citons comme exemple celle de Grignon, qui est de forme circulaire. Le fumier est disposé en pente douce sur cette plate-forme, et forme une masse circulaire de dimensions décroissantes autour d'un trou central qui contient la pompe à purin.

Il est très bon de couvrir les fumières, afin de les préserver contre les rayons du soleil qui les

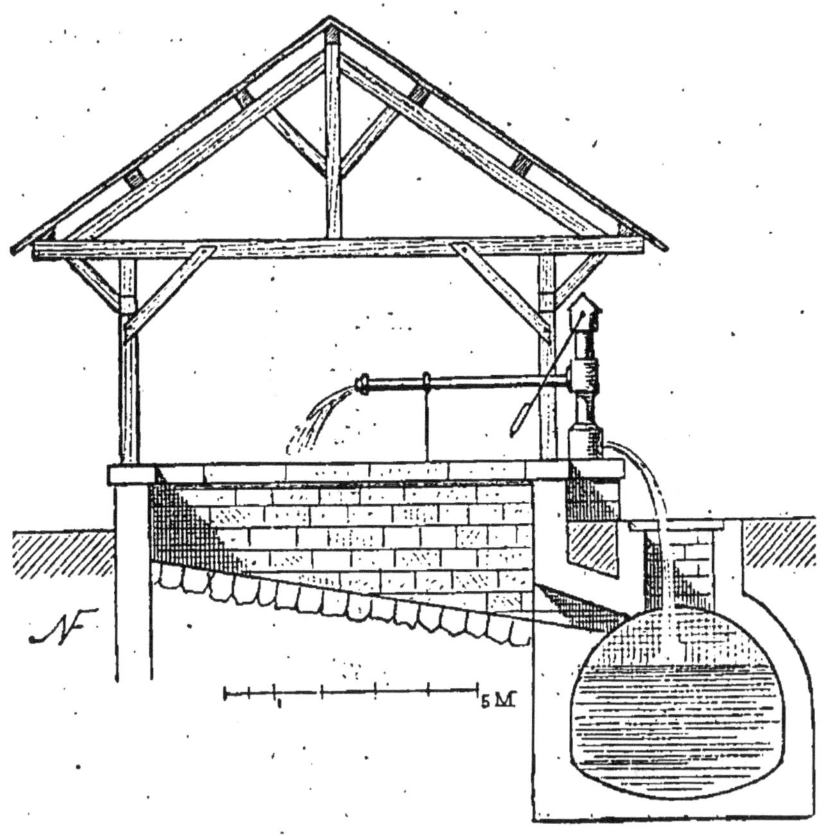

Fig. 113. Fosse à fumier. (Coupe.)

dessèchent. On peut, comme dans la figure 115, installer un toit en chaume au-dessus de la fumière ; plus simplement, on la recouvre avec de la paille, de la bruyère, de la tourbe.

§ III. — CABINETS D'AISANCES.

Cabinets d'aisances. — Souvent on dispose, près des fumières et des fosses à purin, les latrines, afin que les déjections se mêlent aux liquides des fumiers. Cette disposition n'est pas toujours commode, et on peut installer fort simplement ces cabinets dans une autre partie des cours. Il n'est pas d'usage, dans les campagnes, de loger les *water-closets* dans les maisons d'habitation : en effet, cela oblige à avoir des fosses bien couvertes et des sièges installés avec des cuvettes. Toutefois, on peut utiliser les *closets* mobiles, dont nous donnons un spécimen figure 115, et qui se placent dans un coin disponible. On installe de préférence les cabinets non loin des maisons, dans des cabanes spéciales. Ces constructions doivent être tournées vers le nord, afin d'éviter l'apport des émanations par les vents du sud et de l'ouest. On les fait avec les matériaux les plus simples : des planches, des torchis, des colombages ; la couverture est en chaume, en tuile, en papier goudronné. Des tuyaux d'aération en poterie seront établis à travers la toiture et s'élèveront à 1 mètre ou 1m50 ; il existera en outre deux petites fenêtres vitrées. La dimension d'un cabinet doit être 1 mètre sur 1m50. Le siège est élevé à 0m50 ; sa profondeur ne dépasse pas 0m50.

La lunette a un diamètre de 0m25 ; elle est placée à 0m10 du bord antérieur du siège. Les cabinets sont installés sur fosses fixes ou sur fosses mobiles.

Foses fixes. — Pour la dimension d'une fossé fixe, on calcule sur une production de 3 hectolitres par habitant; en général, on les vide une fois par an : il suffit donc de compter un demi-mètre cube par an. Néanmoins, une fosse doit toujours avoir, au *minimum*, 4 mètres cubes, c'est-à-dire 1 mètre en largeur, 2 mètres en longueur et 2 mètres en hauteur, afin de permettre d'y travailler. Le trou de vidange aura 0m60.

Fosses mobiles. — Celles-ci consistent en tinettes rondes ou carrées, en bois, hautes de 0m50 à 0m60. Nous avons vu, en Danemark, des boîtes carrées avec anses fort commodes; on les place sous le siège par une ouverture pratiquée dans la muraille, et d'une dimension suffisante. Dans ces boîtes, on verse de temps en temps une couche de terre, de manière à constituer une disposition sédimentaire; on vide le contenu sur un tas qui forme ensuite un excellent compost. Souvent, on monte les caisses sur des roues et on les munit d'un timon pour les conduire à l'emplacement choisi.

Signalons aussi les *closets* à sable, qui sont d'un emploi avantageux, surtout dans les pays où l'eau est rare : un déclanchement automatique

Fig. 114. Closet à sable.

fait tomber sur les matières fécales une certaine quantité de sable ou de poussière de tourbe. Il ne reste plus qu'à renverser le réservoir sur la terre, afin de se procurer un compost excellent (fig. 114).

Dans les grandes exploitations, les cabinets des maîtres peuvent être installés avec tout le confortable possible; toutefois, nous ne conseillons pas la cuvette en faïence à fermeture hydraulique : nous lui préférons la cuvette ordinaire à soupape, dans laquelle on verse l'eau au moyen d'un vase indépendant. L'autre modèle est d'une réparation trop difficile.

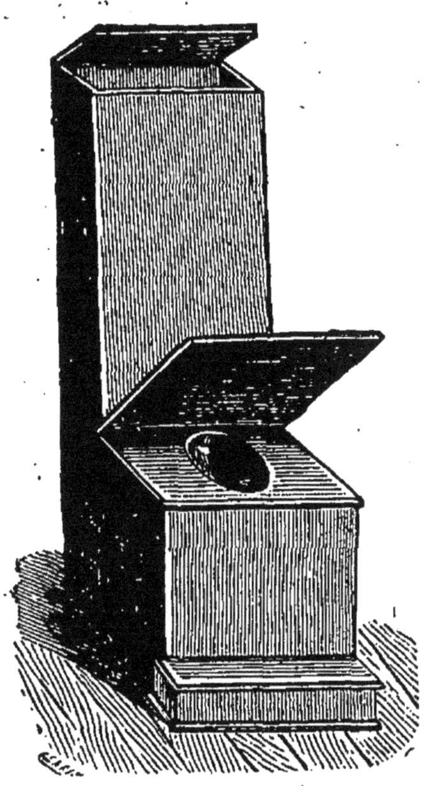

Fig. 115. Closet mobile.

Pour les ouvriers, on dispose au niveau du sol une pierre percée d'un trou elliptique flanqué de deux petites élévations pour placer les pieds. Nous préférerions beaucoup le modèle turc, qui consiste en une marche de pierre percée d'un trou conique, devant lequel s'allonge une rainure assez large qui passe entre les deux pieds; au bas de la marche est pratiqué un trou qui communique avec cette rainure, et permet d'y envoyer les eaux de lavage et autres.

Lorsque les fosses sont munies d'un ventilateur, il est rare que les gaz s'y accumulent de manière à rendre la vidange dangereuse. Toutefois, si on craint quelque inconvénient, on verse dans la fosse une dissolution de 1 kilogramme de sulfate de zinc ou 2 kilogrammes de sulfate de fer par 20 litres d'eau, qu'on remue avec une perche. On laisse agir ce produit pendant quelques heures, et on extrait les matières avec une pompe à purin, des seaux, des baquets, etc.

§ IV. — DÉPOTS D'ENGRAIS.

Les engrais chimiques se généralisent chaque année, et il est nécessaire maintenant de leur réserver, dans chaque ferme, un local spécial pour les conserver et les mélanger.

Cette pièce sera soigneusement dallée avec des briques posées à plat et cimentées, ou des carreaux de terre cuite; le long des murailles, on dispose des compartiments séparés par des petits murs de 0m60 à 0m80 de hauteur, en briques posées sur cnamp. Dans chaque compartiment, on place un engrais spécial : superphosphate, guano, sulfate d'ammoniaque, tourteau en poudre, carbonate de chaux, etc.

Le milieu de la pièce sert à faire les mélanges; ceux-ci s'opéreront avec une pelle en bois. Il est indispensable de posséder une bascule pour doser les quantités de chaque élément de fertilisation, et de se conformer aux chiffres recommandés par les agronomes.

M. Dupressoir a inventé un procédé pour transformer les phosphates fossiles en superphosphates, dans la ferme même. Cette opération, qui ne requiert qu'une installation très élémentaire, mérite d'être prise en considération en aménageant la chambre aux engrais; car les phosphates sont, en France, l'engrais essentiel, presque universellement applicable.

C'est dans cette pièce aussi qu'on placera, avec toutes les précautions voulues, les sulfocarbonates de potassium et les barils de sulfure de carbone, pour le traitement des vignes phylloxérées.

Dans ce local se trouve un tableau noir sur lequel on inscrit tous les dosages faits ou à faire.

CHAPITRE II

Sources, Fontaines, Puits-pompes, Turbines éoliennes, Béliers hydrauliques.

Sources. — Les sources sont d'une grande utilité pour une ferme ; aussi ne doit-on rien négliger pour utiliser celles qui existent ou découvrir celles qui sont cachées. Lorsque les sources coulent naturellement, on les appelle des *fontaines ;* lorsqu'il faut aller les chercher à de certaines profondeurs, on creuse des *puits*.

Fontaines. — Pour aménager celles-ci, on les approfondit et on les entoure d'une maçonnerie pour empêcher l'éboulement des terres voisines. Il faut avoir soin de ne pas crever la couche de terre imperméable sur laquelle coule la source ; sans cela on risquerait de produire une fissure par laquelle l'eau s'écoulerait dans le sol. Pour empêcher les animaux de pénétrer dans la fontaine, on l'entoure d'une muraille à hauteur d'appui et en réservant une ouverture par laquelle on peut puiser l'eau. Une excellente précaution consiste à couvrir la fontaine avec une toiture qui empêche les rayons du soleil d'échauffer et de faire évaporer le liquide.

Puits. — Il faut d'abord rechercher un endroit propice à l'existence d'une source et évaluer la profondeur de la fouille à exécuter. Le choix de l'emplacement exige des connaissances spéciales que nous n'avons pas à étudier ici, et qui rentrent dans l'*Art de chercher les sources*. Lorsque l'endroit est désigné, on cherche, par des sondages, à se rendre compte de la profondeur à atteindre. S'il existe des puits dans les environs, on aura déjà une indication précieuse. Lorsqu'on opère sur le versant d'un coteau ou dans le fond d'une vallée, on a grande chance de réussite, à moins qu'on ait affaire à un sol poreux ou sablonneux. L'expérience a permis de constater que, si le versant choisi ne contient pas de sources visibles et que le versant opposé en montre d'apparentes, on trouvera l'eau à un niveau très bas.

Le creusage d'un puits est effectué par des ouvriers spéciaux qu'on appelle *puisatiers* : le travail diffère beaucoup suivant la nature du terrain. Si le sol est consistant, deux ouvriers creusent, tandis que deux autres remontent les déblais dans un seau pendu à un treuil placé sur un plancher provisoire au dessus de l'ouverture du puits. Le travail continue ainsi jusqu'à ce qu'on arrive à l'eau et, lorsque la source est mise au jour, on l'approfondit encore un peu.

Si le sol n'offre pas de consistance, on étaie le puits, soit dans toute sa profondeur, soit dans certaines parties. Quand la fouille est rectangulaire, on place des planches avec des étrésillons, comme nous l'avons indiqué; si elle est cylindrique, on se sert de planches circulaires, comme des cercles de tonneaux, maintenues par des arcs-boutants : lorsqu'on a affaire à des sables, on garnit l'intervalle entre les cercles par des planches perpendiculaires, de la paille ou de la fougère.

Lorsqu'on a trouvé la couche aquifère, on place dans le fond de la fouille un cercle en charpente sur lequel on installe une maçonnerie en pierre sèche, puis une maçonnerie au mortier hydraulique, et on continue cette muraille jusqu'au sol; s'il se rencontre des roches, il est inutile de les maçonner, elles servent au contraire de support à la muraille supérieure. Quand on a à redouter les infiltrations d'eaux mauvaises dans ce puits, il faut envelopper la maçonnerie d'une couche imperméable en béton ou au moins en terre glaise pilonée.

Autour du puits, le sol est pavé sur une circonférence de 2 mètres : on a soin de ménager une pente pour l'écoulement des eaux. Au-dessus du sol, on entoure le puits d'une muraille haute de 0m75 terminée par une margelle en pierres dures reliées par des crampons en fer. Pour tirer l'eau, on se sert soit d'une poulie, soit d'un treuil; la poulie est suspendue à une potence en fer ou à une traverse en bois soutenue par des piliers de maçonnerie. Le treuil est placé sur deux montants en fer; il est formé par un cylindre en bois de 0m30 de diamètre monté sur deux tourillons en fer; on l'abrite avec un petit toit en zinc. On le meut avec une manivelle ou même deux manivelles situées à chaque bout, lorsque le puits a plus de 20 mètres de profondeur.

Souvent on protège l'orifice au moyen d'une construction en forme de niche dans les parois de laquelle on loge le treuil.

Parmi les puits, il faut signaler les *puits instantanés* qui rendent les plus grands services. Ils s'exécutent avec des tiges de fer creuses, analogues à des sondes, qu'on enfonce dans le sol en les vissant les unes au bout des autres : lorsqu'on est parvenu à la couche aquifère, on adapte à l'extrémité supérieure du tuyau une pompe (fig. 116).

Pompes. — Les puits tendent de plus en plus à être remplacés par des pompes.

Le système le plus simple, ce sont les pompes en bois formées de troncs d'arbres perforés et emboîtés

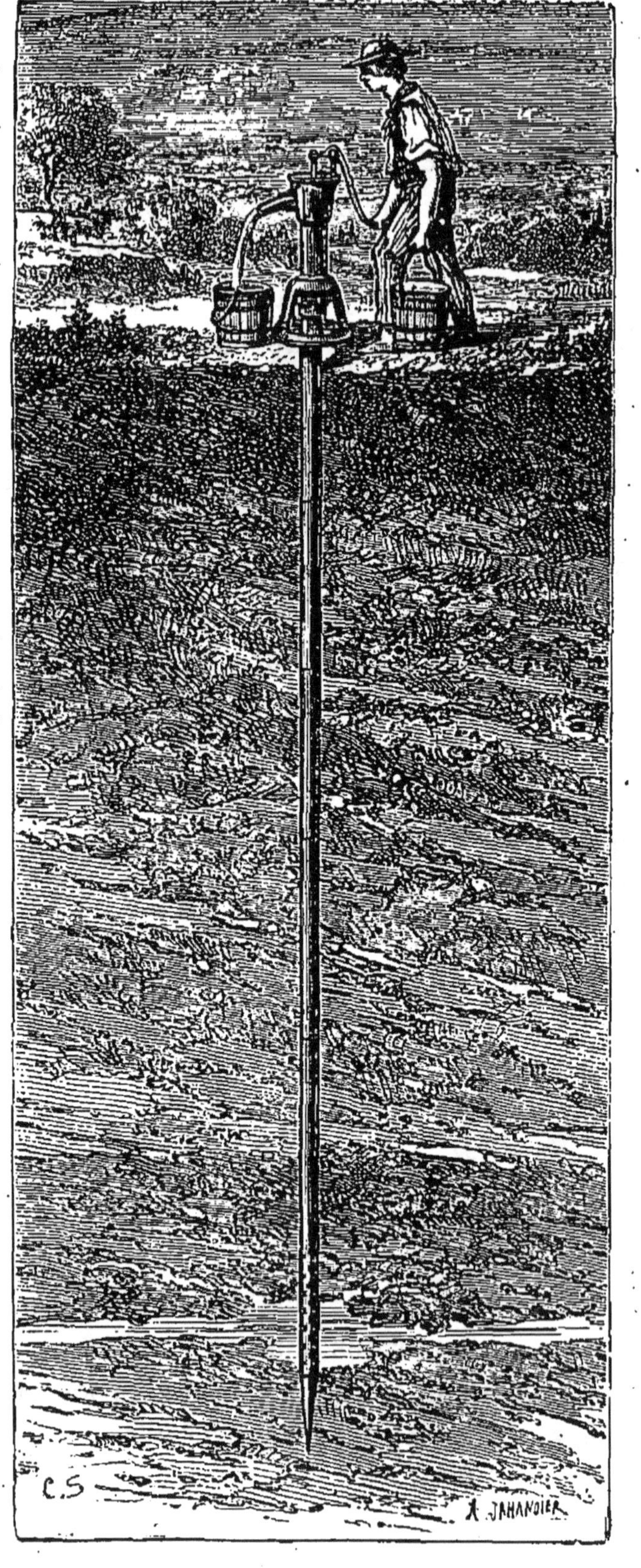

Fig. 116. Pompe du puits instantané.

les uns dans les autres. Ces pompes, lorsqu'elles sont bien construites en bois choisi, sont plus durables qu'on ne le croirait. Mais elles sont toujours encombrantes et ne donnent qu'un débit insuffisant. Aussi leur préfère-t-on les pompes en fonte ou en cuivre; celles-ci coûtent environ le double des premières, mais elles sont plus solides. On les fixe sur un plateau en bois ou on leur donne la forme d'une borne (fig. 117).

On peut adapter au bec des tuyaux pour envoyer l'eau dans des auges, canaux, etc. Si l'eau doit être élevée à une certaine hauteur soit pour remplir un réservoir, alimenter une laiterie, une machine à vapeur, on emploie la pompe aspirante et foulante (fig. 118). Celle-ci exige un plus grand effort surtout lorsqu'il s'agit d'un puits un peu profond. Aussi M. Ritter a-t-il installé un modèle très ingénieux monté sur un plateau avec volant permettant de débiter jusqu'à 6,500 litres à l'heure.

Dans les pays où l'eau est rare, où il n'existe ni sources, ni mares, on est obligé de faire des installations plus complexes afin de pourvoir aux besoins de toute une exploitation : alimentation des bestiaux, laiterie, lessivages. Alors il faut employer des pompes plus actives et plus puissantes : les unes fonctionnent au moyen d'un manège, les autres par la force du vent; ce sont les turbines éoliennes, autrement dit moulins à vent, dont nous donnons un exemple. La roue

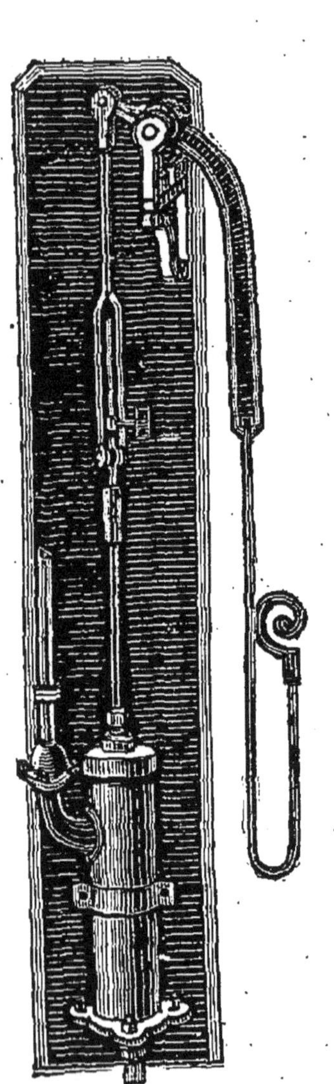

Fig. 117. Pompe aspirante à balancier sur plateau.

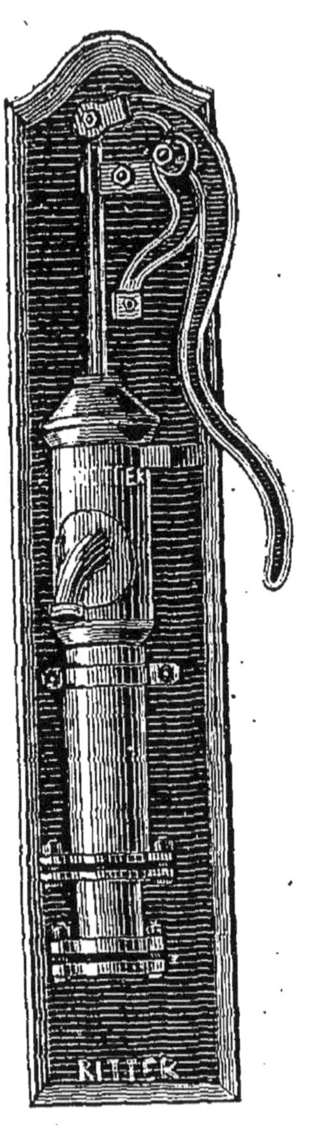

Fig. 118. Pompe aspirante et foulante.

à vent se compose de lames en bois ou en métal montées sur une tige qu'une girouette ramène sans cesse dans l'axe du vent. Ce moulin met en mouvement un balancier qui actionne directement la pompe. L'appareil est monté sur une tour en pierre ou sur un échafaudage en fer ou en bois (fig. 119). Les roues donnent depuis un 1/4 de cheval jusqu'à 4 chevaux. Avec ces dernières, on peut élever par heure 8,000 litres à 8 mètres, 5,000 à 15 mètres, 3,500 à 25 mètres. Un appareil de ce genre doit être complété par une citerne, dans le genre de celles que nous décrirons plus loin.

Parmi les pompes à grand produit, citons aussi les pompes centrifuges, qui sont surtout applicables aux travaux d'irrigation, de dessèchement et de submersion de vignes. Ces pompes exigent toujours un moteur à vapeur. Nous donnons comme spécimen un modèle de pompe de M. Dumont, installée sur un puits (fig. 120). Avec cet appareil on peut faire des irrigations sur des élévations de 5 à 6 mètres; c'est ce qui se pratique dans l'Aude, l'Hérault, le Gard, les Bouches-du-Rhône, l'Espagne, l'Egypte, la Cochinchine. Suivant leur diamètre, ces pompes peuvent élever de 6 à 1,650 mètres cubes par heure, avec une force motrice variant de 0;05 à 10 chevaux-vapeur.

Bélier hydraulique. — Parmi les moyens économiques d'élever l'eau, signalons encore le bélier

Fig. 119. Moulin à vent (Ritter).

hydraulique : cet appareil sert à porter les eaux des sources, étangs, à une hauteur et à une distance quelconques, pourvu qu'il soit possible d'établir une chute proportionnelle à l'élévation. Il suffit d'une chute de 65 centimètres pour élever une partie de l'eau d'un ruisseau à 6m50 (fig. 121).

Un bélier est assez puissant pour élever 1/7m de l'eau à une hauteur cinq fois plus grande que celle de la chute ou 1/14m de l'eau à une hauteur dix fois plus grande. Supposons un ruisseau qui a un débit de 35 litres et une chute de 4 mètres; on pourra élever 5 litres à 20 mètres de haut ou 2 litres 50 à 40 mètres. Le grand avantage des béliers, c'est qu'une fois installés, ils n'exigent aucun soin, aucune surveillance.

Sakkiehs. — Dans les pays orientaux, la manière d'élever l'eau est un des grands problèmes de l'agriculture. On emploie deux systèmes principaux :

La *sakkieh* (fig. 122) consiste en une poche de cuir attachée au bout d'une perche qui est suspendue à l'extrémité d'un balancier; l'autre extrémité est terminée par une grosse pierre formant contrepoids. Un homme pèse sur la perche de manière à descendre la poche de cuir dans l'eau ; puis il laisse agir le contrepoids qui entraîne le balancier et le vase rempli d'eau ; lorsque celui-ci est parvenu en haut de sa course, on le renverse dans une rigole d'où le liquide

Fig. 120. Pompe centrifuge (Dumont).

s'écoule dans les canaux d'arrosage. On superpose ainsi 3 ou 4 sakkiehs afin d'élever l'eau à la hauteur de 5 ou 6 mètres.

Guerba. — La *guerba* (fig. 123) est une poche terminée par un tuyau flexible *d*; la poche est supportée par un fil *m* qui tourne sur une poulie ; le tuyau *d* est maintenu relevé par un autre fil *p* qui passe sur une autre poulie plus petite. L'opérateur placé en *l* entraîne les deux fils en marchant sur le terrain *x*, *y* ; lorsque la poche arrive à la poulie, elle est arrêtée par son diamètre; mais le tuyau *c*, attiré par le fil *a*, s'allonge en avant jusqu'en *c*, où l'eau, contenue dans le récipient, s'écoule aussitôt. Avec cette machine, on a pu puiser de l'eau jusqu'à 10m50 de profondeur, dans le pays de Msab.

Noria. — Dans les pays chauds et même dans le centre de la France, on se sert aussi de la *noria;* elle consiste essentiellement en une longue corde sans fin à laquelle sont attachés des vases en poterie et qui est entraînée sur une roue mue par un manège : lorsque les vases ont dépassé le point culminant de leur course, ils vident spontanément leur contenu. Ces *norias* ont été depuis bien perfectionnées en Europe, et se sont transformées en pompes à chapelet. Celles-ci consistent

(1) Voyez M. Ringelmann, *Science et nature*, t. II, p. 100.

Fig. 121. Bélier hydraulique (Ritter).

Fig. 122. Sakkieh égyptienne.

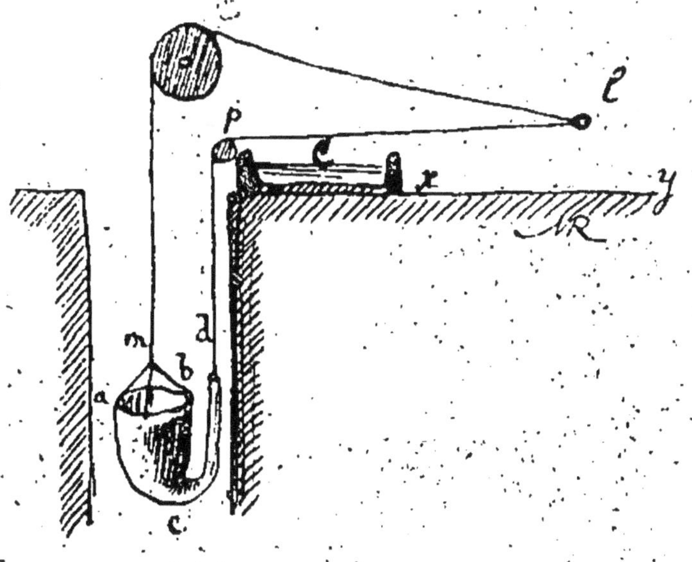

Fig. 123. Guerba algérienne.

en bourrelets montés sur une chaîne sans fin, circulant dans un tuyau à la manière d'un piston;

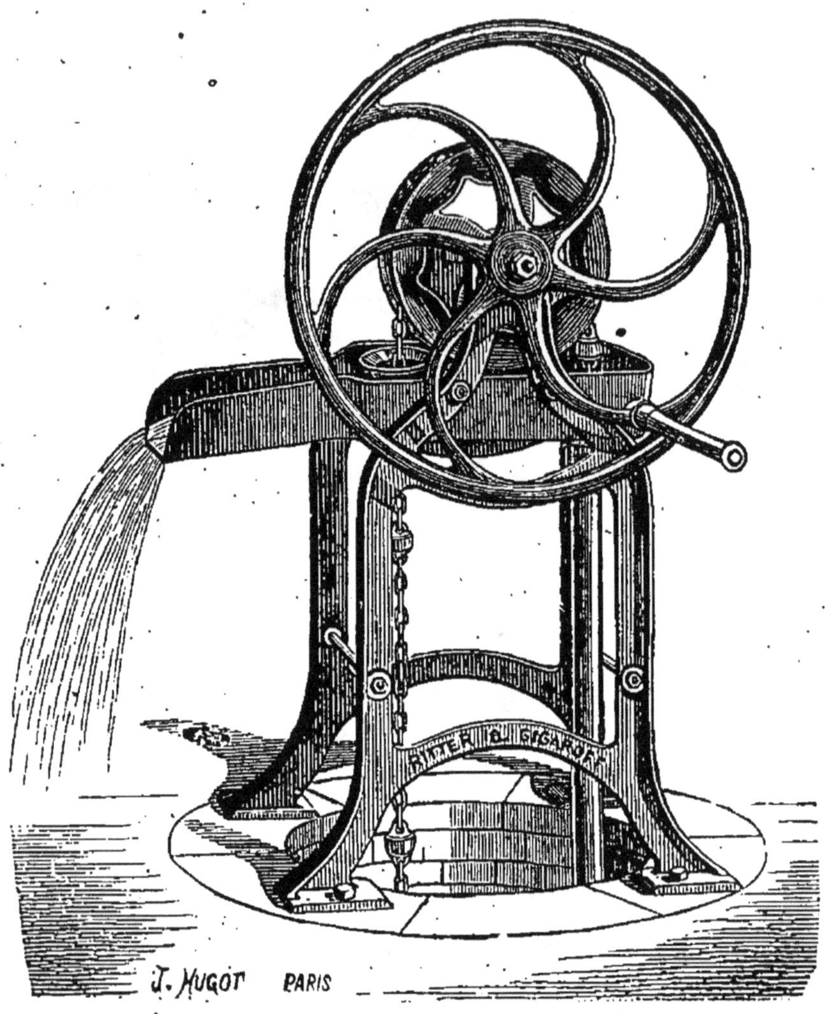

Fig. 124. Pompe à chapelet (Ritter).

(fig. 124) c'est une série continue de pistons qui se succèdent les uns aux autres et produisent une aspiration ininterrompue. Ces *norias* peuvent aspirer jusqu'à 25 et 30 mètres de profondeur.

CHAPITRE III

Étangs, Réservoirs, Citernes, Abreuvoirs, Mares, Canalisation, Jaugeage des cours d'eau.

Lorsqu'on ne peut se procurer des sources, on rassemble les eaux courantes et les eaux pluviales dans des réservoirs ou des citernes. On applique plus spécialement le nom de *réservoirs* à des constructions découvertes sur terre, et celui de *citernes* à des réservoirs souterrains.

§ Ier. — ÉTANGS

Un étang est un amas d'eau contenu dans une cavité naturelle ou artificielle et alimenté par des rigoles, des fossés ou la dérivation d'une rivière. Pour constituer un étang, il faut arrêter les eaux par une *levée* ou digue, ménager un *déversoir* pour l'écoulement du trop plein et une *vanne* pour vider l'étang lorsque cela est nécessaire.

Lorsqu'on veut établir un étang, par exemple

pour irriguer des terres inférieures, on commence par s'assurer si les terres sont assez imperméables pour retenir l'eau. Après quoi, on nivelle le terrain, en formant deux plans inclinés l'un vers l'autre comme une vallée ; au centre, on creuse un fossé ou *bief* de 2 mètres de large sur 0m50 de profondeur, terminé par une cavité ou *pêcherie* ; elle sert à conserver un peu d'eau lorsqu'on vide l'étang. A l'extrémité du bief, se trouve le canal destiné à évacuer l'eau ; il est fermé par une *vanne* ou *bonde*. Les dimensions sont calculées de manière que l'étang soit vidé dans un temps assez court. La *digue* ou *chaussée* doit dépasser de 0m75 le niveau de l'étang quand il est plein. Pour l'établir, on creuse un fossé de 1m30 de largeur qu'on remplit de terre argileuse pétrie et pilonnée. On continue à élever ainsi une sorte de massif en argile sur toute la longueur de la chaussée, en même temps qu'on place de chaque côté du massif les terres qui doivent compléter la digue. Ce massif central s'appelle *corroi*, *clef* ou *cave*.

Lorsque la digue est toute en terre, on incline le talus à 30° ; mais il est préférable de la consolider avec un revêtement de pierres incliné à 70°. Les versants extérieurs ont une pente de 45°. La base d'une digue sera au moins triple de sa hauteur et la largeur du sommet égalera la hauteur. Les vannes sont des panneaux de bois rectangulaires qui glissent dans des feuillures et qu'on hausse pour laisser aller l'eau : la vanne est montée sur un bras en bois qui passe à travers la pièce qui relie les montants des feuillures. Ce bras est percé d'une série de trous dans lesquels on engage une longue cheville afin de maintenir l'ouverture de la vanne à la grandeur voulue. Lorsqu'il s'agit d'étangs de petite dimension, on remplace la vanne par une *bonde*, pièce de bois arrondie qui glisse entre deux montants et s'adapte hermétiquement sur un trou percé à l'extrémité d'une pièce de bois creusée en forme de tuyau et bouchée par un bout.

Les déversoirs se construisent quelquefois en planches, mais plus souvent en maçonnerie ; on maintient cette construction soit par des pilotis en bois, soit par des revêtements en grosses pierres. Les fondations devront être assez profondes pour éviter tout affouillement des eaux.

Étangs pour la pisciculture. — Il nous est impossible de donner ici les règles concernant les établissements de pisciculture (1); la pisculture est une science toute spéciale qui constitue une industrie importante et trop négligée. Ce qui a contribué à la discréditer, c'est l'idée que les

(1) Voyez Brocchi, *Traité de zoologie agricole*, Paris, 1886, et Gobin, *La pisciculture en eaux douces*, Paris, 1889. (*Bibliothèque des connaissances utiles.*)

étangs sont des foyers d'infection paludéenne ; cela est vrai pour les marécages, pour les étangs mal tenus où le niveau d'eau n'est pas constant. Mais lorsque ce niveau d'eau est toujours maintenu, il n'existe pas de lisière marécageuse et les étangs n'occasionnent aucune maladie. Pour combattre les miasmes, on peut employer avec succès les plantations de tournesols.

L'industrie des étangs se divise en trois parties :

1° Les étangs de *reproduction* avec les reinards reproducteurs ; deux ou trois femelles pour un mâle.

2° L'étang d'*alevinage*, où s'élève la feuille ou empoissonnage jusqu'à 22 ou 26 mois.

3° Enfin l'étang d'*engraissement*.

M. Chabot-Karlen conseille de mettre dans un étang, par hectare d'eau, deux cents carpes, cent tanches, quelques brochets et quelques kilogrammes de gardon, dard, chevenne, véron, etc.

On peut améliorer la nutrition des animaux en amenant dans l'étang des eaux d'égout, du purin d'étable.

Dans la Haute-Marne, le poisson mis à 18 mois est repêché entre sa quatrième et cinquième année ; ce qui double le produit et donne un revenu moyen de près de 200 francs par hectare. On établit pour la culture des étangs un véritable assolement comme pour celle du sol : en général, un an d'*assec* et deux ans d'eau.

§ II. — CITERNES

Citernes aériennes. — Les citernes-réservoirs en l'air sont des cuves en bois ou en tôle placées sur une construction ; comme elles sont très lourdes, on doit calculer avec soin la résistance des supports. Un modèle fort avantageux est celui qu'on emploie dans les gares de chemins de fer.

Citernes souterraines. — Les citernes sont les réservoirs souterrains qui reçoivent les eaux pluviales : il faut éviter d'y amener les eaux qui proviennent des toitures en zinc ou en plomb. Leurs parois doivent être parfaitement étanches (fig. 125) ; aussi les fait-on en béton et en maçonnerie au ciment hydraulique. La couverture consiste en une bonne voûte en pierres. Lorsque la citerne est construite, on doit la laisser sécher pendant plusieurs mois. Il est nécessaire qu'on puisse vider la citerne lorsque les eaux qui s'y accumulent sont de mauvaise qualité ; pour cela, il est bon d'y établir une bonde donnant sur un tuyau de dégorgement ou sur une fosse à puits perdu. Généralement, on installe une pompe sur la citerne.

Pour purifier un peu l'eau de la citerne, on la fait passer d'abord par un *citerneau*, cavité remplie de gros graviers et de cailloux siliceux ; on peut la couper par des dalles de pierre qui ne touchent pas le fond et constituent ainsi une sorte de siphon. Le citerneau doit avoir 1 mètre de profondeur et 1 mètre carré de surface.

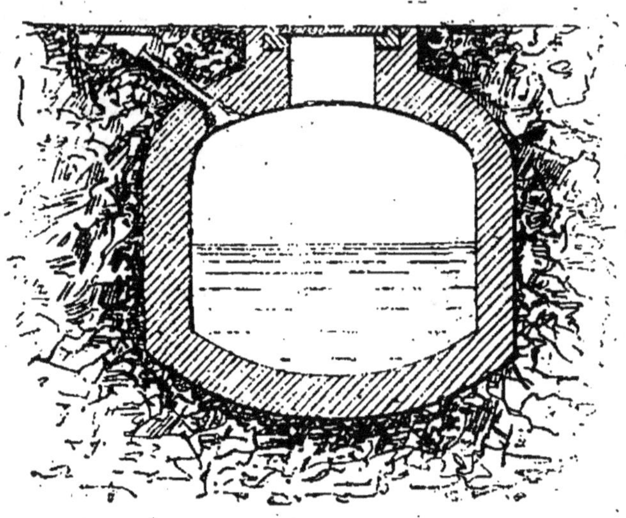

Fig. 125. Citerne étanche.

La capacité d'une citerne varie beaucoup, suivant qu'elle doit contenir l'eau d'alimentation pour les habitants, pour les animaux, pour l'arrosage. On compte par habitant 10 litres par jour, soit 36 hectolitres par an ; ce qui fait environ 4 mètres cubes par an. Dix mètres de toiture fournissent l'eau nécessaire à une personne pendant une année. Un cheval consomme 50 litres d'eau par jour, un bovidé 30 litres, un mouton 2, un porc 5 litres. Mais il est d'usage de compter qu'une citerne se remplit tous les deux mois. Dans les calculs de ce genre, il faut bien se renseigner sur le climat de la région, sur les vents qui y règnent, sur la quantité moyenne de pluie qui y tombe. Il y a toujours avantage à forcer un peu les calculs, bien que l'agrandissement de la capacité se traduise toujours par un accroissement de dépenses.

Citernes-filtres. — Afin d'améliorer la qualité des eaux qui arrivent dans les citernes, on a songé à les entourer de parties filtrantes qui purifient les eaux avant qu'elles pénètrent dans le réservoir. Généralement, on installe des séries de cavités communiquant par des ouvertures ; les deux premières sont remplies de sable bien filtré ; la troisième de charbon de bois en morceaux.

Le système le plus connu est la citerne vénitienne qui consiste en une grande cavité en forme de pyramide tronquée et renversée. Les parois sont recouvertes d'une couche d'argile très compacte et bien liée. Au centre de l'excavation se dresse une tour, ou plutôt un puits maçonné, et dont la base est percée d'ouvertures coniques. Il reste ainsi entre la construction et les parois de la pyramide un grand espace qu'on remplit de sable lavé. Aux quatre angles, on place des boites en pierres percées de trous qui recueillent les eaux extérieures; celles-ci s'infiltrent ensuite à travers le sable et s'accumulent au bas de la cavité d'où elles pénètrent dans le puits à travers les ouvertures coniques : on puise cette eau à la manière ordinaire.

§ III. — ABREUVOIRS. — MARES.

Il y a des abreuvoirs artificiels, comme les auges à abreuver, et des abreuvoirs naturels, comme les eaux courantes ou les réservoirs d'eau stagnante: ces derniers servent aussi à baigner les animaux.

Les premiers consistent en pierres creusées, ou en rigoles de briques, ou en coffres de bois, soutenus par des chevalets ou des piliers. Le fond de ces auges présente une légère pente, afin de faciliter le nettoyage de l'intérieur et d'écouler les eaux inutiles. L'ouverture a 0^m60 de large; elle se rétrécit un peu, de manière à ne présenter que 0^m50 dans le fond; la profondeur est de 0^m40 à 0^m50. Le bord supérieur se trouve à 0^m80 du sol, s'il s'agit de chevaux; à 0^m60 pour les bêtes à cornes. Devant l'auge s'étend une aire cailloutée, avec une pente ménagée pour l'écoulement des eaux. L'auge se remplit au moyen d'un robinet ou d'un tuyau de raccord avec la pompe.

Pour les abreuvoirs en eau courante, il suffit

de ménager une pente douce qu'on consolide avec des cailloux. La largeur sera suffisante pour le passage de trois chevaux. La rampe s'élargit dans le bas, afin de permettre aux animaux de se retourner pour monter. L'abreuvoir aura une profondeur de 1 mètre, ce qui suffit pour les bovidés; pour les chevaux, 1^{m}50 sera nécessaire. Le meilleur moyen d'enclore un abreuvoir est de faire flotter des pièces de bois reliées par des cordes les unes aux autres, et maintenues en place par des piquets.

Les abreuvoirs en eau stagnante doivent être pavés; on disposera des pentes suivant les principes que nous venons d'indiquer. Pour les dimensions, elles sont faciles à régler, d'après les chiffres que nous avons exposés plus haut, à propos des réservoirs. Il est très utile d'entourer les mares et abreuvoirs de rangées d'arbres, et de soutenir les terres avec des arbustes et des épines.

Dans les pays où les sources sont très rares et où l'on doit faire usage des eaux stagnantes, on placera dans la mare un tonneau défoncé par un bout; l'autre extrémité, percée de quelques trous, sera lestée par une couche de gravier et de pierrailles recouvrant une épaisseur de charbon de bois. On constitue ainsi un petit filtre-citerne très économique, qui améliore beaucoup la qualité de l'eau. Ceci n'empêche pas d'avoir, à la ferme, une fontaine-filtrante pour les eaux destinées à la cuisine et à la table.

Lorsque les eaux stagnantes deviennent nuisibles par leur surabondance, on les fait disparaître dans un puisard, trou destiné à leur absorption. On creuse aussi des puits qu'on remplit avec de grosses pierres, puis avec des petites, jusqu'à 0m50 au-dessous du niveau du sol; on recouvre ces *pierriers* avec de la terre ordinaire, qu'on laboure comme le reste du champ. Ces puits servent à absorber l'eau qui provient des drainages ou des dessèchements.

§ IV. — CANALISATIONS.

Dans les pays où le bois est à très bon marché et se remplace facilement, comme en Suisse et dans le Tyrol autrichien, on se sert de troncs de jeunes arbres pour établir des canalisations. Ces pièces de bois sont percées dans toute leur longueur ; on amincit une de leurs extrémités, qu'on fait pénétrer dans l'orifice élargi du tuyau suivant; celui-ci est maintenu par une frette en fer. Les joints sont calfeutrés par de la filasse ou de l'étoupe goudronnée. On voit ainsi, dans les vallées des montagnes, des canalisations aériennes qui traversent les ravins sur des chevalets en bois. Ces tuyaux sont faits en sapin ; on en construit aussi en aune, qui se conservent assez bien sous le sol. Mais, dans ce cas, il est préférable d'employer des tuyaux en poterie qui s'ajustent les uns dans les autres, à la manière des tuyaux de drainage. Quelquefois, on substitue à ceux-ci des tuyaux en tuiles creuses bien cimentées, recouvertes de tuiles plates.

Hors du sol, on adopte de préférence les tuyaux en fonte, bien qu'ils aient le désavantage de s'oxyder et de s'engorger assez vite. On a soin de les recouvrir de couches de coaltar. Quant aux canalisations en plomb, elles sont de plus en plus rares, en raison de leur prix élevé et des accidents qu'elles peuvent occasionner.

L'eau, en coulant dans les tuyaux, entraîne une certaine quantité d'air, qui, s'accumulant ensuite dans les parties les plus élevées de la tuyauterie, peut déterminer des accidents ou des arrêts d'écoulement. Pour remédier à cet inconvénient, on installe de loin en loin des chambres à air en maçonnerie, dans lesquelles l'air se dégage. C'est pour le même motif que, dans les canalisations en métal, on place des boules sur les tuyaux : l'air s'y comprime et l'eau coule librement.

Il faut avoir soin de ménager des regards sur la canalisation, qui permettent d'effectuer facilement les réparations et de changer les tuyaux.

Jaugeage des cours d'eau. — Pour évaluer la quantité de liquide qui arrive dans un réservoir, on place dans le canal un corps léger, tel qu'une boule de cire. Avec une montre à secondes, on voit combien de temps met cette boule pour parcourir une longueur donnée; on multiplie cette longueur par la section verticale du filet d'eau (largeur par profondeur) : on obtient le cube de la masse d'eau fournie.

Si l'on veut un procédé plus précis, on remplace la boule de cire par un appareil, appelé moulinet de Woltmann, composé de quatre ou cinq ailettes montées sur un compteur de tours; un gouvernail sert à maintenir l'appareil, dans une direction normale à celle du courant. Lorsque la rotation est régulière, on note le nombre des tours pendant cinq à dix minutes; on lit le nombre des tours effectués : celui-ci étant proportionnel à la vitesse du courant, on obtient cette dernière en connaissant la tare de l'instrument, c'est-à-dire le nombre de tours qui correspond à une vitesse déterminée. Cette opération se fait d'avance expérimentalement, en fixant l'appareil à un bateau, avec une vitesse connue, dans une eau tranquille.

Cet appareil est un peu difficile à manier; on préfère se servir des tubes de Darcy, consistant en deux tubes de verre terminés par deux tuyaux de laiton coudés, qu'on place dans la direction du courant. L'un de ces tubes de laiton A est percé d'une ouverture dans son axe, et, par suite, dans la direction du courant; l'autre B, d'une ouverture perpendiculaire à cette direction. Si, au moyen d'un tube unique de caoutchouc, on produit une aspiration dans les deux tubes de verre, l'eau s'élève, mais inégalement : celle qui est entrée par le tube A monte naturellement plus haut, en raison de la vitesse. On obtient par différence, au moyen d'une formule, le chiffre de cette vitesse.

Un système très simple, pour les petits cours d'eau, consiste à barrer le courant avec une planche percée d'une ligne horizontale de trous; ceux-ci ont tous $0^{m}027$ de diamètre et sont fermés avec des bouchons. On débouche autant d'orifices qu'il est nécessaire pour que le niveau de l'eau se maintienne, derrière la planche, à la hauteur de $2^{mm}25$ au-dessus du sommet de la rangée de trous. On a calculé que chaque trou laisse écouler $19^{mc}1953$ par vingt-quatre heures; on trouve donc facilement le débit cherché.

CHAPITRE IV

Drainage, Desséchements, Polders.

§ I. — DRAINAGE.

Le drainage est un art complet qui nécessite une longue pratique et beaucoup d'expérience; sans donner ici un traité de drainage, nous pouvons fournir des indications utiles pour les cas les plus élémentaires.

Le drainage est employé pour enlever l'excès d'eau contenu dans certaines terres argileuses, peu perméables. Les avantages du drainage sont si grands que les fermiers n'hésitent pas aujourd'hui à tenir compte aux propriétaires de l'intérêt des capitaux consacrés à ces améliorations. On s'occupe ainsi de constituer en France des sociétés sur le modèle des *Land's improvement* anglais et qui sont destinées à avancer aux propriétaires et aux fermiers les sommes nécessaires à l'exécution de ces améliorations foncières.

Le drainage peut s'effectuer à ciel ouvert ou par des fossés cachés; dans ce dernier cas, on se sert de pierres, de briques, de fascines ou de tuyaux en poterie. Examinons ces différents cas.

Procédés de drainage. — On commence par creuser un fossé, et dans le fond on dispose de petites pierres cassées, fort propres; au-dessus on place des bruyères et des ajoncs et on recouvre de terre. Ce système, un des plus anciens, est aussi un des plus recommandables. Il est facile de remplacer les cailloux par des pierres plates disposées de manière à former un conduit rectangulaire ou triangulaire : des briques ou des tuiles solides remplissent très bien cet office; on fabrique même des tuiles creuses spéciales pour cet usage. Afin de faciliter l'accès de l'eau, on entoure ces canalisations de petites pierres.

Dans le pays où les pierres font défaut, on ouvre des tranchées plus larges et on installe dans le fond des fascines de genêt à balais, de bruyères ou de branches d'arbres résineux.

Tuyaux. — Mais le véritable drainage s'effectue avec des tuyaux en poterie. Ceux-ci sont faits en argile au moyen d'une machine qui permet d'en fabriquer un grand nombre à la fois (fig. 126). La

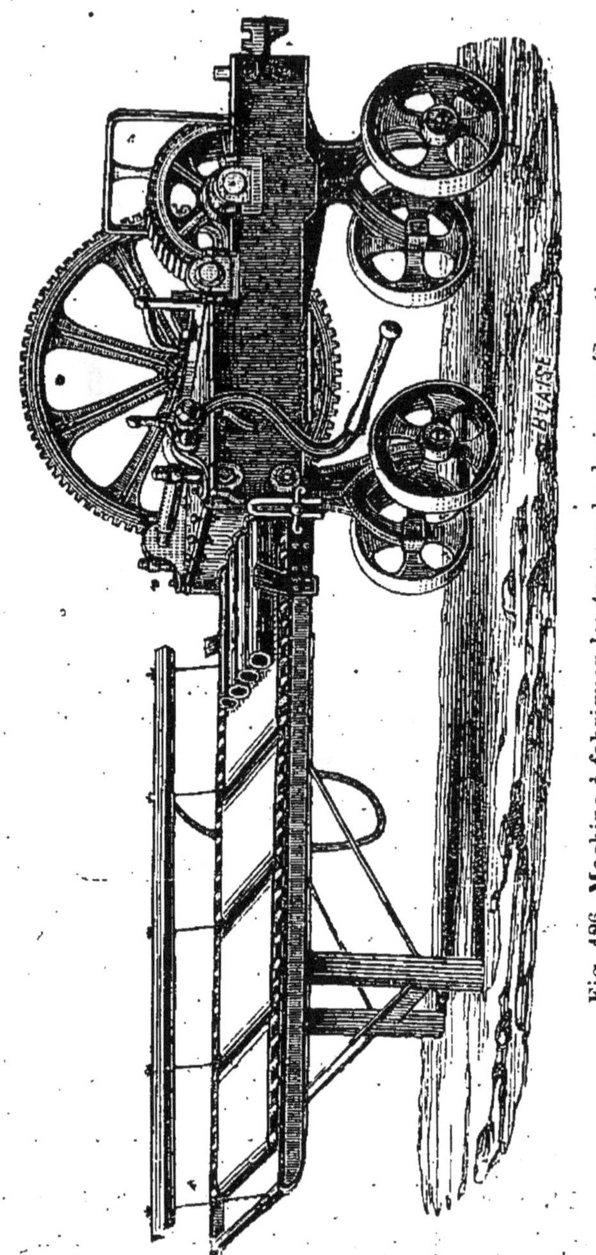

Fig. 126. Machine à fabriquer les tuyaux de drainage (Senet).

terre pétrie et débarrassée de toute matière étrangère est placée dans une trémie où elle est comprimée sur des manchons; elle sort en forme de tuyaux qui sont entraînés sur une toile sans

Fig. 127. Un drain.

fin; on les coupe de longueur égale au moyen de fils de laiton montés sur une tige en bois. Ces tuyaux sont ensuite séchés et cuits.

Fig. 128. Deux drains réunis par un collier.

Ceux des petits drains (fig. 127 et 129) ont 0m33 de longueur et 0m45 de diamètre intérieur; les

Fig. 129. Drain principal et drain secondaire.

grands collecteurs ont 0m05 à 0m06 de diamètre intérieur. On relie le plus souvent ces tuyaux par des manchons d'un diamètre un peu plus grand soit pleins, soit percés de trous (fig. 130). La plus grande difficulté du drainage est d'établir un bon plan. Si le terrain ne présente qu'une pente, la chose est assez facile; mais elle devient plus compliquée s'il s'agit d'un sol un peu mouvementé, ce qui oblige à placer des drains dans plusieurs directions. Il faut aussi bien étudier le sol; car sa porosité règle l'écartement qu'il faut donner aux drains; cet écartement varie de 8 à 15 mètres; sa profondeur indique celle des tran-

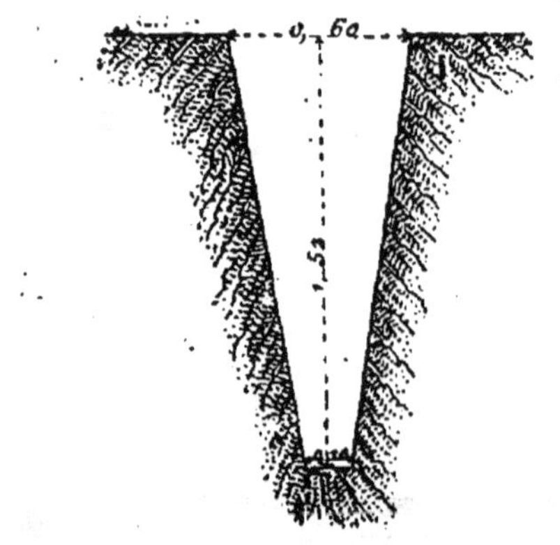

Fig. 130. Tranchée pour la pose des drains.

chées qui varie de 1 mètre à 1^{m}50; les maîtres drains ou collecteurs étant toujours placés plus profondément que les petits tuyaux, l'ouverture des tranchées varie de 0^{m}50 à 0^{m}75 d'ouverture en haut; dans le fond elle ne dépasse guère 0^{m}05 à 0^{m}15 (fig. 130). La meilleure pente à donner aux tuyaux est de 0^{m}003 par mètre.

Lorsqu'on a arrêté le plan du drainage, on le reporte sur le terrain; le meilleur système est d'employer des fiches avec des ficelles auxquelles on donne la direction et l'inclinaison voulues. Tous les drains doivent être placés d'après des lignes droites ; la longueur d'une ligne ne doit pas dépasser 300 mètres. Il faut avoir soin de les écarter des arbres et des haies vives. Une bonne précaution consiste à entourer tout le champ d'un canal évacuateur qui recueille les eaux échappées au drainage.

Outils de drainage. — Les travaux s'exécutent à l'automne et au printemps, quelquefois en été lorsque les sols sont très marécageux. On emploie à cet effet des ouvriers spéciaux, armés d'outils particuliers dont voici les principaux : les bêches creuses ou plates (fig. 133) pour pratiquer les tranchées dans le sol compact et homogène ; si on a affaire à un sol caillouteux on recourra au pic (fig. 134 et 135) et même à la pince en fer. La bêche ou la houe fourchue conviennent pour les sols remplis de galets. Les dragues et curettes (fig. 134) servent à unir le fond et à nettoyer les fouilles ; elles sont plus ou moins larges suivant les dimensions de la tranchée. Le posoir (fig. 135) ou broche est un outil qui sert à placer les tuyaux les uns au bout des autres ; la sonde (fig. 136) est employée pour se rendre compte de la nature du sol et de l'épaisseur des couches résistantes. Avec le fouloir ou dame, on foule la terre dans le fond des tranchees ; on en fait aussi de plus pe-

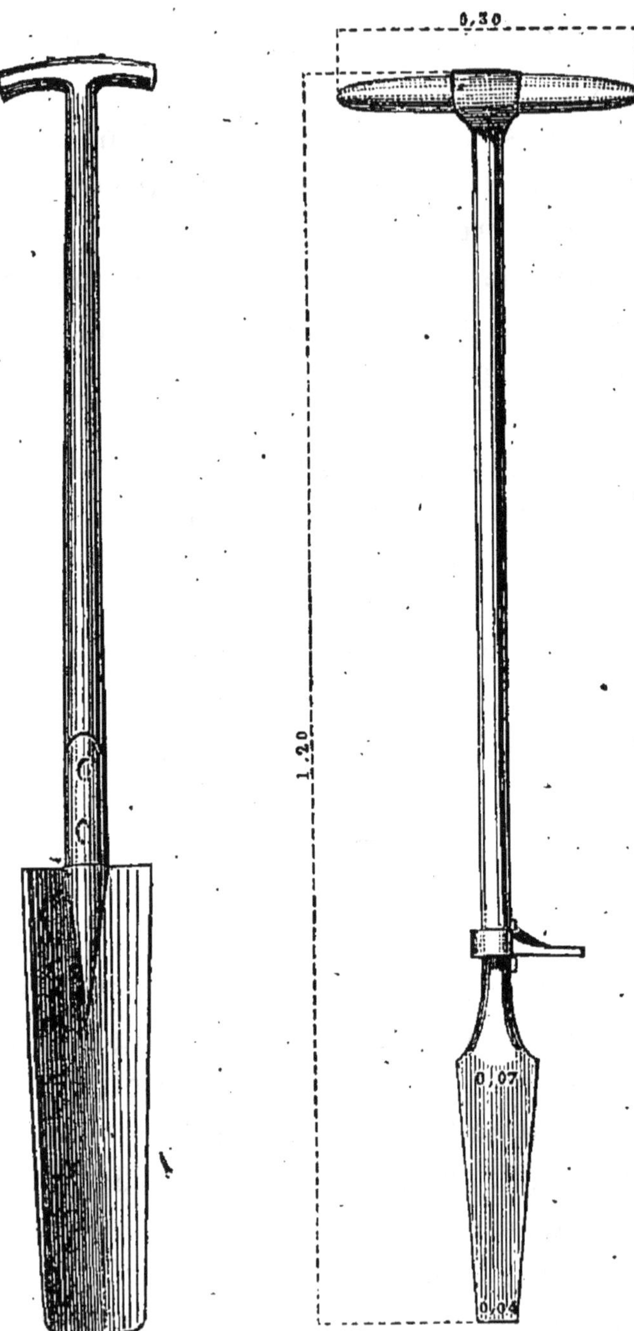

Fig. 131. Bêche de draineur. (Senet.)

Fig. 132. Pic à pédale. (Senet.)

tits pour tasser la terre, quand on procède au remplissage. Le marteau à raccords (fig. 138) sert à percer le tuyau principal d'une échancrure de manière à pouvoir y introduire le bout du petit tuyau latéral qui vient s'y déverser.

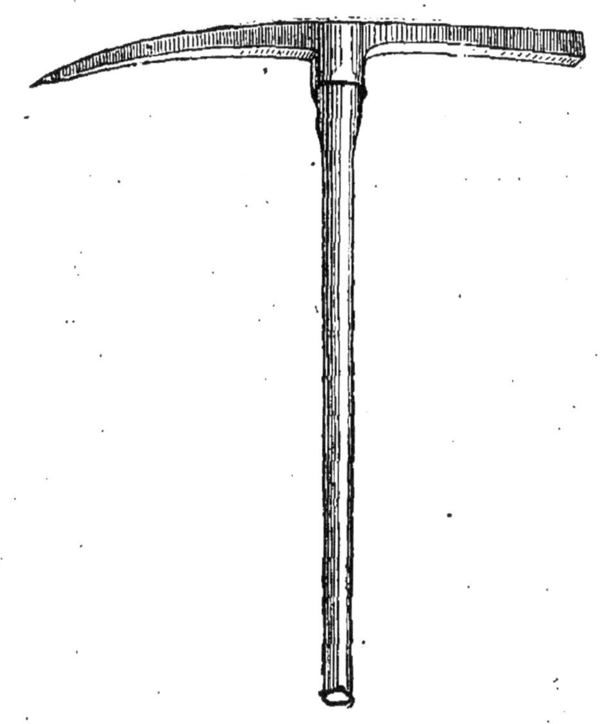

Fig. 133. Pic à marteau. (Senet.)

Les ouvriers travaillent par équipes de quatre sous les ordres d'un maître draineur. Afin de faciliter la régularité du travail, on établit des gabarits en bois pour les diverses tranchées. Quelquefois on est obligé d'étresillonner les terres.

Un ouvrier habile peut poser 300 tuyaux à

l'heure; il recouvre les joints avec un morceau de tuile; les gros tuyaux ont besoin d'être calés

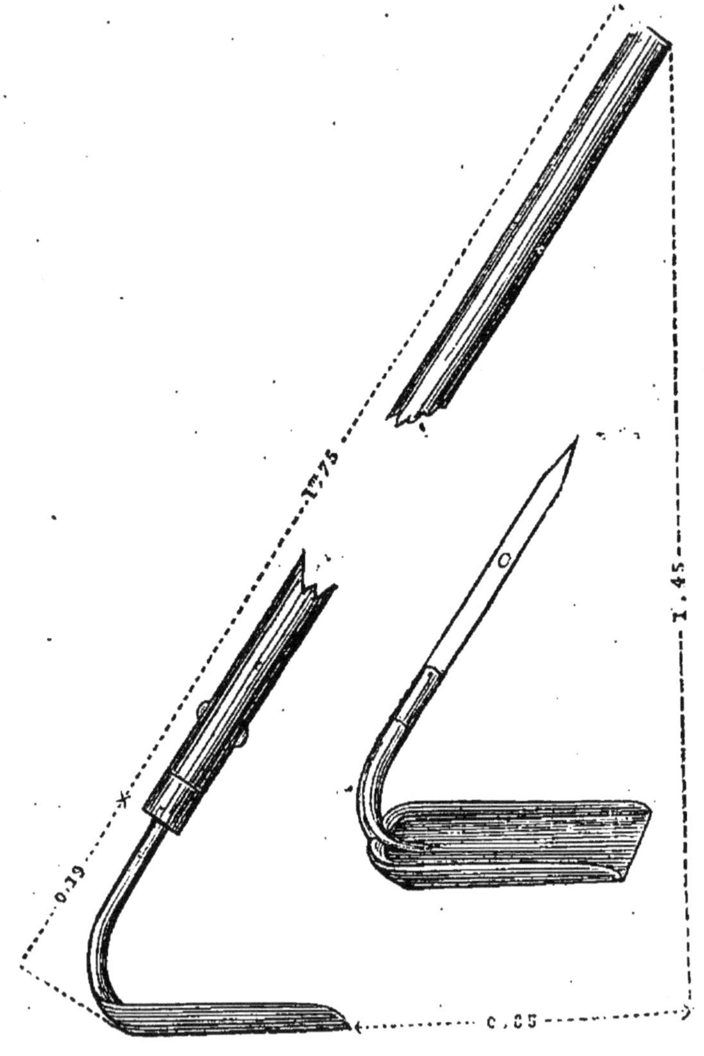

Fig. 134. Drague et écope. (Senet.)

avec soin. Les bouches de décharge seront défendues par une maçonnerie en pierre ou en brique; elles ont besoin d'être garnies d'une grille

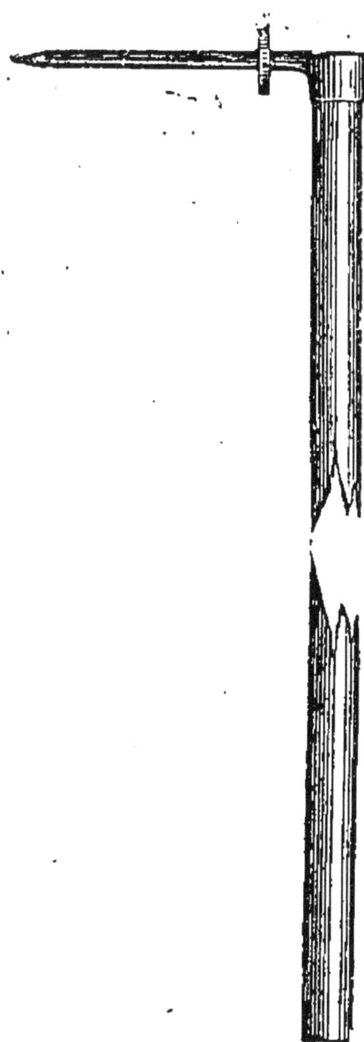

Fig. 135. Broche ou pose-tuyaux.

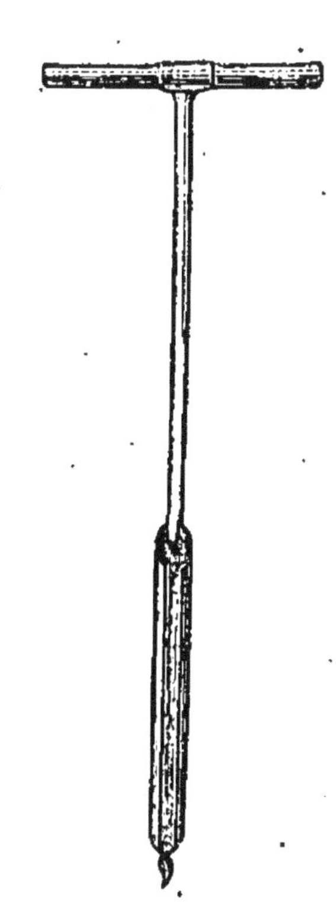

Fig. 136. Sonde.

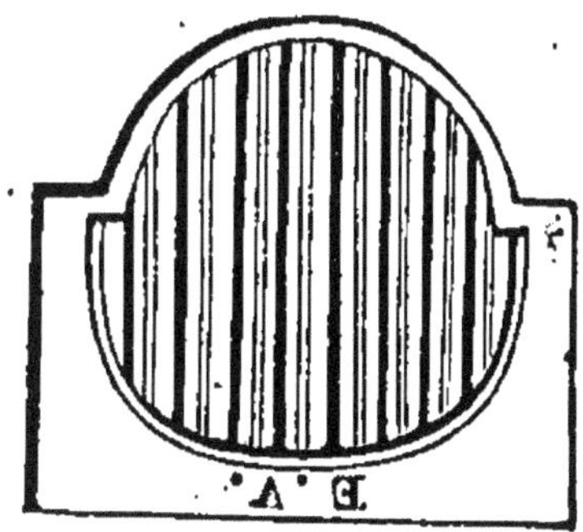

Fig. 137. Grilles de bouches.

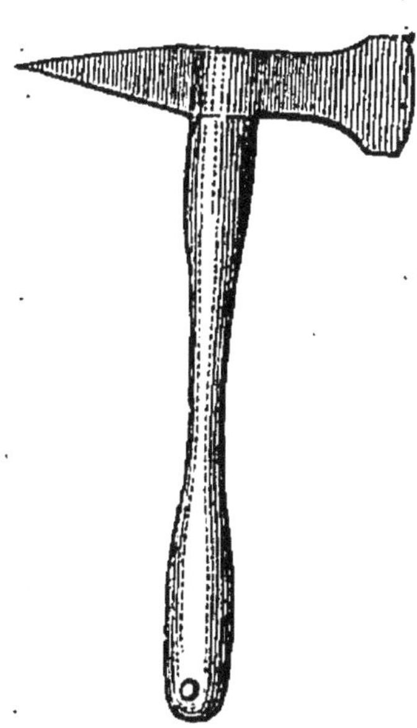

Fig. 138. Marteau de raccords. (Senet.)

en fonte afin d'empêcher les animaux d'entrer dans les tuyaux (fig. 137). Tous les outils dont nous venons de donner la figure, se trouvent chez M. Senet. Les prix d'établissement d'un drainage ordinaire varient de 200 à 300 francs par hectare; dans certains sols favorables, ils ne dépassent pas 140 ou 150 francs.

§ II. — POLDERS.

Parmi les plus remarquables travaux de dessèchement, nous devons citer les *polders*, c'est-à-dire la conquête des sols salés sur la mer par des endiguements progressifs.

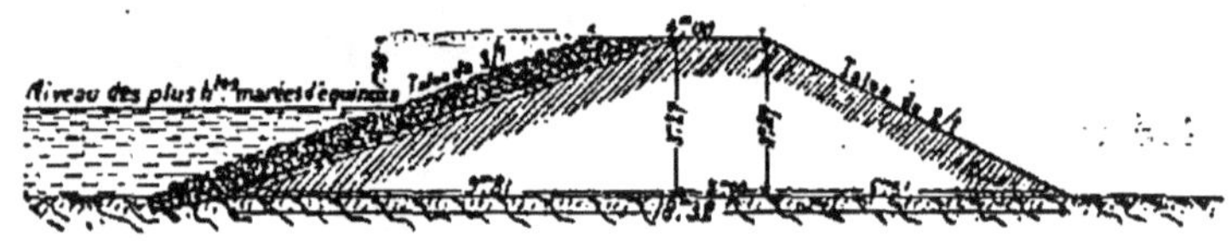

Fig. 139. Digue de polders.

Tels sont les Polders de l'Ouest qui, depuis une trentaine d'années, ont rendu à la culture plusieurs centaines d'hectares. Les alluvions qui forment les terres de ces grèves auprès du mont Saint-Michel s'appellent *tangues*; elles constituent un engrais riche en phosphate et en carbonate de chaux (1). On établit une digue qui

(1) Voyez *Science et nature,* t. II, p. 275.

enclot une certaine portion de ces grèves ; cette digue est faite en tangue par épaisseur successive de 30 à 40 centimètres; lorsqu'elle a la hauteur voulue, on ouvre la crète sur toute la longueur, puis, au moyen de pompes, on y injecte de l'eau. Des hommes descendent dans la tranchée et pilonnent la tangue dans l'eau en l'abattant des parois latérales ; ils forment ainsi au centre de la digue un mur imperméable analogue aux murs d'argile que l'on fait dans les chaussées d'étang et dans les travaux hydrauliques. La digue est ensuite talutée ou gazonnée avec des mottes d'herbe et le pied est encore protégé par un enrochement de pierres perdues montant jusqu'à la hauteur des fortes marées (fig. 139).

Le terrain enclos est alors assaini par un drainage à ciel ouvert composé de rigoles distantes environ de 50 mètres venant se déverser dans un canal collecteur qui est lui-même relié avec le grand collecteur et le système général d'égouttement. Ces travaux d'endiguement, commencés au printemps, doivent être terminés : les terrassements entre deux grandes marées d'équinoxe, et le tout, avant l'hiver, de manière que le polder puisse être ensemencé à l'entrée de l'hiver ou au plus tard au printemps suivant. De là nécessité d'opérer chaque fois sur de petites étendues, 75, 100 et 150 hectares, ce qui multiplie les digues et fait revenir l'hectare de terre enclos à 2,000 et 3,000 fr. dans bien des cas.

Le sol des polders est exploité partie pour la tangue, partie pour la culture. On ne paie pas la tangue, l'extraction en est libre : le département de la Manche extrait plus de 1 million de mètres cubes par an. A l'automne, on compte 4 ou 5,000 voitures venant par jour aux tanguières.

Les cultures qui viennent le mieux sont les céréales et les légumineuses (vesces, trèfles, luzerne) ; on cultive aussi des graines de légumes ou de fleurs qui s'exportent en Amérique.

Dans ces polders, on a installé un système de bâtiments fort ingénieux : ce sont des fermes construites en bois que l'on monte et démonte à volonté pour les transporter d'un polder ancien dans un polder nouveau. On construit de la même manière des étables, des écuries et même des laiteries.

Malheureusement, ce qui manque à ces polders, ce sont les ouvriers agricoles ; pour cultiver ces grands espaces, on aurait besoin d'une population considérable, qui pût participer aussi aux travaux d'endiguement.

CHAPITRE V

Barrières, Clôtures, Palissades, Haies.

§ I. — BARRIÈRES

Les barrières sont des appareils destinés à fermer les passages à l'entrée des cours, des champs ou des pâturages. Il faut qu'elles soient légères, solides et d'un maniement commode.

Les barrières sont suspendues à des poteaux en bois dur qui, en général sont eux-mêmes assujettis contre un mur ou un gros arbre. Si le poteau est scellé contre un massif de maçonnerie, on aura soin de relier les pierres avec de bons crampons en fer. Les ferrures comprennent les pentures et les gonds : lorsque la barrière est à longue portée, la penture est fort étendue et maintenue par des boulons. On allège le poids de la barrière en la rattachant au soutien par une tige de fer oblique qui se termine par un collier ajusté sur le poteau. La fermeture s'opère au moyen d'une clanche ou d'un verrou horizontal, ou d'un collier mobile, ou d'une chaîne à crochet.

Le mieux est de faire tourner la barrière sur un pivot porté sur un dé en pierre ; on peut faire en sorte que cette barrière ouvre des deux côtés.

Les barrières se composent de trois ou quatre traverses de bois reliées par des traverses verticales et maintenues par une écharpe en bois. On fait aussi des barrières avec un seul tronc d'arbre pivotant sur un soutien; la racine, qu'on a eu soin de conserver, forme contrepoids.

Lorsque la portée est trop longue, on fait des barrières à deux vantaux : celles-ci peuvent recevoir les formes les plus élégantes, lorsqu'il s'agit d'une entrée de ferme ou d'une cour de maison d'habitation.

Barrière à soulèvement. — L'inconvénient des barrières est leur grand développement ; elles exigent beaucoup de place pour leur ouverture et obligent à un effort pour les manœuvrer. Aussi a-t-on essayé de modifier leurs dispositions en créant la barrière américaine; le type que nous donnons ici et qui nous a été fourni par M. Senet, se compose de quatre traverses en bois jouant librement sur des montants mobiles en fer. Ces montants sont placés sur une traverse principale terminée par un contrepoids en fonte (fig. 140 et 141)

Lorsque la barrière est fermée, les montants tombent perpendiculairement par leur propre poids ; si on relève la traverse en la faisant pivo-

Fig. 140. Barrière à soulèvement, fermée. (Senet.)

Fig. 141. Barrière à soulèvement, à moitié ouverte.

ter autour du point de suspension, les traverses se rapprochent, et lorsque la barrière est ouverte, les montants se réunissent en faisceau, ainsi que l'indique la figure 141. Cette disposition a l'avantage d'exiger fort peu de place et de ne demander aucun effort. L'enclanchement s'exécute automatiquement.

Fig. 142. Barrière à potence.

Pour conserver les barrières, il faut avoir soin de les peindre, de remplir les fissures avec du mastic et de veiller sur les pentures.

Barrière à potence. — En Amérique, on emploie

beaucoup une barrière qu'on peut ouvrir sans descendre de voiture (fig. 142). Elle est montée sur une crapaudine boulonnée dans le poteau. Le montant est arrondi et porte une dent en avant; il est fixé au poteau par un demi-collier muni intérieurement de trois crans qui reçoivent la dent en question et maintiennent la barrière immobile, qu'elle soit ouverte ou fermée. Au-dessus de la barrière est disposée une double potence avec poulie; elle reçoit des cordelettes qui vont s'enrouler sur les poulies de deux autres potences placées à une distance convenable de la barrière : ces cordelettes agissent sur un levier qui déclanche le verrou et est repoussé par un ressort à boudin.

§ II. — CLOTURES

Pour clore les fermes, nous distinguerons : 1° les murs — 2° les palissades — 3° les haies.

Murs. — Evidemment les murailles sont la clôture la plus efficace ; mais leur prix de revient empêche de recourir complètement à cette méthode. Pour les clôtures, les murs sont faits de la manière la plus économique en pierres au mortier de terre, en pisé, en bauge ; ils ont 2^{m}60, 3^{m}, 3^{m}25 et même 4 mètres de hauteur. Ils sont couronnés par un chaperon qui déborde de 0^m10 à 0^m20 sur l'aplomb des murs ; ce chaperon se fait avec des pierres plates, des ardoises, des tuiles ordinaires, ou mieux encore avec deux tuiles moulées. Lorsqu'on veut établir contre le mur des espaliers, il est bon de prolonger ce chaperon jusqu'à 0^m30 en avant, de manière à constituer un auvent qui abrite les arbres.

Une excellente habitude est de placer dans la maçonnerie des os de mouton pour attacher les arbres; c'est encore le mode de soutien le plus solide.

Lorsqu'un mur n'est pas mitoyen, il doit être placé au bord du terrain à enclore ; la sommité sera droite et à plomb du côté extérieur ; il ne doit pas y avoir de corbeaux ni de pierres d'attente de ce même côté et le chaperon, son filet et le larmier sont inclinés du côté de la propriété enclose.

Palissades. — Les palissades se composent de traverses de bois montées sur des poteaux. Souvent ces traverses sont garnies de lattes de bois plus ou moins rapprochées. C'est un mode de clôture très coûteux et peu résistant. Les poteaux doivent être goudronnés à leur extrémité souterraine; on peut aussi les injecter ainsi que nous l'avons dit précédemment.

Les palissades les plus économiques sont les

treillages analogues à ceux qui servent à clore les chemins de fer. Les meilleurs treillages sont faits en chêne ou en châtaignier; les lattes sont reliées par des fils de fer galvanisés.

Dans beaucoup de cas, on peut se servir de simples clôtures en fil de fer. Elles comprennent plusieurs lignes de fil de fer écartées de 0^m50, soutenues par des piquets en bois ou en métal.

Fig. 143. Ronce artificielle. (Senet.)

Ces poteaux sont percés de trous et munis de petits coulants.

Pour tendre le fil de fer, on se sert d'un extenseur ou raidisseur, appareil à vis et à levier, ou d'un petit treuil spécial; quelquefois, on termine les fils par une chaînette en métal, qu'on arrête à volonté en passant un grand clou dans les maillons.

On a perfectionné ces fils de fer en imaginant la ronce artificielle (fig. 143). Celle-ci se compose d'une torsade en fils d'acier, dans laquelle sont insérées des pointes en acier qui éloignent les bestiaux. Ces fils s'installent sur des poteaux raidisseurs munis d'une jambe de force. Ce mode de clôture tend de plus en plus à se généraliser ; il est aussi excellent pour protéger les jeunes haies qu'on vient de créer.

§ III. — HAIES.

Les haies peuvent être sèches ou vives. Les haies sèches sont formées d'un lacis de branches d'arbres entrelacées et enfoncées obliquement dans le sol ; on parvient ainsi à former une espèce de natte qu'on assujettit par des piquets reliés par de longues perches. Pour les construire, on dispose d'abord un petit talus en terre, sur lequel on plante les branchages. Cette haie est en outre défendue par un fossé ; elle forme alors une assez bonne défense pour empêcher les animaux de sortir.

Les haies vives sont le meilleur système de clôture pour les exploitations rurales. Elles se font avec des épines, dans lesquelles on intercale des aubépines, des pommiers sauvages, etc., en guise de baliveaux.

Voici, d'après M. de Feuille, la meilleure manière d'établir une haie : Vous faites un fossé de 2^m30, en ayant soin de mettre de côté la partie supérieure de la couche végétale ; le fond du fossé aura 0^m20 de largeur, et les parements présenteront 45 degrés d'inclinaison. A 0^m30 de distance du bord intérieur du fossé, vous creusez à la bêche une tranchée de 0^m50 de largeur sur autant de profondeur; vous placez au fond de la tranchée la terre de bonne qualité que vous avez mise en réserve. Au milieu de la tranchée, vous placez un seul rang d'aubépines fraîchement arrachées et bien enracinées; mettez les brins à 0^m30 ou 0^m40 les uns des autres, de manière que la tête soit à 0^m05 hors de terre. La tranchée sera sarclée deux ou trois fois par an, pendant les trois premières années.

Au printemps de la seconde année, vous taillez les plants, en ne laissant que six rejetons au plus sur chaque sujet; on plie ces jeunes branches des deux côtés, en les entrelaçant à droite et à gauche avec les branches de l'aubépine voisine. Faites-leur faire une couple de tours l'une sur l'autre; attachez-les avec un brin d'osier ou d'écorce. Le printemps suivant, recommencez l'opération; vous aurez alors un plus grand nombre de brins à attacher.

Dans le pays de Caux, on fait des buttes très hautes et on les consolide en plantant dessus des hêtres et des chênes.

Lorsqu'une haie se dégarnit, on la coupe près de terre, et on cure le fossé en rejetant la terre sur les plants récépés; ceux-ci ne tardent pas à repousser avec vigueur.

On fait aussi des haies avec le *houx:* celui-ci doit être semé sur place.

Le *sureau*, qui vient rapidement, a l'avantage de n'être pas brouté par les animaux.

Le *saule* est bon pour les endroits humides et marécageux.

Le *buis* est un peu coûteux et ne pousse pas vite.

L'*if* est dangereux, parce qu'il peut occasionner des accidents chez les animaux.

L'*ajonc épineux* est excellent dans les climats où il résiste à la gelée. On fait une butte en terre qui atteint près de deux mètres de haut, consolidée avec des tranches de gazon, et au sommet de laquelle on sème l'ajonc au printemps : avec un kilogramme de graine, on peut ensemencer quatre cents mètres.

Ajoutons encore la charmille, l'épicea, le cyprès, le robinier, le genévrier.

Dans les pays chauds, on forme d'excellentes clôtures avec le *nopal* ou figuier de Barbarie, qui donne un fruit rafraîchissant, l'agave et différents arbrisseaux épineux.

§ IV. — BORNES.

Pour indiquer les limites des propriétés rurales, on plante des bornes ou des devises ; elles se composent de gros blocs de pierre fichés en terre. Quelquefois aussi on peut adopter un rocher, un édifice, un arbre même qui se trouve placé sur la limite : il est bon, alors, de faire sur ces objets une marque au ciseau, qui ne puisse donner lieu à aucune contestation.

Le déplacement des bornes est un sujet de nombreux procès dans les campagnes. Afin de prévenir ces difficultés, on mêle à la terre où est plantée la borne des morceaux de tuile, de verre, de mâchefer, de charbon, qui restent comme témoins dans le sol et permettent de reconnaître l'emplacement de la borne, si celle-ci vient à disparaître.

CHAPITRE VI

Chemins, Ponts, Passerelles, Ponceaux.

§ Ier. — CHEMINS.

Les chemins d'exploitation, dans une ferme, ont une grande importance. Pour établir un chemin, il faut le tracer, régler les pentes, ouvrir les fossés et empierrer la chaussée.

Le tracé des chemins d'exploitation n'est jamais bien compliqué : il suit autant que possible la ligne droite, en tenant compte de la qualité du sol.

La plus forte pente qu'on puisse donner est 0^m07 à 0^m08 par mètre; la plus faible, 0^m01 par mètre, afin que les eaux puissent s'écouler dans le sens de la longueur. Les talus latéraux ont une inclinaison qui varie suivant la nature du sol : dans les sols meubles, elle est de 45° pour les talus de déblai; elle est de 1 1/2 de base pour 1 de hauteur dans les talus de remblai.

La largeur des chemins vicinaux est fixée à

6 mètres; mais, pour les chemins d'exploitation, il suffit de donner passage à une voiture. Ainsi, une chaussée large de 3m50, augmentée de 0m50 d'accotement de chaque côté, présente une dimension suffisante.

Les fossés sont proportionnels à l'humidité du terrain; leur forme est celle d'un trapèze isocèle. On compte, pour leur ouverture, 0m50 à 1 mètre; la profondeur est égale au tiers de cette ouverture.

On pratique, de loin en loin, dans la chaussée, des espèces de saignées en écharpes qui dirigent vers les fossés les eaux pluviales capables de raviner la voie. Lorsque l'inclinaison du terrain oblige de faire traverser le chemin aux eaux d'un fossé, d'une source, d'un vallon, on établit un *cassis*, c'est-à-dire un ruisseau peu profond pavé en gros matériaux. Lorsque les fossés ont une pente très rapide, on ralentit la marche des eaux avec des fascines ou avec des marches empierrées.

La chaussée sur laquelle circulent les voitures doit présenter les pentes nécessaires pour l'écoulement des eaux dans les fossés; on leur donne donc la forme bombée; la convexité ne dépasse pas 0m02 ou 0m03 par mètre de largeur de la voie. Il faut faire exception pour les chemins pratiqués à même le flanc d'un coteau; on leur donne une pente dirigée vers le centre de la courbe et le côté extérieur de la route est protégé par une banquette ou une palissade.

Le chemin doit être plus ou moins empierré suivant la nature du sol et l'importance de la circulation des voitures. Quelquefois on peut se contenter de battre le terrain et de le couvrir d'une couche de graviers ou de cailloux de $0^{m}05$ d'épaisseur.

Si la circulation est plus importante, on forme la chaussée avec une couche de petits matériaux cubiques de $0^{m}06$ de côté, appelé *macadam ;* cette couche varie de $0^{m}15$ à $0^{m}30$ d'épaisseur. Les meilleurs matériaux sont les silex concassés; mais on fait aussi un grand usage du macadam de grès provenant des carrières de May-sur-Orne (Calvados); c'est là qu'on en fabrique la plus grande quantité, avec ce beau grès silurien qui fournit aussi des pavés pour les rues. Tous les petits morceaux qui ne peuvent être taillés en pavés, sont mis de côté pour être convertis en macadam. Des ouvriers, assis sur leurs talons, ont devant eux ces fragments qu'ils brisent en morceaux de $0^{m}06$ à $0^{m}07$ assez réguliers ; ils emploient à cet effet une petite masse de fer emmanchée sur une longue tige de bois qu'ils tiennent à deux mains ; leurs yeux sont protégés par des masques de toile métallique pour éviter la projection des éclats. Enfin ils sont abrités par un toit en paille maintenu debout par une perche.

Ce macadam est ensuite chargé sur des wagons et porté à destination : on le répartit en tas, affectant la forme pyramidale, disposés le long des routes. Quand on veut l'employer, au commencement de l'hiver, on l'étend sur la route en couche variable suivant qu'il s'agit de refaire la chaussée ou simplement de combler une cavité ; on y introduit un peu de sable, qu'on fait descendre en ajoutant de l'eau : puis on fait passer le rouleau compresseur qui pèse 5,000 à 6,000 kilogrammes.

Ce n'est que très exceptionnellement qu'on peut paver les chaussées, à cause des grands frais que ce travail nécessite.

Les réparations doivent être exécutées avec le plus grand soin ; la meilleure saison pour les effectuer est le printemps et l'été : mais il faut prendre garde que les dégradations ne s'aggravent et n'entraînent la détérioration complète du chemin.

§ II. — PONTS.

Pour traverser les fossés et les ruisseaux, on est obligé de construire des ponts ou plutôt des ponceaux :

La construction des ponts exige des connaissances spéciales en architecture ; nous nous bornerons à donner quelques indications sur les passerelles et les ponceaux.

Passerelles. — Leur largeur ne dépasse pas 1 mètre, lorsqu'il s'agit de laisser passer les piétons ; elle atteint $1^{m}50$ si on peut faire passer du gros bétail. Elles se construisent en bois : à cet effet on enfonce sur chaque rive du ruisseau deux poteaux réunis par une traverse et consolidés par des éperons. Sur ces traverses on appuie des poutrelles qui supportent le plancher en madriers : de chaque côté sont placés des garde-corps en charpente. Toutes les pièces doivent être réunies et boulonnées avec soin ; elles sont goudronnées avant l'hiver ; afin d'empêcher les animaux de s'engager sur la passerelle, on met une barrière à chaque bout, ou du moins à l'une des extrémités. Si la passerelle n'est destinée qu'aux piétons, on l'exhausse, à $1^{m}50$ au-dessus du sol, au moyen d'un petit mur en maçonnerie et on y accède par une échelle de meunier.

Ponceaux. — Les ponceaux servent au passage des voitures. Ceux qui recouvrent les fossés d'une route peuvent être construits facilement au moyen de tuyaux en poterie ou en fonte que l'on recouvre de terre ou de pierres plates : mais ce système n'est applicable que dans les endroits où des crues ne sont pas à craindre. La largeur des ponceaux est très variable, elle est calculée en raison du débit maximum du cours d'eau.

Les plus simples sont formés par des madriers

qui reposent sur deux murs en maçonnerie soutenant la berge ; ces murs présentent plus ou moins d'inclinaison suivant la poussée et la consistance des terres. La durée de la construction sera encore plus grande si, au lieu de madriers, on recouvre le canal avec des pierres plates.

Souvent on peut faire de petits ponts avec une seule pierre plate d'une dimension suffisante qui repose sur des massifs en maçonnerie ; le radier, au-dessus duquel coule l'eau est renforcé par un léger pavage.

Ceci est le pont primitif ; mais on peut le perfectionner en construisant les pieds droits en pierre de taille, en faisant un cintre moulé sur gabarit et en maçonnant la partie supérieure qui est terminée par une corniche surplombant sur le ruisseau et augmentant la largeur du passage.

On fait aussi des ponts très solides avec des poutres en fer supportant un plancher en madriers ; on emploie des barres de fer pour constituer les garde-fous.

Enfin on vend des charpentes métalliques entièrement en fer pour ponts et ponceaux ; elles sont très solides et peuvent être installées par le premier venu.

QUATRIÈME PARTIE

DISPOSITIONS GÉNÉRALES DES BATIMENTS DE FERME

CHAPITRE PREMIER

Relations des diverses parties d'une exploitation Cour, Jardin.

§ Ier. — EMPLACEMENT

Le choix d'un emplacement pour un domaine est quelquefois dominé par des circonstances ou des obstacles matériels qu'on ne peut surmonter : mais il est essentiel de choisir un endroit salubre, de manière que la santé des habitants et des animaux ne soit pas compromise. Ainsi, on évitera de construire près des marécages, des étangs, sur les tourbières ; si le sol est humide, on n'hésitera pas à le drainer ; si on a à craindre des vents froids et violents, on les combattra en plantant des rideaux d'arbres. En tous cas, il est bon de multiplier la verdure autour d'une maison. Si on le peut, on choisira un plateau un peu incliné vers le midi, une plaine abritée contre les vents du nord ; mais tout cela est très variable.

Nous avons déjà parlé de la nécessité d'élever tous les bâtiments au-dessus des terrains environnants en utilisant les déblais qui proviennent des fondations. Réciproquement, on évitera les bas-fonds sujets aux inondations, et à cet égard, on aura grand soin de se renseigner dans le pays et de connaître la limite extrême des plus hautes inondations connues. L'usage des buttes artificielles, des *mottes*, n'est pas suffisant pour lutter contre les inondations ; car l'eau s'infiltre dans ces terres rapportées et peut compromettre la solidité des fondations.

Outre ces conditions hygiéniques, il ne faut pas perdre de vue certains rapports économiques : ainsi, on doit rapprocher le plus possible les bâtiments des routes et chemins ; il faut les mettre dans le voisinage des eaux potables. En même temps, on les placera, autant que cela se peut, au centre des terres cultivées. La question est moins importante quand il s'agit de pâturages ; toutefois, on ne doit pas perdre de vue le transport du lait à la laiterie.

Il faut éviter de se mettre trop près des bois ;

ils servent d'abri aux maraudeurs et aux animaux sauvages qui désolent les basses-cours.

Le voisinage d'un bourg est avantageux pour les provisions ; mais il est bon de ne pas s'installer dans le bourg lui-même, ce qui rend la surveillance plus difficile.

On voit que le problème de l'emplacement est très complexe et qu'il demande beaucoup de réflexion.

Nous allons examiner maintenant la *situation respective* des bâtiments composant une ferme.

Maison d'habitation. — Nous avons déjà donné des détails sur son installation : il est inutile de dire que le meilleur emplacement lui sera réservé ; mais la condition qu'elle remplira avant tout, ce sera d'être placée de telle manière que le fermier puisse surveiller toute sa cour. Il faut que de ses fenêtres il voie l'écurie, l'étable, les granges, la laiterie, le pressoir, la porte d'entrée.

Dans les petites exploitations, la maison d'habitation occupera le centre ou l'extrémité de la ligne des bâtiments. Souvent aussi, on la disposera en retour, en ⊢ couché, de manière qu'elle occupe la petite perpendiculaire et permette de surveiller le bâtiment latéral.

Dans les exploitations moyennes, les bâtiments sont disposés sur trois côtés d'un rectangle, l'habitation est placée au centre du grand côté qui fait face au côté vide.

Dans les grandes exploitations, où les bâtiments sont disposés en rectangle, la maison d'habitation occupe la totalité ou une partie d'un côté du rectangle. Lorsque la cour est très grande, on peut aussi placer la maison au centre de la cour.

Écuries. — Elles doivent être installées aussi près que possible de la maison d'habitation ; en effet, une surveillance presque continuelle doit être exercée sur les chevaux en raison de leur haut prix et des nombreux accidents auxquels ils sont sujets. Dans les petites exploitations, l'écurie est placée à côté de la chambre du maître et communique même souvent avec elle par un guichet. Naturellement, lorsque le charretier couche dans l'écurie, la surveillance du maître n'a plus besoin d'être aussi active.

Les alentours de l'écurie seront pavés en cailloutis, afin d'éviter tous les risques de chutes.

Étables. — Les étables trouvent leur place à la suite des écuries ; cela donne des facilités pour le transport des fourrages et l'enlèvement des fumiers. Il faut que la surveillance en soit facile, surtout pour les vacheries de bêtes laitières.

Bergeries. — On a plus de facilité pour l'installation des bergeries ; souvent même on les installe en dehors de la cour principale, mais en ayant soin de les garantir contre la violence des vents et l'humidité du sol.

Porcheries. — Les porcheries sont forcément reléguées assez loin du bâtiment d'habitation; cependant on ne doit pas perdre de vue la nécessité de la surveillance et la facilité de transporter les aliments préparés dans la cuisine. De plus, il est indispensable que les porcheries soient orientées vers le midi; enfin une autre condition importante est la présence d'eau et même, si cela est possible, d'eau courante.

Basse-cour. — Elle doit être le plus près possible de la maison d'habitation et surtout de la cuisine. Lorsqu'une basse-cour est bien tenue, elle n'exhale aucune odeur désagréable, et la ménagère a continuellement besoin de visiter les poussins, de retirer les œufs et de porter les rebuts de la table et les déchets de cuisine.

Hangars. — On peut installer ces constructions dans tout emplacement non utilisé, pourvu que l'accès en soit facile.

Magasins à fourrages. — Nous avons conseillé autant que possible de les placer au-dessus des logements d'animaux. Il faut éviter aussi le voisinage des cheminées, des mauvaises odeurs.

Granges. — Au contraire, les granges seront aussi éloignées que possible des logements d'animaux. Il est presque indispensable qu'une grange forme un corps de bâtiment isolé ; dans les grandes exploitations, elles occupent un côté du rectangle, celui qui fait face au bâtiment principal.

Greniers à grains. — Il serait assez logique de les placer auprès des granges ; cependant on préfère les rapprocher de la maison d'habitation, afin d'empêcher les détournements.

Pressoirs, Cuveries.. — Comme ces locaux ne sont utilisés que pendant une petite partie de l'année, on les relègue assez loin des autres constructions, pourvu que l'accès en soit facile et qu'on puisse se procurer de l'eau sans grand déplacement.

Laiterie. — Dans les petites exploitations, on la place à côté de la cuisine. Dans les grandes, la laiterie et ses dépendances constituent un bâtiment spécial : il sera éloigné des fumières, des porcheries, des machines à battre, des coupe-racines, des moteurs, etc. Il faut que l'on ait la facilité d'avoir constamment de l'eau fraîche.

Boulangerie. — Le boulangerie offre un danger sérieux d'incendie ; ainsi a-t-on soin de l'isoler et de la placer à quelque distance des autres bâtiments.

Répartition des bâtiments. — La répartition des bâtiments sera faite de manière à procurer au fermier la surveillance la plus directe et le service le plus commode.

Les bâtiments doivent être réunis dans une même enceinte, à laquelle on accède par une porte unique ; s'il existe d'autres entrées, il faut que leur usage ne soit pas habituellement nécessaire.

Les bâtiments ne doivent pas être trop agglomérés, ce qui presente des dangers en cas d'incendie et réduit la cour à de trop petites dimensions ; or, la cour reçoit beaucoup d'utilisations dans les travaux d'agriculture. Mais il faut se garder de trop les disséminer, comme cela a lieu dans le pays dè Caux, la vallée d'Auge, etc., ce qui complique et allonge le service, rend la surveillance plus difficile et gaspille un temps précieux. Il suffit que les bâtiments soient distants de dix mètres les uns des autres.

Dans la disposition des bâtiments, on suivra les trois grandes classifications que nous avons adoptées pour diviser cet ouvrage :

1° Bâtiments d'habitation ;

2° Logements des animaux ;

3° Bâtiments pour les ustensiles et les produits.

Cette règle doit être appliquée dans toute exploitation grande ou petite.

§ II. — COUR

Nous allons dire quelques mots de la disposition générale du domaine autour de la cour.

La cour doit être vaste, aérée et bien sèche ; elle sera close par les constructions, des murs, des barrières et des haies. Les murs entre les bâtiments atteindront 2 à 3 mètres de hauteur ; si les constructions n'occupent que trois côtés du rectangle, on remplacera le mur de façade par une haie établie entre deux fossés qui permettent de voir la campagne.

Ainsi que nous l'avons dit, la cour n'a qu'une entrée ; si on établit deux ou plusieurs entrées, ces ouvertures supplémentaires seront fermées en temps ordinaire et la clef en sera déposée chez le chef de l'exploitation. L'entrée sera placée en face de l'habitation, afin que l'exploitant puisse voir toutes les personnes qui arrivent. Elle est fermée par une barrière à deux battants : si elle n'est pas encastrée dans une construction, on abrite cette barrière au moyen d'un petit toit monté sur des piliers. La barrière peut avoir 5 et même 6 mètres de largeur. Souvent à côté de la barrière principale, on en installe une petite pour le passage des piétons.

Le sol de la cour doit être fait d'un cailloutage sur toute son étendue, afin d'empêcher les animaux de piétiner la terre. En outre, sur les chemins que doivent suivre les chars pour se rendre aux granges, aux fumières, le sol sera solidement empierré. Il est très bon de construire le long des bâtiments des trottoirs larges de 0^m80, hauts de 0^m15 à 0^m20 qui défendent le pied des murailles contre les infiltrations d'eau de pluie et permettent au personnel de se rendre facilement d'un bâtiment à l'autre en cas de pluie. Les ruisseaux seront pavés en pierres plates bien cimentées.

La cour contient en général la fumière, l'abreuvoir, la pompe, la niche du chien de garde. Souvent près de l'entrée, on place une bascule pour peser les animaux et même les voitures.

Il est bon de planter la cour, tout en ayant soin de placer les arbres à une certaine distance des maisons ; on préférera surtout les noyers, les cerisiers, les pommiers.

§ III. — JARDIN

Le jardin joue un rôle très important dans une exploitation rurale ; il trouve sa place naturelle derrière la maison d'habitation ; et il comprend un jardin d'agrément et un jardin fruitier et potager. Le jardin doit être bien enclos, soit d'un mur solidement établi, soit, au moins, d'une haie vive. Le mur présente l'avantage qu'on peut y établir des espaliers qui sont d'un rapport avangeux et compensent les frais d'établissement du mur.

Quant à la disposition du jardin rural, elle doit être aussi simple que possible; le plan général affectera la forme rectangulaire comprenant des carrés de diverses grandeurs (1).

Si on doit installer une turbine éolienne pour monter l'eau, on peut très bien la placer au centre du jardin; l'eau sera envoyée par des tuyaux dans les différentes parties de la ferme.

(1) Voyez Bois, *Le petit jardin*, Paris, 1889. (*Bibliothèque des connaissances utiles.*)

CHAPITRE II

Disposition des bâtiments pour une petite exploitation.

Nous venons d'étudier les dispositions spéciales de tous les bâtiments d'une ferme et leur rôle individuel ; il reste maintenant à fixer leur répartition autour de la cour centrale. Parlons d'abord d'une petite exploitation.

Un petit cultivateur a besoin d'une maison d'habitation, d'une étable, d'une laiterie, d'une écurie, d'un cellier, d'une grange, d'un grenier à grain, d'une fumière et d'un cabinet d'aisances. A ces principaux éléments peuvent se joindre encore d'autres accessoires : un hangar pour la charrette, un poulailler, un toit à porcs, un four, une fromagerie.

Ces bâtiments peuvent former un seul corps, ou être divisés en plusieurs corps différents.

Dans le premier cas, la disposition la plus économique est de ranger tous les bâtiments sur une seule ligne ; mais on a aussi avantage, comme nous l'avons dit, à les placer en équerre, dont les côtés sont plus ou moins inégaux, de manière que, de la maison d'habitation, on puisse facilement surveiller les bâtiments d'exploitation.

Si on fait plusieurs bâtiments, on place la maison d'habitation sur un côté de la cour et on dispose en face les autres constructions ; enfin on peut encore disposer la maison au milieu d'un des côtés et placer les annexes sur chacun des côtés adjacents.

Reprenons la première hypothèse : celle d'un seul bâtiment. A l'une des extrémités, nous placerons la chambre, la cuisine avec le four, s'il est nécessaire, dans la cheminée. De la cuisine, on passera dans la laiterie ; à côté le cellier, d'où l'on descendra dans l'écurie, la vacherie et la grange. Le grenier à foin et le grenier à blé seront disposés au-dessus de ce rez-de-chaussée. En appentis, on peut placer un toit à porc et un petit bûcher.

Si la famille est plus nombreuse, on peut mettre au milieu la maison d'habitation, avec un étage si cela est nécessaire. Le rez-de-chaussée contient la cuisine avec le four qui fait saillie en dehors ; le premier étage contient les chambres et au-dessus un grenier. Ce bâtiment principal est flanqué de deux constructions moins élevées : l'une contient l'écurie et l'étable ; l'autre le cellier et la grange. Enfin deux appentis, placés à chaque extrémité, servent l'un de porcherie, l'autre de poulailler.

Lorsque les bâtiments sont placés en équerre ┏, la branche la plus courte contient la maison d'habitation, le four et la laiterie ; la plus longue renferme l'écurie, l'étable, la grange, la porcherie et le poulailler.

Il en est de même lorsque les constructions sont divisées en deux corps placés parallèlement ❙ ❙; dans l'espace intermédiaire, on installe la fumière.

Enfin, s'il existe plus de deux corps de bâtiments, on place la maison d'habitation dans le milieu d'un côté ; sur les autres côtés du parallélogramme, on met l'écurie et l'étable et, vis-à-vis de celles-ci, la grange et les greniers ❙ ‾ ❙.

En général, tant qu'un bâtiment n'atteint pas un développement de 40 mètres, il y a avantage à le disposer sur une seule ligne. Car, ce qu'on doit éviter en plaçant des bâtiments en retour, c'est de faire une cour trop étroite, et, en même temps, de disperser tellement les constructions que l'exploitation devienne difficile.

CHAPITRE III

Disposition des bâtiments pour une moyenne exploitation.

Les conditions changent beaucoup pour la disposition d'une moyenne exploitation. Le personnel est plus considérable, puisqu'il y a des domestiques attachés à la ferme; en outre, le bétail est un peu plus nombreux et les constructions doivent être mieux spécialisées. C'est dans ce cas que s'impose nettement la division en trois catégories : 1° habitation, — 2° logements des animaux, — 3° exploitation.

Les bâtiments ne seront presque jamais disposés en ligne simple ; on les placera en équerre simple, en double équerre continue ou interrompue, ou sur deux lignes parallèles.

Lorsqu'il s'agit de l'équerre simple ┏━, on peut adopter deux systèmes : la maison d'habitation à l'extrémité d'un des côtés ; au sommet de l'angle, les écuries et les étables ; sur l'autre côté, la grange et la remise — ou encore l'habitation au sommet de l'angle, placée entre les étables et les écuries, d'une part, et la grange et la remise de l'autre.

Parlons d'abord de la première disposition. A l'extrémité, nous plaçons la maison d'habitation avec cuisine, laverie, laiterie, et au premier étage, plusieurs chambres et un magasin à blé. Viennent ensuite l'écurie, le poulailler, l'étable, la porcherie, et enfin, dans l'intérieur du sommet de l'angle, la bergerie. Toutes ces pièces en enfilades peuvent être pourvues de fenêtres placées sur une seule ligne et permettant la surveillance de tous ces locaux.

En retour d'angle, nous trouvons la remise, le cellier surmonté d'un grenier et le magasin des outils; puis viennent la grange et la charretterie. Dans la cour sont des emplacements réservés pour les meules et la fumière, avec fosse à purin garnie d'une pompe et surmontée d'un cabinet d'aisances. Cette disposition est assez adoptée en Angleterre.

Dans le second système, la maison d'habitation est placée dans l'angle de l'équerre; on trouve ensuite, sur l'un des côtés, l'écurie, l'étable et la porcherie; sur l'autre côté, la remise, le cellier et la grange.

La disposition en double équerre ⊓ peut être adoptée avec des bâtiments discontinus ou avec des bâtiments contigus. Ainsi que nous l'avons dit, nous préférons le premier système, celui des bâtiments discontinus, pourvu que les interruptions n'atteignent pas des proportions exagérées.

Dans ce système, la maison d'habitation occupera presque toujours le milieu, avec la cuisine, la laiterie et leurs accessoires. L'une des ailes contient l'écurie, les étables à vaches, à veaux, et la porcherie. Ces bâtiments sont traversés par une rigole qui conduit les urines à la fumière. Afin de donner plus de facilité dans la cour centrale, on n'y place point la fumière ni les meules. Les fumières s'installent dans une cour extérieure contiguë au bâtiment qui contient le logement des animaux ; de même, les meules se dressent dans une cour symétrique de la précédente et adjacente au bâtiment parallèle qui contient : remise, magasin d'outils, grange et charretterie. Il est évident que cette distribution est applicable, que les locaux soient discontinus ou qu'ils soient contigus. Dans ce second cas, l'accès est encore plus facile dans les cours accessoires.

Lorsque les bâtiments sont disposés sur deux lignes parallèles, = le mieux est de mettre sur le même côté la maison d'habitation, l'écurie et l'étable, et sur l'autre ligne, les granges, remises, charretteries et dépôts d'outils.

CHAPITRE IV

Disposition des bâtiments pour une grande exploitation.

Dans les grandes exploitations, on arrive tout naturellement à la forme quadrilatérale la plus avantageuse de toutes; mais le nombre et l'étendue des bâtiments peuvent varier considérablement. En effet, la ferme peut avoir pour principal but, ou la culture des céréales, ou les spéculations laitières, ou l'engraissement des bêtes à cornes, ou l'élevage des chevaux, ou certaines industries agricoles : laiteric, féculerie, distillerie, sucrerie. D'autre part, l'importance de l'exploitation permet souvent l'emploi de moteurs hydrauliques ou d'une machine à vapeur. Toutes ces questions modifieront beaucoup la disposition d'une ferme; et, lorsqu'on la construit, il est toujours prudent de réserver l'avenir et de se ménager assez de terrain pour agrandir et transformer l'exploitation, si cela devient nécessaire. C'est pour ce motif que nous préférons la disposition en quadrilatère interrompu, c'est-à-dire où les bâtiments placés sur chacune des quatre faces ne sont pas contigus.

La disposition en quadrilatère peut elle-même subir plusieurs modifications : on peut adopter le carré parfait, ou le rectangle, ou le trapèze. Le rectangle est la forme la plus commode, toutes les fois que le côté du carré atteindrait cinquante mètres. On a fait quelques essais de forme polygonale ; mais elles présentent peu d'avantages et laissent, entre les constructions, des intervalles irréguliers.

Nous parlerons d'abord de la disposition quadrilatérale continue, en énumérant les locaux qui peuvent être utiles. Dans ces constructions, on ménage généralement deux entrées : une dans la façade antérieure, l'autre dans la façade postérieure. A côté de l'entrée principale se trouve l'habitation, comprenant la cuisine avec cheminée et fourneau économique ; à côté, la laverie, le garde-manger ; la pièce suivante est le réfectoire pour les ouvriers, quand ils ne mangent pas dans la cuisine. La partie réservée à l'exploitant contient une salle à manger, un salon ou pièce de réception, un bureau-bibliothèque, des chambres à coucher en nombre suffisant.

De l'autre côté de l'entrée principale sont placés les locaux destinés à la cuisson des aliments pour le bétail, à la conservation des grains, des engrais, au menus outils. Ces locaux occupent l'un des petits côtés du rectangle. L'un des grands côtés renferme la laiterie, la fromagerie, l'écurie avec sellerie, la vacherie pour les vaches laitières avec boxe pour les veaux et animaux malades, l'étable à bœufs, la bergerie. Le petit côté postérieur contient la porcherie, avec salle pour la préparation de la nourriture; la seconde porte d'entrée, les poulaillers, les remises simples. Enfin, le grand côté en retour est consacré à la grange, à la machine à battre, aux appareils de nettoyage, au pressoir et à la cuverie.

Dans la cour, on placera deux fumières avec fosse à purin et latrines. Au delà des fumières, on ménage un abreuvoir bien construit, afin de le mettre à l'abri des infiltrations. L'emplacement de la machine à vapeur joue aujourd'hui un très grand rôle dans l'installation d'une ferme, suivant qu'on veut employer ce genre de force motrice uniquement pour la batteuse et les tarares, ou bien qu'on veut aussi l'utiliser dans la laiterie ou pour les monte-charges, ou la préparation des aliments. Dans ce cas, il faut reporter la machine à vapeur près des cuisines et de la laiterie, et disposer à la suite les granges et les salles de battage et de nettoyage.

Dans d'autres circonstances, on ne ménage qu'une seule entrée. Celle-ci est pratiquée dans un des côtés les plus larges du rectangle. En face de l'entrée se place la maison d'habitation, qui occupe alors le milieu d'un grand côté. Cette disposition a l'avantage de faciliter la surveillance du maître de la ferme et de lui permettre de faire entendre ses ordres de tous les points de la cour. La distance pour aller visiter les étables et les bergeries est moins grande et plus facile à parcourir.

Nous allons parler du carré discontinu; l'un des meilleurs modèles à citer est celui de la ferme modèle de Vincennes, construite en 1859 par M. E. Tisserand, directeur des bâtiments de la liste civile, sur l'ordre de Napoléon III. En avant s'étend un corps de logis contenant au centre l'habitation du fermier: à droite, la laiterie, la beurrerie, le magasin à graines, la remise aux outils, surmontée d'un grenier à grains; à gauche, l'écurie, la remise, la sellerie, le logement d'un contre-maître, une salle de réunion pour les ouvriers. En face s'étend un corps de bâtiment pour cent vaches (70 mètres de long sur 10 mètres de large, avec couloir central). Derrière s'étend un hangar sur piliers, pour les voitures, couvrant une superficie de 360 mètres carrés. Entre le hangar et la vacherie est placée la fumière avec fosse à purin et pompes. Le troisième côté du carré est consacré aux bergeries; celles-ci sont complétées par une vaste cour qui s'étend jusqu'à un hangar fermé seulement d'un côté. Le bâtiment parallèle contient une autre étable pour vingt vaches, une grange avec machine à battre, et des boxes pour les jeunes chevaux. La porcherie est l'objet d'un bâtiment séparé.

J'ai dressé, il y a quelques années, le plan d'une ferme modèle qui doit être élevée en Turquie, dans un des domaines du Sultan, près de San Stefano. Elle est d'un système mixte, c'est-à-dire en quadrilatère discontinu, mais avec interruptions irrégulières. Le bâtiment de façade contient la maison d'habitation, comprenant un bureau, une pièce de réception, la salle à manger; les chambres à coucher sont au premier étage. Ce corps de bâtiment est complété par une remise pour les voitures et un hangar pour les outils; à côté, c'est-à-dire presque à l'extrémité de la façade, se trouve l'entrée principale. Le côté gauche du quadrilatère est contigu à la façade : il contient la cuisine-réféctoire, communiquant par un passage avec la salle à manger déjà citée; après la cuisine, nous trouverons le four, la buanderie, les bains, la laiterie avec la fromagerie. Vient ensuite la machine à vapeur, qui occupe l'angle et met en marche, d'un côté les appareils de la laiterie, et de l'autre la batteuse, les tarares, etc. Le bâtiment parallèle à la façade contient la grange avec un hangar pour abriter les voitures pendant le déchargement. A côté de la grange est située une seconde entrée, dans l'axe de la première, c'est-à-dire sur le côté droit de la cour; la fumière est placée au delà de ce passage, dans l'angle. Le quatrième côté contient, outre cette fumière, un grand bâtiment de 55 sur 10 mètres, renfermant la vacherie, la bouverie et l'écurie. Ces trois pièces sont disposées sur un plan uniforme et traversées dans toute leur longueur par un chemin de fer Decauville, qui aboutit à la fumière.

En dehors du quadrilatère, nous trouvons d'abord un jardin, auquel on peut accéder de la salle à manger et de la cuisine; il contient une citerne et une turbine éolienne. Les meules sont placées dans un enclos fermé, à la hauteur des machines à battre. Enfin, la bergerie est située en arrière de la vacherie, à proximité de la fumière. Il n'y a pas de porcherie, en raison des prescriptions des lois religieuses musulmanes.

Comme on le voit, dans ce plan, j'ai cru devoir sacrifier l'harmonie de l'ensemble, qui est si recherchée, en France; je me suis appliqué à construire dans des conditions exceptionnelles de bon marché et de commodité, une ferme qui se prêtât bien à tous les besoins de la culture. Plusieurs de ces dispositions ont été modifiées depuis, la ferme devant être utilisée comme école d'agriculture.

Dans beaucoup de cas, on sépare complètement

la maison d'habitation; on la place en dehors du quadrilatère, et les bâtiments de la ferme sont disposés alors en équerre double.

Lorsqu'il s'agit d'exploiter des industries spéciales, alors elles font l'objet de bâtiments distincts, comme cela a lieu à Rambouillet pour les bergeries.

CHAPITRE V

Dispositions spéciales à certaines contrées, pays de Caux, pays d'Auge, Angleterre, Hollande, Danemark, Russie, Orient.

Pays de Caux. — Les cultivateurs du pays de Caux (Seine-Inférieure), installent leur ferme d'une manière toute particulière. Au milieu des cultures de céréales, on réserve un espace appelé *masure* qui est transformé en herbage abrité de pommiers et entouré de hauts fossés sur lesquels on plante, en ligne serrée, des chênes, des ormes et des hêtres. Cette prairie, généralement rectangulaire, contient tous les bâtiments de la ferme qui y sont disposés en quadrilatère, mais à de grandes distances les uns des autres.

Les cultivateurs voient, dans cette disposition, l'avantage de pouvoir faire paître leurs bestiaux auprès d'eux, de ne pas avoir de pommiers dans les champs, ce qui est fort gênant pour les labours : les maisons abritées par ces rideaux d'arbres sont plus agréables. Mais nous croyons que tous ces privilèges ne compensent pas l'absence d'une cour véritable, qui est si utile dans une exploitation. L'ombrage excessif des arbres et des pommiers maintient une certaine humidité : en outre l'espacement des bâtiments est très exagéré; il oblige à de longues courses à travers l'herbe qui est souvent humide de pluie et de rosée. Au lieu de masser les arbres sur des groupes isolés, il vaudrait mieux les répartir le long des routes ou entre les propriétés, de manière à empêcher le trop rapide dessèchement du sol : l'espace cultivé en herbe, la *masure*, est trop restreint et ne permet pas d'entretenir un nombre suffisant de bestiaux; il en résulte une production trop faible de fumiers et la nécessité de recourir à des engrais chimiques très coûteux, qui ne donnent qu'une fertilité passagère, sans restituer au sol les éléments de fécondité enlevés par la végétation.

Pays d'Auge. — Dans le pays d'Auge (Calvados), les bâtiments sont souvent aussi disséminés sur un trop grand espace; mais les pâturages sont beaucoup plus étendus. Les fromageries occupent deux ou trois bâtiments spéciaux. La culture est spécialisée en vue de la production du beurre et du fromage, de l'élevage des chevaux, de l'engraissement du bétail et de la fabrication du cidre ; mais les locaux destinés au logement du bétail ne sont pas très vastes, attendu qu'on laisse les vaches au pâturage la plus grande partie de l'année.

Angleterre. — En Angleterre, comme en Normandie, on a l'habitude d'élever les animaux domestiques en plein air et de conserver les fourrages et les céréales sans les entasser dans les granges. La moyenne culture est assez rare ; on ne trouve guère que des ouvriers ruraux et de grands cultivateurs. Les ouvriers habitent des maisonnettes ou *cottages*, qui n'offrent rien de particulier. Mais les bâtiments des grandes fermes présentent des dispositions très caractéristiques.

Toujours pratiques, les Anglais ont peu d'égard pour les lois de la symétrie et de l'harmonie qui, chez nous, marchent un peu trop les premières : ils s'appliquent surtout à diviser et à spécialiser les services. Ainsi il existe des cours particulières pour chaque espèce d'animaux ou du moins la cour principale est divisée en compartiments distincts. La maison d'habitation est placée à part ou sur le côté à quelques dizaines de mètres : un petit parc ou parterre la sépare des bâtiments d'exploitation.

On compte en général une cour de service, une cour pour les bestiaux, une cour pour les chevaux. Quant aux moutons, on n'a pas l'habitude de les renfermer dans une bergerie. Les différentes cours sont séparées par des bâtiments dont l'emploi correspond à celui de la cour qu'ils circonscrivent. Dans les très grandes fermes, on sépare non seulement les animaux de différentes races, mais même les variétés de chaque race et de plus on subdivise encore la variété par âge. On sait l'importance que les Anglais ont donnée à la sélection et les merveilleux résultats qu'ils en ont obtenus; il semble que cette préoccupation leur ait dicté l'organisation de leur ferme, en les engageant à ne grouper ensemble que des animaux absolument identiques comme formes et comme aptitudes.

Les ingénieurs anglais, chargés des études pour la *Land's improvment society*, ont adopté un type dont voici les dispositions principales.

La maison d'habitation, placée en dehors de la ferme, comprend une entrée, une cuisine, un salon, un parloir, servant aussi de bureau, un passage de sortie, placé entre un garde-manger et la laiterie : les chambres de la famille occupent le premier étage et ceux des domestiques le second.

La ferme proprement dite affecte la forme d'un rectangle ouvert d'un côté et séparée en deux rectangles par une construction médiane. Dans le premier rectangle nous trouvons à gauche le hangar des voitures près de la porte d'entrée principale, le magasin à outils, l'écurie pour bêtes malades, l'écurie principale, la chambre à fourrage ; en face la grange avec machine à battre, tarares, etc. ; à droite, la porcherie précédée de sa cour séparée et adossée aux locaux servant à la cuisson et à la préparation des aliments; le poulailler, une vacherie à un seul couloir, étable d'élevage avec grande cour, les logements d'animaux constituent la construction médiane dont nous avons parlé ; un passage est ménagé entre ce bâtiment et les granges qui occupent le fond du rectangle, il permet d'accéder dans la seconde cour, où nous trouvons à la suite de la grange une étable à couloirs transversaux, une petite étable supplémentaire. A côté se trouve une entrée qui sert au dégagement de cette seconde cour au milieu de laquelle est installée la fumière avec fosse à purin. Le troisième côté du rectangle est formé par une autre étable à couloirs transversaux. On voit que la fumière est entourée de trois côtés par les étables et la porcherie. En outre les Anglais ont beaucoup développé leurs industries agricoles, en complètant les fermes par des moulins, des scieries, des distilleries, etc.

Belgique. — En Belgique, on aime aussi à placer la maison d'habitation en avant des bâtiments de la ferme ; ceux-ci reçoivent de grands développements, car on emploie beaucoup en

Belgique les méthodes perfectionnées : culture à la vapeur, transports par railways, annexes industrielles. Aussi les fermes ont-elles un caractère qui les rapproche davantage des usines et le fermier est un véritable entrepreneur.

Hollande. — Le soin, la propreté avec lesquels sont tenues les fermes hollandaises, est légendaire; on ne peut même s'empêcher de trouver qu'il y a là bien du temps perdu inutilement, de même qu'il est tout à fait superflu, pour des filles de ferme, de porter sur la tête des plaques d'or ou d'argent avec des tortillons de métal au-dessus des oreilles. Ce luxe de propreté a toujours un bon côté : c'est un ordre admirable que nous ne saurions trop vanter à nos cultivateurs, assez disposés à laisser vaguer les animaux dans les cours ou à abandonner çà et là des instruments, des outils inutiles ou brisés; sans aller jusqu'à la minutie hollandaise, nous aurions beaucoup à gagner dans cette voie; mais qu'il sera difficile de trouver chez nous des ouvriers et des domestiques assez dociles, assez consciencieux pour se prêter à cette réforme !

L'étable joue un grand rôle dans l'économie rurale des Pays-Bas; elle est tenue comme un salon. Le fumier n'y séjourne pas et la paille de litière est tressée en nattes épaisses qu'on renouvelle lorsque cela est nécessaire; les passages sont recouverts de sable fin et encadrés souvent de petits cailloux colòriés qu'on dispose avec un soin un peu enfantin.

La ferme contient une pièce d'honneur toute garnie de grands dressoirs chargés de faïences et de pots en grès. Les lits sont placés autour des chambres dans de grandes alcôves fermées par des larges rideaux.

On ne doit pas oublier aussi les moulins à vent qui jouent un si grand rôle dans l'agriculture hollandaise et donnent à la contrée un aspect caractéristique.

Danemark. — En Danemark, les bâtiments sont généralement contigus et disposés en quadrilatère autour de la cour; toutefois la laiterie, en raison de son importance, est souvent séparée. La toiture, ainsi que nous l'avons dit, se compose d'une couverture en tuiles moulées recouverte d'un toit en chaume. Souvent on revêt de paillassons les murailles des étables.

Dans ces pays, où l'hiver est long et la végétation assez passagère, on donne plus de confortable aux appartements servant à la vie intérieure. Il y a presque toujours un salon, une salle de fêtes, contenant des étagères sur lesquelles on range des plantes et des arbustes soignés avec beaucoup de sollicitude.

Presque toutes les fermes contiennent une

glacière pour les besoins de la laiterie, de la cuisine et pour la conservation des viandes.

Les murailles de clôture sont faites avec des blocs erratiques entassés, ce qui leur donne un aspect presque cyclopéen.

Russie. — Les bâtiments des fermes se transforment dans ce pays; cependant on continue à bâtir avec des troncs de sapin assemblés à mi-bois. Lorsqu'on craint les vents violents du Nord, on dispose les bâtiments en triangle, dont le sommet est destiné à couper le vent et la base renferme la maison d'habitation. Celle-ci est précédée d'un porche assez saillant pour que les voitures et les traîneaux puissent y trouver un abri.

Il y a aussi une grande salle décorée avec goût au moyen de découpages de bois et qui sert aux banquets et aux réunions pendant les longues journées d'hiver. Dans la cuisine se trouve un puits intérieur afin d'avoir de l'eau, lorsque les puits extérieurs sont gelés.

Orient. — En Orient, les fermes n'existent pas, à part celles qui ont été construites par les Européens ou d'après des plans venus d'Occident. Les récoltes s'entassent dans les champs ; on les dépique au moyen d'un traîneau attelé de chevaux ou de buffles, sur une aire en terre battue et entourée d'un buisson circulaire. Le grain vanné reste exposé à l'air jusqu'au passage du collecteur des dîmes. Les bestiaux, très peu nombreux, vivent en plein air ou ont de mauvais hangars pour s'abriter.

En Syrie, en Palestine, on a l'habitude de faire sécher les grains sur les terrasses des maisons.

Dans la plupart des pays de l'Asie et de l'Afrique méditerranéenne, on enterre les grains dans des espèces de silos autant pour les conserver que pour les protéger contre les déprédations des maraudeurs et la rapacité des autorités locales.

C'est seulement en Algérie et en Egypte que l'influence française a fait établir des fermes construites d'après des données sérieusement étudiées et appropriées aux cultures et au climat du pays.

CINQUIÈME PARTIE

LOIS ET RÈGLEMENTS CONCERNANT LES BATIMENTS RURAUX CODE CIVIL — DROIT ADMINISTRATIF

Nous croyons utile de donner à nos lecteurs quelques notions de législation en ce qui concerne les bâtiments ruraux et de leur rappeler les précautions à prendre pour ne s'exposer à aucun procès ultérieur. Nous allons passer en revue les articles du Code, en ajoutant quelques commentaires indispensables.

§ I. — USUFRUIT.

ART. 605. — L'usufruitier n'est tenu qu'aux réparations d'entretien. Les grosses réparations demeurent à la charge du propriétaire, à moins qu'elles n'aient été occasionnées par le défaut de réparations d'entretien, depuis l'ouverture de l'usufruit; auquel cas l'usufruitier en est aussi tenu.

Art. 606. — Les grosses *réparations* sont celles des gros murs et des voûtes, le rétablissement des poutres et des couvertures entières.

Cet article s'applique aussi au cas où un terrain a été submergé par la rupture des digues.

Art. 607. — Ni le propriétaire ni l'usufruitier ne sont tenus de rebâtir ce qui est tombé de vétusté ou ce qui a été détruit par cas fortuit.

Si l'usufruit n'est établi que sur un bâtiment et que ce bâtiment soit détruit par un incendie ou un autre accident, ou qu'il s'écroule de vétusté, l'usufruitier n'aura le droit de jouir ni du sol ni des matériaux. Si l'usufruit était établi sur un domaine dont le bâtiment faisait partie, l'usufruitier jouirait du sol et des matériaux.

§ II. — SERVITUDES.

Les servitudes sont une des questions les plus délicates en matière de constructions rurales.

Art. 637. — Une servitude est une charge imposée sur un héritage, pour l'usage et l'utilité d'un héritage appartenant à un autre propriétaire.

Art. 638. — La servitude n'établit aucune prééminence d'un héritage sur l'autre.

Art. 640. — Les fonds inférieurs sont assujettis envers ceux qui sont plus élevés, à recevoir les eaux qui en découlent naturellement sans que la main de l'homme y ait contribué. — Le propriétaire inférieur ne peut point élever de digue qui empêche cet écoulement. — Le propriétaire supérieur ne peut rien faire qui puisse aggraver la servitude du fonds inférieur.

Cet article se complète par la loi du 29 avril 1845 sur les irrigations. « Tout propriétaire qui veut se servir pour l'irrigation de ses propriétés, des eaux naturelles ou artificielles dont il a le droit de disposer, peut obtenir le passage de ces eaux sur les fonds intermédiaires à la charge d'une juste et préalable indemnité; sont exceptés les maisons, cours, jardins, parcs et enclos attenant aux habitations.

Les propriétés riveraines d'un chemin vicinal ne peuvent être assujetties à recevoir les eaux qui en découlent, quand le niveau en a été disposé par la main de l'homme. Le propriétaire d'un étang inférieur n'est pas tenu de recevoir la décharge d'un étang supérieur ; il peut de même refuser de recevoir les eaux d'une source nouvellement ouverte par la main de l'homme sur le fonds supérieur. Il ne peut contraindre le propriétaire du fonds supérieur à construire un mur de soutènement pour prévenir ou empêcher l'éboulement des terres; mais il a le droit de faire sur le fonds supérieur des travaux destinés à rendre le cours des eaux moins rapide ou moins incommode.

Art. 643. — Le propriétaire d'une source ne peut en changer le cours, lorsqu'il fournit aux habitants d'une commune, village ou hameau l'eau qui leur est nécessaire ; mais, si les habitants n'ont pas acquis ou prescrit l'usage, le propriétaire peut réclamer une indemnité laquelle est réglée par experts.

Ceci s'applique aussi aux eaux des fontaines, mares, citernes, étangs et réservoirs d'eaux pluviales. De même, le propriétaire ne peut détourner les eaux lorsqu'elles font mouvoir un moulin servant à l'approvisionnement de la commune.

§ III. — MUR MITOYEN.

La question du mur mitoyen est légendaire comme l'occasion de nombreux procès.

Art. 653. — Dans les villes et les campagnes, tout mur servant de séparation entre bâtiments jusqu'à l'héberge, ou entre cours et jardins, et même entre enclos dans les champs, est présumé mitoyen, s'il n'y a titre ou marque du contraire.

Art. 654. — Il y a marque de non mitoyenneté lorsque la sommité du mur est droite et à plomb de son parement d'un côté et présente de l'autre un plan incliné;

Lors encore qu'il n'y a que d'un côté ou un chaperon ou des filets et corbeaux de pierre qui y auraient été mis en bâtissant le mur. Dans ces cas, le mur est censé appartenir exclusivement au propriétaire du côté duquel sont l'égout et les corbeaux ou filets de pierre.

Art. 655. — La réparation et la reconstruction du mur mitoyen sont à la charge de tous ceux qui y ont droit et proportionnellement au droit de chacun.

Art. 656. — Cependant tout copropriétaire d'un mur mitoyen peut se dispenser de contribuer aux réparations et reconstructions en abandonnant le droit de mitoyenneté, pourvu que le mur mitoyen ne soutienne pas un bâtiment qui lui appartienne.

Art. 657. — Tout copropriétaire peut faire bâtir

contre un mur mitoyen, et y faire placer des poutres ou solives dans toute l'épaisseur du mur à cinquante-quatre millimètres (deux pouces près) sans préjudice du droit qu'a le voisin de faire réduire à l'ébauchoir la poutre jusqu'à la moitié du mur, dans le cas où il voudrait lui même asseoir des poutres dans le même lieu ou y adosser une cheminée.

Art. 658. — Tout copropriétaire peut faire exhausser le mur mitoyen ; mais il doit payer seul la dépense de l'exhaussement, les réparations d'entretien au-dessus de la hauteur de la clôture commune et en outre l'indemnité de la charge en raison de l'exhaussement et snivant la valeur.

Toutefois on a décidé que cet exhaussement serait impossible s'il était préjudiciable au voisin. Le copropriétaire qui exhausse les murs n'est pas tenu d'indemniser l'autre copropriétaire à raison des simples embarras ou gènes que lui cause l'exhaussement.

Art. 659. — Si le mur mitoyen n'est pas en état de supporter l'exhaussement, celui qui veut l'exhausser doit le faire reconstruire en entier à ses frais, et l'excédent d'épaisseur doit se prendre de son côté.

Art. 660. — Le voisin qui n'a pas contribué à l'exhaussement peut en acquérir la mitoyenneté en payant la moitié de la dépense qu'il a coûté, et la valeur de la moitié du sol fourni par l'excédent d'épaisseur, s'il y en a.

Art. 661. — Tout propriétaire joignant un mur, a de même la faculté de le rendre mitoyen en tout ou partie, en remboursant au maître du mur la moitié de sa valeur, ou la moitié de la valeur de la portion qu'il veut rendre mitoyenne et moitié de la valeur du sol sur lequel le mur est bâti.

Il a été jugé que la faculté d'acquérir la mitoyenneté peut être exercée même dans le seul but de faire boucher les jours qui s'y trouvent et bien que l'acquéreur ne veuille pas faire bâtir contre le mur, car le droit de mitoyenneté entraîne, par lui-même, la faculté de faire supprimer les jours de souffrance.

Art. 662. — L'un des voisins ne peut pratiquer dans le corps d'un mur mitoyen aucun enfoncement, ni y appliquer ou appuyer aucun ouvrage sans le consentement de l'autre ou sans avoir, à son refus, fait régler par experts les moyens nécessaires pour que le nouvel ouvrage ne soit pas nuisible aux droits de l'autre.

Art. 664. — Lorsque les différents étages d'une maison appartiennent à divers propriétaires, si les titres de propriété ne règlent pas le mode de réparations et reconstructions, elles doivent être faites ainsi qu'il suit :

Les gros murs et le toit sont à la charge de tous les propriétaires, chacun en proportion de l'étage qui lui appartient.

Le propriétaire de chaque étage fait le plancher sur lequel il marche.

Le propriétaire du premier étage fait l'escalier qui y conduit ; le propriétaire du second étage fait à partir du premier l'escalier qui conduit chez lui et ainsi de suite.

Art. 665. — Lorsqu'on reconstruit un mur mitoyen ou une maison, les servitudes actives ou passives se continuent à l'égard du nouveau mur ou de la nouvelle maison, sans toutefois qu'elles puissent être aggravées, et pourvu que la reconstruction se fasse avant que la prescription ne soit acquise.

Art. 666. — Tous fossés entre deux héritages sont présumés mitoyens, s'il n'y a titre ou marque du contraire.

On ne peut forcer le voisin à creuser un fossé séparatif, et s'il en établit un, il faut laisser un espace suffisant entre le bord du fossé et l'héritage voisin pour empêcher les terres de s'ébouler. La présomption de mitoyenneté n'est pas détruite par ce fait que l'un des deux propriétaires voisins aurait à différentes époques curé le fossé et employé à la culture de ses terrains les terres provenant de ce curage.

Art. 667. — Il y a marque de non mitoyenneté lorsque la levée ou le rejet de la terre se trouve seulement d'un côté du fossé.

Art. 668. — Le fossé est censé appartenir exclusivement à celui du côté duquel le rejet se trouve.

Art. 669. — Le fossé mitoyen doit être entretenu à frais communs.

Le propriétaire d'un fossé mitoyen peut, en abandonnant la mitoyenneté, refuser de concourir à l'entretien du fossé.

Art. 670. — Toute haie qui sépare des héritages est réputée mitoyenne, à moins qu'il n'y ait qu'un seul des héritages en état de clôture ou s'il n'y a titre ou possession suffisante au contraire.

Lorsqu'il existe à la fois une haie et un fossé entre deux héritages, la haie est réputée appartenir à celui dont elle touche le fonds immédiatement. Le propriétaire d'une haie ne peut être forcé d'en vendre ou d'en céder la mitoyenneté au propriétaire adjacent.

Art. 671. — Il n'est permis de planter des arbres de haute tige qu'à la distance prescrite par les règlement particuliers actuellement existants ou par les usages existants et reconnus; et à défaut de règlements et d'usages, qu'à la distance de deux mètres de la ligne séparatrice des deux héritages pour les arbres à haute tige et à la distance d'un demi-mètre pour les autres arbres et haies vives.

Art. 672. — Le voisin peut exiger que les arbres et haies plantés à une moindre distance soient arrachés.

Celui sur la propriété duquel avancent les branches des arbres du voisin, peut contraindre celui-ci à en couper ces branches.

Si ce sont les racines qui avancent sur son héritage, il a le droit de les y couper lui-même.

De ce qu'un voisin peut contraindre l'autre voisin à ébrancher ses arbres, il ne s'ensuit pas qu'il puisse les ébrancher lui-même. Le fermier peut demander, en son nom personnel, l'ébranchage des arbres qni nuisent à ses récoltes.

Art. 673. — Les arbres qui se trouvent dans la haie mitoyenne, sont mitoyens comme la haie; et chacun des deux propriétaires a droit de requérir qu'ils soient abattus.

Chacun des copropriétaires de l'arbre mitoyen a droit de prendre les fruits venus sur les branches qui se trouvent de son côté.

§ IV. — DISTANCES REQUISES POUR CERTAINES CONSTRUCTIONS.

Cette question est très importante, puisque les erreurs commises peuvent entraîner de grosses indemnités et même la suppression des ouvrages.

Art. 674. — Celui qui fait creuser un puits ou une fosse d'aisance près d'un mur mitoyen ou non ;

Celui qui veut y construire cheminée ou âtre, forge, four ou fourneau.

Y adosser une étable.

Ou établir contre ce mur un magasin de sel ou amas de matières corrosives,

Est obligé à laisser la distance prescrite par les règlements et usages particuliers sur ces objets ou à faire les ouvrages prescrits par les mêmes règlements et usages pour éviter de nuire au voisin.

§ V. — VUES SUR LE VOISIN.

Art. 675. — L'un des voisins ne peut, sans le consentement de l'autre, pratiquer dans le mur mitoyen aucune fenêtre ou ouverture, en quelque manière que ce soit, même à verre dormant.

Art. 676. — Le propriétaire d'un mur non mitoyen joignant immédiatement l'héritage d'autrui peut pratiquer dans ce mur des jours ou fenêtres à fer maillé et verre dormant. Ces fenêtres doivent être garnies d'un treillis de fer dont les mailles auront un décimètre d'ouverture au plus et d'un châssis à verre dormant.

Art. 677. — Ces fenêtres ou jours ne peuvent être établis qu'à 26 décimètres au-dessus du plancher ou sol de la chambre qu'on veut éclairer, si c'est à rez-de-chaussée, et à dix-neuf centimètres au-dessus du plancher pour les étages supérieurs.

Art. 678. — On ne peut avoir des vues droites ou fenêtres d'aspect, ni balcons ou autres semblables saillies sur l'héritage clos ou non clos de son voisin, s'il n'y a dix-neuf décimètres de distance entre le mur où on les pratique et ledit héritage.

Art. 679. — On ne peut avoir des vues par côté ou obliques sur le même héritage, s'il n'y a six décimètres de distance.

Art. 680. — La distance dont il est parlé dans les deux articles précédents, se compte depuis le parement extérieur du mur où l'ouverture se fait et, s'il n'y a balcons ou autres saillies, depuis leur ligne extérieure jusqu'à la ligne de séparation des deux propriétés.

§ VI. — ÉGOUT DES TOITS.

Art. 681. — Tout propriétaire doit établir des toits de manière que les eaux pluviales s'écoulent sur son terrain ou sur la voie publique; il ne peut la faire venir sur le fonds de son voisin.

§ VII. — DROIT DE PASSAGE.

Art. 682. — Le propriétaire dont les fonds sont enclavés et qui n'a aucune issue sur la voie publique peut réclamer un passage sur les fonds de ses voisins pour l'exploitation de son héritage à la charge d'une indemnité proportionnée au dommage qu'il peut occasionner.

Art. 683. — Le passage doit être régulièrement pris du côté où le trajet est le plus court, du fonds enclavé à la voie publique.

Art. 684. — Néanmoins il doit être fixé dans l'endroit

le moins dommageable à celui sur le fonds duquel il est accordé.

Art. 685. — L'action en indemnité dans le cas prévu par l'article 682 est prescriptible et le passage doit être continué, quoique l'action en indemnité ne soit plus recevable.

§ VIII. — CONTRAT DE LOUAGE.

Art. 1719. — Le bailleur est obligé, par la nature du contrat, et sans qu'il soit besoin d'aucune stipulation particulière :

1° De délivrer au preneur la chose louée ;

2° D'entretenir cette chose en état de servir à l'usage pour lequel elle a été louée.

3° D'en faire jouir paisiblement le preneur pendant la durée du bail.

Art. 1720. — Le bailleur est tenu de délivrer la chose en bon état de réparation de toute espèce.

Il doit y faire, pendant la durée du bail, toutes les réparations qui peuvent devenir nécessaires, autres que les locatives.

Art. 1721. — Il est dû garantie au preneur pour tous les vices ou défauts de la chose louée en empêchant l'usage, quand même le bailleur ne les aurait pas connus lors du bail.

S'il résulte de ces vices ou défauts quelque perte pour le preneur, le bailleur est tenu de l'indemniser.

Art. 1722. — Si, pendant la durée du bail, la chose louée est détruite en totalité par cas fortuit, le bail est résilié de plein droit ; si elle n'est détruite qu'en partie, le preneur peut, suivant les circonstances, demander ou une diminution du prix, ou la résiliation même du bail. Dans l'un ou l'autre cas, il n'y a lieu à aucun dédommagement.

Art. 1723. — Le bailleur ne peut, pendant la durée du bail, changer la forme de la chose louée.

Art. 1730. — S'il a été fait un état des lieux entre le bailleur et le preneur, celui-ci doit rendre la chose telle qu'il l'a reçue, suivant cet état, excepté ce qui a péri ou a été dégradé par vétusté ou par force majeure.

Art. 1731. — S'il n'a pas été fait d'état des lieux, le preneur est présumé les avoir reçus en bon état de réparations locatives et doit les rendre tels, sauf la preuve contraire.

Art. 1733. — Il répond des dégradations ou des pertes qui arrivent pendant sa jouissance, à moins qu'il ne prouve qu'elles ont eu lieu sans sa faute.

Art. 1735. — Le preneur est tenu des dégradations et des pertes qui arrivent par le fait des personnes de sa maison ou de ses sous-locataires.

Art. 1752. — Le locataire qui ne garnit pas la maison de meubles suffisants peut être expulsé, à moins qu'il ne donne des sûretés capables de répondre du loyer.

Art. 1754. — Les réparations locatives ou de menu entretien dont le locataire est tenu, s'il n'y a clause contraire, sont celles désignées comme telles par l'usage des lieux, et, entre autres, les réparations à faire :

Aux âtres, contre-cœurs, chambranle et tablettes des cheminées;

Au recrépiment du bas des murailles des appartements et autres lieux d'habitation, à la hauteur d'un mètre;

Aux pavés et carreaux des chambres, lorsqu'il y en a seulement quelques-uns de cassés.

Aux vitres, à moins qu'elles ne soient cassées par la grêle ou autres accidents extraordinaires et de force majeure dont le locataire ne peut être tenu;

Aux portes, croisées, planches de cloison ou de fermetures de boutiques, gardes, targettes et serrures.

Art. 1755. — Aucune des réparations réputées locatives n'est à la charge des locataires, quand elles ne sont occasionnées que par vétusté ou par force majeure.

Art. 1756. — Le curement des puits et celui des fosses d'aisance sont à la charge du bailleur, s'il n'y a clause contraire.

Art. 1766. — Si le preneur d'un héritage rural ne le garnit pas de bestiaux et des ustensiles nécessaires à son exploitation, s'il abandonne la culture, s'il ne cultive pas en bon père de famille, s'il emploie la chose louée à un autre usage que celui auquel elle a été destinée, ou en général s'il n'exécute pas les clauses du bail et qu'il en résulte un dommage pour le bailleur, celui-ci peut, suivant les circonstances, faire résilier le bail.

En cas de résiliation provenant du fait du preneur, celui-ci est tenu des dommages et intérêts ainsi qu'il est dit en l'article 1764.

Art. 1767. — Tout preneur de lieu rural est tenu d'engranger dans les lieux destinés à cet effet d'après le bail.

Art. 1772. — Le preneur peut être chargé des cas fortuits par une stipulation expresse.

Art. 1773. — Cette stipulation ne s'entend que des cas fortuits ordinaires, tels que grêle, feu du ciel, gelée ou coulure.

Elle ne s'entend pas des cas fortuits extraordinaires, tels que les ravages de la guerre ou une inondation, auxquels le pays n'est pas ordinairement sujet, à moins que le preneur n'ait été chargé de tous les cas fortuits prévus ou imprévus.

Art. 1777. — Le fermier sortant doit laisser à celui

qui lui succède dans la culture, les logements convenables et autres facilités pour les travaux de l'année suivante, et réciproquement, le fermier entrant doit procurer à celui qui sort les logements convenables et autres facilités pour la consommation des fourrages et pour les récoltes restant à faire.

Dans l'un et l'autre cas, on doit se conformer à l'usage des lieux.

§ IX. — VOIRIE RURALE.

Nous allons résumer tout ce qui concerne la voirie rurale, c'est-à-dire les chemins vicinaux et les chemins ruraux.

Les premiers se divisent en chemins vicinaux de grande communication, d'intérêt commun et ordinaire. Leur entretien est à la charge des communes; celles-ci, en cas d'insuffisance des ressources, font face aux dépenses : 1° par les centimes additionnels spéciaux; 2° par les prestations en nature dont le maximum est fixé à trois jours de travail. Pour les chemins vicinaux de grande communication, l'alignement est délivré par le sous-préfet; pour les chemins d'intérêt commun ou ordinaire, l'alignement est délivré par le maire sous l'approbation du sous-préfet. Ce sont les préfets qui sont autorisés à faire tous les règlements concernant les alignements, les autorisations de construire, l'écoulement des eaux, des plantations, etc.

Les contraventions en matière de chemins

vicinaux comme celles de petite voirie, sont de la compétence répressive du juge de paix et donnent lieu à l'application de peines de simple police; toutefois s'il s'agit d'anticipations par plantation ou même autrement sur les chemins vicinaux, la réintégration du sol est ordonnée par le Conseil de préfecture, chargé ainsi d'une compétence civile et non pénale.

L'arrêté qui porte reconnaissance et fixation de la largeur d'un chemin vicinal attribue au chemin le sol compris dans les limites fixées. Le droit des propriétaires riverains se résout en une indemnité qui est réglée à l'amiable ou par le juge de paix sur le rapport d'experts nommés, l'un par le sous-préfet, l'autre par le propriétaire et le tiers expert en cas de désaccord, par le Conseil de préfecture.

Les arrêtés portant ouverture ou redressement d'un chemin vicinal donnent lieu à une expropriation spéciale, plus simple que l'expropriation ordinaire.

Lorsqu'on abandonne ou qu'on change le tracé d'un chemin vicinal, les riverains ont le droit de préemption.

Les chemins ruraux sont ceux qui n'ont pas été l'objet d'un arrêté de classement. Les anticipations commises sur les chemins ruraux sont de la compétence des tribunaux ordinaires. Ils ne donnent lieu ni à des prestations ni à des centimes spéciaux : mais la loi du 21 juillet 1870 permet aux communes de leur appliquer l'excédent des prestations nécessaires aux chemins vicinaux. Il est assez admis que les chemins ruraux, faisant partie du domaine privé, sont prescriptibles.

Ce que nous venons de dire va nous faciliter nos explications en ce qui concerne les alignements.

§ X. — ALIGNEMENTS.

L'alignement est la détermination de la ligne qui sépare la voie publique des propriétés riveraines. L'alignement *général* est celui qui détermine la direction d'un chemin et le constate dans un plan général : l'alignement *individuel ou partiel* est l'acte par lequel l'administration désigne à une personne déterminée la ligne séparatrice de la voie publique et de sa propriété, lorsqu'elle veut établir le long du chemin des constructions, plantations ou clôtures. De là, découle, dans tous ces cas, la nécessité de demander un alignement ; cette condition est nécessaire quand même il existerait un plan général.

Les demandes d'alignement doivent être rédigées en double exemplaire, une sur papier timbré de 0 fr. 60, l'autre sur papier libre. Voici le modèle d'une demande de ce genre :

M. le Sous-Préfet de l'arrondissement
de ————————

Le sieur ———— domicilié à ————
a l'honneur de vous prier de vouloir bien lui faire indiquer l'alignement qu'il devra suivre pour la construction (ou la reconstruction) d'un mur de sa propriété sise à ———— bornée d'un côté par M. ———— de l'autre par M. ————, d'un bout par M. ———— et de l'autre par le chemin ———— ———— n° ———— sur lequel le mur doit être construit.

Pour la voirie vicinale, il faut suivre la triple distinction que nous avons établie plus haut.

Pour les chemins vicinaux de grande communication, c'est le sous-préfet qui est chargé de délivrer les alignements partiels, toutes les fois qu'il y a un plan général d'alignement régulièrement approuvé ou en se conformant à l'état des lieux.

Pour les chemins vicinaux ordinaires ou de droit commun, c'est le maire qui délivre les alignements partiels.

La servitude d'alignement impose à un riverain des restrictions :

1° Il lui faut obtenir l'autorisation préalable de l'administration pour faire, le long de la voie publique, des constructions, plantations ou clôtures.

2° Il ne peut faire aucun travail confortatif à un mur de force qui, d'après l'alignement, serait sujet à reculement. Il est même obligé, pour les travaux non confortatifs, d'obtenir une autorisation.

Le plan général d'alignement (1) peut obliger le propriétaire à reculer ou à avancer, à céder du terrain ou à en prendre. En effet il arrivera souvent : ou bien que la propriété riveraine empiète sur le tracé de la voie publique, ou bien qu'elle se trouvera en dehors de ce tracé et à une certaine distance, c'est-à-dire en retraite de l'alignement.

Dans le premier cas, c'est-à-dire quand la propriéte empiète sur la voie publique, la partie retranchable est immédiatement transférée au domaine public, sauf indemnité. L'alignement opère ainsi l'attribution de propriété *sui generis*. Si la propriété sujette à reculement est une maison, comme le propriétaire ne peut faire aucun travail confortatif au mur de face, le terrain sera incorporé au domaine public lorsque la maison viendra à tomber par vétusté ou qu'elle sera démolie volontairement ou même forcément, pour cause de sécurité publique et l'indemnité sera due seulement pour la valeur du terrain délaissé, mais non pour le préjudice éprouvé par

(1) Voir F. Bœuf, *Droit administratif*.

suite de la ruine ou de la reconstruction de la maison.

Dans le second cas, c'est-à-dire quand la propriété riveraine est en retrait de l'alignement, le propriétaire a le droit de préemption pour acquérir, de préférence à tous autres, le terrain libre qui se trouve entre le nouveau tracé d'alignement et sa propriété. Spécialement pour la voirie urbaine, si le propriétaire riverain ne veut pas exercer ce droit, l'art. 59 de la loi du 16 septembre 1807 autorise l'administration à le déposséder de l'ensemble de sa propriété, en lui payant la valeur telle qu'elle était avant l'entreprise des travaux.

Les arrêtés d'alignement ou les permissions de voirie peuvent donner lieu à des réclamations de la part des particuliers ou à des poursuites de la part de l'administration. Les particuliers dont l'intérêt se trouve lésé, peuvent recourir par voie gracieuse, en suivant la hiérarchie administrative, pour obtenir la réformation de l'acte qui leur nuit.

Si leur droit est violé, soit parce qu'il y a refus de délivrance d'un alignement, soit parce que l'alignement n'est pas délivré en conformité d'un plan général, le recours par voie contentieuse leur est ouvert, même devant le conseil d'État.

L'inobservation des lois et règlements sur les alignements, en matière de voirie vicinale, est de la compétence du Conseil de préfecture, qui statue sur les anticipations et en ordonne la suppression ; mais le Conseil de préfecture n'a pas de juridiction répressive et c'est le tribunal de simple police qui est chargé d'appliquer l'amende à la contravention commise sur les chemins vicinaux.

SIXIÈME PARTIE

PRIX DE REVIENT
ESTIMATION DES DIFFÉRENTS TRAVAUX ET DES FOURNITURES

Il est presque impossible de donner des indications pour les frais d'exécution : il existe de grandes différences de prix pour la valeur des matériaux, la main-d'œuvre et le transport : on doit de plus tenir compte des variations qui résultent de l'abondance du travail ou du chômage.

Le meilleur moyen de se renseigner sur le montant de la dépense à exécuter, est de faire dresser un devis bien détaillé et qu'on contrôle en le comparant avec les usages locaux. Dans les endroits où il y a des *séries de prix* la vérification est assez facile ; dans les villages, on sait toujours ce que coûte la main d'œuvre et, en ce qui concerne les matériaux, il est toujours possible de se renseigner.

Nous donnons, d'après la série de la Ville de Paris et quelques auteurs, des spécimens de prix pour des travaux composés :

TERRASSEMENT :

Fouille en rigole pour fondation, avec jet et épandage, le mètre cube, 0 f. 40 à.......	0 f. 65
— en excavation avec jet et chargement sur charriot, 0 f. 50 à....................	0 f. 80

MAÇONNERIE :

A. *Maçonnerie en moellons* ou pierrailles hourdies en mortier de chaux et sable par mètre cube :

Moellons en pierrailles..............	2 f. »	
Chaux, 0 m. c. 080, à 25 f. le mèt. cube.	2 »	
Sable, 0 m. 0250 à 2 f. le mèt. cube...	0 50	
Façon............................	3 50	8 f »

B. *Maçonnerie en moellons* ou pierrailles hourdies en terre, par mètre cube :

Moellons en pierrailles...............	2 f. »	
Façon............................	3 50	5 f. 50

C. *Maçonnerie en briques* posées sur champ par mètre superficiel, cloisons de 0m054 d'épaisseur :

38 briques à 32 f. le mille..........	1 f. 22	
Mortier............................	0 10	
Façon............................	0 35	1 f. 67

D. *Maçonnerie en briques* posées à plat pour former des cloisons de 0m11 d'épaisseur :

76 briques à 32 f. le mille...........	2 f. 44	
Mortier..............................	0 20	
Façon................................	0 70	3 f. 34

E. *Maçonnerie en briques* posées à plat pour former des cloisons de 0m22 d'épaisseur, par mètre superficiel :

152 briques à 22 fr. le mille.........	4 f. 88	
Mortier..............................	0 30	
Façon................................	1 32	6 f. 50

F. *Enduit* en mortier de chaux et de sable par mètre superficiel :

Chaux, 0 m. c. 018 à 25 fr. le m cube.	0 f. 46	
Sable, 0 m. c. 010 à 2 fr.............	0 02	
Façon................................	0 27	0 f. 75

G. *Crépi* en mortier de chaux et sable par mètre superficiel :

Chaux, 0 m. c. 008 à 25 fr. le m. cube.	0 f. 20	
Sable, 0 m. c. 005 à 2 fr.............	0 01	
Façon................................	0 15	0 f. 36

H. *Plafond* en plâtre par mètre superficiel.

6 lattes à 0 fr. 025 l'une.............	0 f. 15	
Clous à lattes, 0 k. 025 à 1 fr. le kilo.	0 03	
Plâtre, 0 m. c. 080 à 20 fr. le m. cube.	1 60	
Façon................................	1 22	3 f. »

I. *Plancher* en torchis sur bardeaux par mètre superficiel :

45 bardeaux de 0m04, 0m07 et 0m32 de longueur à 25 fr. le mille.........	0 f. 80	
Façon................................	0 40	1 f. 20

J. *Dallage* en pierre dure de 0m08 d'épaisseur par mètre superficiel :

Pierre, 0 m. 080 à 30 fr. le m. cube...	2 f. 40	
Sciage.............................	5 50	
Pose et mortier..........................	0 75	8 f. 65

K. *Carrelage en terre cuite* par mètre superficiel :

38 carreaux à 20 fr. le mille........	0 f. 76	
Mortier............................	0 17	
Façon.............................	0 50	1 f. 43

L. *Aire avec tuiles* par mètre superficiel :

12 tuiles à 30 fr. le mille............	0 f. 36	
Façon.............................	0 40	0 f. 70

CHARPENTE :

Chêne par stère :

Bois..............................	30 f. »	
Façon.............................	15 »	45 f. »

Bois blanc par stère :

Bois..............................	25 f. »	
Façon.............................	15 »	40 f. »

COUVERTURE :

Tuiles par mètre superficiel :

37 tuiles à 30 fr. le mille............	1 f. 11	
7 lattes à 0 f. 025 l'une..............	0 18	
Clous.............................	0 04	
Façon.............................	0 45	1 f. 78

Ardoises ordinaires par mètre superficiel :

44 ardoises à 32 f. le mille..........	1 f.	41	
88 clous à ardoise à 1 f. 15 le mille..	0	10	
6 mètres de voliges à 0 fr. 05........	0	30	
37 clous à voliges à 3 fr. le mille.....	0	11	
Façon..........................	0	75	2 f. 67

Grandes ardoises :

10 ardoises à 22 fr. le cent...........	2 f.	20	
20 clous en cuivre..................	0	15	
4 mètres de voliges à 0 fr. 05........	0	20	
24 clous à voliges à 3 fr. le mille.....	0	07	
Façon..........................	0	50	3 f. 12

MENUISERIE :

Porte en chêne et sapin à grands cadres :		
de 34 millimètres..................	15 f.	25
— en sapin..........................	14	75
Porte en chêne et sapin, à petits cadres :		
34 millimètres..................	10	»
27 millimètres..................	9	25
Porte tout en sapin, à petits cadres :		
34 millimètres..................	8	25
27 millimètres..................	7	75
Porte vitrée en chêne :		
34 millimètres..................	10	50
27 millimètres..................	9	25
Porte vitrée, en chêne et sapin :		
34 millimètres..................	9	»
27 millimètres..................	8	»
Porte vitrée tout en sapin :		
34 millimètres..................	7	50
27 millimètres..................	8	»

Porte en chêne, emboîtée :		
34 millimètres	10	25
27 millimètres	8	50
Porte en sapin, emboîtée :		
34 millimètres	6	75
27 millimètres	6	»
Porte arasée en chêne :		
34 millimètres	13	50
27 millimètres	10	50
Porte arasée, chêne et sapin :		
34 millimètres	11	»
27 millimètres	8	50
Porte arasée tout en sapin :		
34 millimètres	8	25
27 millimètres	7	75
Croisée à dormant de 54 millimètres et châssis de 34 millimètres seulement	8	25
— toute ferrée (6 fiches chanteaux, 8 équerres et 1 créneau de 18 millim.	10	50
Persienne en chêne et sapin	9	25
— ferrée (8 équerres, 4 paumelles avec gonds, 1 loqueteau avec tirage, 1 poignée)	11	75
— tout en sapin	8	50
— ferrée	11	»
Bâtis en chêne :		
34 millimètres au mètre	0	90
27 millimètres au mètre	0	70
Bâtis en sapin :		
34 millimètres	0	70
27 millimètres	0	50
Contre-bâtis en chêne, 27 millimètres	0	65
Barres d'appui en chêne à gorge	0	80

Huisserie en chêne........................... 1 40
— en sapin........................... 0 85

SERRURERIE :

Fers dits en double T ou en F pour fourniture, seulement les cent kilog.

1° ordinaires jusqu'à 8m de long et 0m08 à 0m22 de hauteur.............................. 21 f. »
2° à larges ailes........................... 25 »

Gros fers de bâtiment au kilog. tout compris, fourniture et poses.

1° Coupé de longueur seulement, pour plancher en fer.............................. 0 25
2° Coupé, puis dressé en fer rond ou carré pour linteaux droits, cales, ancres ou analogues.. 0 30
3° Coupé, courbé, une ou plusieurs fois, puis dressé ; pour entretoises de planchers en fer à hourdis, linteaux cintrés, soutiens de manteaux de cheminée, bandes, chevêtres, tirants, harpons........................... 0 40
4° Coupé, courbé, dressé, percé, taraudé pour gros et longs boulons, tiges taraudées avec écrous.............................. 0 50
5° Travaillé de même et assemblé, pour étriers, poitrail sur grandes portes, ou fermes dans planchers en fer........................... 0 60
6° Travaillé de même avec assemblages divers pour fermes de comble..................... 0 70
7° Même emploi sur bâtiments circulaires ou à combles arrondis........................... 0 77

Ouvrages en fer à double T ou en I au kilog. tout compris.

1° Fer ordinaire en I coupé et percé, sans entretoises pour plancher	0	28
2° Fer en I à larges ailes coupé et percé sans entretoises pour plancher	0	32
3° Pour portrail ou poutres jumelles	0	32
4° Fer ordinaire en I pour plancher, les solives assemblées aux cornières en poitrail, avec brides, entretoises, boulons et croisillons	0	35
5° Fer en I ordinaire, employé pour fermes de combles, arbalétriers ou arêtiers, droits ou biais, y compris les pièces d'assemblage en fonte nécessaire, les sabots exceptés	0	65
6° Charronnages en fer en I	0	44
7° Sabots en fonte pour fermes en fer en I	0	45

Fonte, au kilogramme.

1° En tuyaux	0f.	28
2° En raccords de tuyaux	0	30
3° En tuyaux pour eau forcée (petit diamètre)	0	33
4° En colonnes pleines, modèle du commerce	0	20
5° Pose de colonne	0	02

QUINCAILLERIE à la pièce, au mètre linéaire ou superficiel, tout compris suivant ordre alphabétique.

Anneau d'écurie avec vis à bois, fer brut, à la pièce, de 0,07 à 0,08 de diamètre	0	45
Anneau d'écurie avec vis à bois, poli ou étamé	1	»
Anneau de trappe à charnière, entaillé à fleur de bois, de 0,08 de diamètre	1	80
Anneau de dalle ou tampon de fosse demi-fort de 0,14 de diamètre	4	70

Bec de cane, compris gâche et pose :

Avec une longueur de 8 cent...........	2	20
— 11 centimètres.....	2	30
— 14 centimètres.....	3	10
Bec de cane S T, à foliot en bronze comprimé, chanfrein :		
de 0,11 de long.....................	4	50
de 0,14 de long.....................	5	»
Béquille en cuivre pour bec de cane et serrure à foliot n° 3..........................	2	»
Boucle à bascule en fer pour loquet ordinaire.	1	50
— pour portes d'ecurie de 0.08 de diamètre..........................	1	80
Chárnière, à la pièce, en fer carré langue en feuillure :		
— ordinaire 0,06 de longueur......	0	20
— — 0.08 de longueur.......	0	25
— — 0.12 de longueur.......	0	40
— renforcée 0.08 de longueur......	0	26
— — 0.12 de longueur......	0	47
— de trappe empâtement en T, 0.30 de branche.................	4	»
Châssis en tabatière; le mètre linéaire avec dormant en fonte ou tôle.................	6	»
Crémone jusqu'à 2 mètres de longueur, ordinaire, tringle noire de 0.14 de diamètre....	2	25
Crochet plat avec vis et piton de 0.08 de long.	0	33
— 0.11 de long.	0	40
— rond avec tirefonds de 0.11 de long..	0	30
— — 0.16 de long..	0	35
— — 0.25 de long..	0	50
Equerre à la pièce, simple, renforcée, compris entaille, vis, pose :		
de 0.16 de branche.................	0	15
de 0.22 de branche.................	0	23

Equerre double ordinaire de 1 mètre de développement	1	45
Equerre à T double de 1 m. de développement	1	90
Fiche à bouton, avec broche posée sur tréteau en tôle de 1 millimètre d'épaisseur :		
de 0.095 de long	0	32
de 0.125 de long	0	50
de 0.160 de long	0	70
Fiche à broche, tournée, boule et nœuds polis :		
de 0.120 de long	0	64
de 0.160 de long	0	90
Gâches (à la pièce) plate, tôle forte pour verrou targette et droite	0	50
— à trois empenages	0	70
Gâches (à la pièce) à patte de 0.035 de haut entre coude	0	50
— — de 0.50 de haut entre coude	0	60
— à scellement pour bec de cane	0	45
— pour serrure à pêne dormant	0	50
— pour serrure de sûreté	0	55
Gond (à la pièce) pour paumelle à scellement		
— de 0.11 à 0.16 de long	0	16
— à pointe de 0.11 à 0.16 de long	0	38
— à patte jusqu'à 0.65 de branche	0	67
— pour penture ordinaire à scellement :		
jusqu'à 0.65 de branche	0	66
à pointe jusqu'à 0.65 de branc.	0	90
à patte jusqu'à 0.65 de branc.	1	06
Loquet, à la pièce, ordinaire, demi-léger, à bouton olive rond de 0.32 de long	1	45
— renforcé à bouton olive rond de 0.32	2	30

Loqueteau, à la pièce, coudé tout compris de 0.04 de largeur	0	95
— à pompe, tout compris, fente de 0.095 de long	0	70
Patte à la pièce, tout compris pour glace, de 0.054 de long	0	10
— pour glace de 0.130 de long	0	17
— à chambranle de 0.11 à 0.14 de long	0	09
— à scellement pour huisserie fixée de 0.16 à 0 20	0	75
Paumelle simple à T avec gond à scellement fixée de 0.14 de branche	0	70
— de 0.25 de branche	1	25
— à équerre avec gond à scellement fixée de 0.19 de branc.	1	40
— simple à équerre avec gond à scellement fixée de 0.30 de branche	2	25
Paumelle double à T ordinaire, avec gond à scellement fixée :		
de 0.14 de branche	0	85
de 0.30 de hauteur de branche	2	20
Penture ordinaire non compris gond à scellement fixée :		
de 0.33 de largeur	0	85
de 0.80 de largeur	2	10
Pivot à équerre ordinaire en congé de :		
de 0.16 de branche	1	20
de 0.25 de branche	2	»
Serrure d'armoire de 0.07 de long	2	50
— de 0.11 de long	4	
Id., à pêne dormant demi-forte à bouterolle :		
de 0.14 de long	4	»
de 0.16 de long	4	50

Id., à tour et demi, demi forte à bouterolle :		
de 0.11 de long	3	40
de 0.16 de long	4	25
Serrure de sûreté à foliot blanchie :		
de 0.14 de long	8	»
de 0.16 de long	9	»
Id. à 4 gorges clef bénarde :		
de 0.14 de large	7	50
de 0.16 de large	8	50
Serrure estampillée de sûreté dite poussée à gorge mobille :		
clef bénarde foliot de 0,14 de long	7	50
de 0.16 de long	14	»
clef forée de 0.14	21	50
de 0.16	22	25
Targette (à la pièce) en fer renforcé, picolet demi rond :		
de 0.55 de largeur	0	85
très forte, polie, de 0.55 de largeur	1	80
Verrou à ressort en fer blanchi, conduit à pattes de 0.018 de large et 0.4 de long	1	60
Id., à arrêt, à vis pène de 0.032 sur 0.008 et 0.40 de long	3	40
Id., à tige demi-ronde, forte en fonte, de 0.032 de large et 0.40 de long	3	10

TUYAUTERIE :

Tuyaux de fonte à emboîtement et cordons de 0.08 de diamètre, les 100 kilos	28	»
— Petits diamètres	30	»
Zinc neuf laminé, le kilo	0	76
Tuyaux de plomb doublé d'étain de 2 1/2 à 5 1/2 millimètres d'épaisseur, le kil. 0f. 97 à	1	32

Nœud de soudure pour tuyaux de plomb de 1 à

6 centim. de diamètre..............0f.77 à	3	80
Robinet en cuivre à tête où à deux eaux de 10 à 34 millimètres de diamètre intérieur 2 à	12	»
Crochets pour gouttières de 0.25 à 0.325 de développement, la pièce...............0f.20 à	0	25
Gouttières en zinc, de 0.25 à 0.325 de développement, le mètre linéaire............1f.40 à	1	50
Tuyaux en zinc avec colliers tous les 0.81 en 0.08 de diamètre, le mètre linéaire.........	1	30
en 0.11..........................	1	35
Pose de tuyaux en fonte en tranchées dans le sol jusqu'à 0m80 de profondeur, tuyaux de 0.06 à 0,125 de diamètre............1f.80 à	2	30

PEINTURE :

Ouvrages préparatoires au mètre carré.

Epoussetage et nettoyage sur boiseries, murs et plafonds................................	0	02
Égrainage sur plafonds et murs neufs..........	0	03
Lavage à l'eau, à l'éponge et brosse ronde sur vieux plafonds et murs pour enlever la détrempe................................	0	08
Lavage sur boiseries moulurées..............	0	10
Lessivage à l'eau seconde coupée, de peintures ordinaires à conserver..................	0	08
Brûlage au réchaud et grattage de vieilles peintures à refaire........................	1	50
Rebouchage au mastic à l'huile ordinaire avec blanc de céruse, sur murs et boiseries.......	0	18
Enduit à la colle sur parties unies...........	0	50
sur champ et panneaux de boiserie....	0	75
au blanc de céruse à l'huile sur parties unies................................	1	»
sur champ et panneaux de boiserie....	1	40

Ouvrages en détrempe au mètre carré.

Badigeon à la chaux et à l'alun, deux couches compris égrainage	0	12
Encollage, une couche sur parties unies	0	10
Blanc du plafond, une couche	0	10
— deux couches	0	18
Détrempe mate soignée sur boiseries ou corniches en verre ordinaire, une couche	0	18
Détrempe mate; deux couches dont une d'encollage	0	28

Ouvrages à l'huile au mètre carré.

Huile bouillante ; une couche	0	42
Impression sur murs et boiseries	0	35
en minium	0	42
Peinture ordinaire tons communs, une couche.	0	35
— deux couches	0	64
Plus-value pour chaque couche où il entre des couleurs fines	0	10
Peinture figurant du bois ou du marbre : vernie au vernis gras sur fond à l'huile :		
Une couche	2	20
Deux couches	2	50
Mise en couleurs de carreaux ou parquets frottés seulement	0	10
Mise en couleurs de carreaux ou parquets encaustiqués et frottés	0	18
Mise en couleurs de carreaux ou parquets avec une couche de colle en plus	0	35
Mise en couleur de carreaux ou parquet avec cette couche et une d'huile	0	65
Mise en couleurs de carreaux ou parquets au vernis siccatif, brillant ordinaire, une couche	0	50

Mise en couleurs de carreaux ou parquets au vernis siccatif brillant ordinaire, deux couches	0	85

Tenture au mètre carré.

Egrainage de murs avant collage............	0	03
Papier gris fourni et collé..................	0	19
Papier peint mat ordinaire sur carré pour coll.	0	31
Papier peint uni (bois ou marbre) pour panneaux ou assises..........................	0	18
Bordure mate et satinée, le mètre linéaire....	0	03

VITRERIE :

Verre ordinaire blanc 2e choix pour croisées, posé à neuf, le mètre carré................	5	»
Verre ordinaire blanc 2e choix pour croisées, pour entretien............................	5	75
Plus-value pour emploi de verre double......	3	75

FIN.

TABLE DES MATIÈRES

DEUXIÈME PARTIE

BATIMENTS D'HABITATION, LOGEMENTS DES ANIMAUX ET BATIMENTS D'EXPLOITATION

TROISIÈME PARTIE

CONSTRUCTIONS ET INSTALLATIONS ANNEXES

QUATRIÈME PARTIE

DISPOSITIONS GÉNÉRALES DES BATIMENTS DE FERME.

CINQUIÈME PARTIE

LOIS ET RÈGLEMENTS CONCERNANT LES BATIMENTS RURAUX. CODE CIVIL. — DROIT ADMINISTRATIF

SIXIÈME PARTIE

PRIX DE REVIENT, ESTIMATION DES DIFFÉRENTS TRAVAUX ET DES FOURNITURES

ÉMILE COLIN — IMPRIMERIE DE LAGNY

Les secrets de la science et de l'industrie. Recettes, formules et procédés d'une utilité générale et d'une application journalière, par le Dr HÉRAUD, pharmacien en chef de la marine, professeur à l'Ecole de médecine navale de Toulon. 1888, 1 vol. in-16, de 366 pages, avec 163 figures, cartonné. . . . . . . 4 fr.

L'électricité; les machines; les métaux; le bois; les tissus; la teinture; les produits chimiques; l'orfèvrerie; la céramique; la verrerie; les arts décoratifs; les arts graphiques.

Les secrets de l'économie domestique, à la ville et à la campagne. Recettes, formules et procédés d'une utilité générale et d'une application journalière, par le professeur A. HERAUD. 1888, 1 vol. in-16 de 384 pages, avec 241 figures, cartonné. . . . . 4 fr.

L'habitation; le chauffage; les meubles; le linge; les vêtements; la toilette, l'entretien, le nettoyage et la réparation des objets domestiques; les chevaux et les voitures; les animaux et les plantes d'appartements; la serre et le jardin; la destruction des animaux nuisibles.

Les secrets de l'alimentation. Recettes, formules et procédés d'une utilité générale et d'une application journalière, par le professeur A. HERAUD. 1890, 1 vol. in-16 de 423 pages, avec 221 figures, cartonné. . . . . 4 fr.

Le pain, la viande, les légumes, les fruits; l'eau, le vin, la bière, les liqueurs; la cave, a cuisine, l'office, le fruitier, la salle à manger, etc.

Ces trois ouvrages de M. le professeur Héraud contiennent une foule de renseignements que l'on ne trouverait qu'en consultant un grand nombre d'ouvrages différents. C'est une petite encyclopédie qui a sa place marquée dans la bibliothèque de l'industriel et du campagnard. M. Héraud met à contribution toutes les sciences pour en tirer les notions pratiques qui peuvent être utiles. De là, des recettes, des formules, des conseils de toute sorte et l'énumération de tous les procédés applicables à l'exécution des diverses opérations que l'on peut vouloir tenter soi-même.

Jeux et récréations scientifiques. Applications usuelles des mathématiques, de la physique, de la chimie et de l'histoire naturelle, par le professeur A. HERAUD. 1893, 1 vol. in-16 de 636 pages, avec 297 figures, cartonné. . 4 fr.

Les infiniment petits, le microscope, récréations botaniques, illusions des sens, les trois états de la matière, les propriétés des corps, les forces et les actions moléculaires, équilibre et mouvement des fluides, la chaleur, le son, la lumière, l'électricité statique, le magnétisme, l'électricité dynamique, récréations chimiques, les gaz, les combustions, les corps explosifs, la cristallisation, les précipités, les liquides colorés, les décolorations, les écritures secrètes, récréations mathématiques, propriétés des nombres, le jeu du Taquin, récréations astronomiques et géométriques, jeux mathématiques et jeux de hasard.

ENVOI FRANCO CONTRE UN MANDAT POSTAL.

Les industries d'amateurs. Le papier et la toile, la terre, la cire, le verre et la porcelaine, le bois, les métaux, par H. de GRAFFIGNY. 1888, 1 vol. in-16 de 365 pages, avec 395 figures, cartonné. . . . . 4 fr.

Cartonnages ; papiers de teinture ; encadrements ; masques ; brochage et reliure ; fleurs artificielles ; aérostats ; feux d'artifices ; modelage ; moulage ; gravure sur verre ; peinture de vitraux ; mosaïques ; menuiserie ; tour ; découpage du bois ; marqueterie et placage ; serrurerie ; gravure en taille-douce ; mécanique ; électricité ; galvanoplastie ; horlogerie.

La menuiserie, par A. POUTIER, professeur à l'école des arts industriels d'Angers. 1894, 1 vol. in-16 de 350 pages, avec 80 figures dessinées par l'auteur, cartonné. . . . . 4 fr.

Histoire des parfums et hygiène de la toilette. Poudres, vinaigres, dentifrices, fards, teintures, cosmétiques, etc., par S. PIESSE, chimiste-parfumeur à Londres. *Édition française*, par F. CHARDIN-HADANCOURT et H. MASSIGNON, parfumeurs à Paris et à Cannes, et G. HALPHEN, chimiste au Laboratoire du Ministère du Commerce. 1889, 1 vol. in-16 de 371 pages, avec 68 figures, cartonné . . . . 4 fr.

La parfumerie à travers les siècles ; histoire naturelle des parfums d'origine végétale et d'origine animale ; hygiène des parfums et des cosmétiques ; hygiène des cheveux et préparations épilatoires ; poudres et eaux dentifrices ; teintures, fards, rouges, etc.

Chimie des parfums et fabrication des savons, odeurs, essences, sachets, eaux aromatiques, pommades, etc., par S. PIESSE, chimiste-parfumeur à Londres. *Édition française*, par F. CHARDIN-HADANCOURT, H. MASSIGNON et G. HALPHEN. 1890, 1 vol. in-16 de 397 pages, avec 78 figures, cartonné. . . . . 4 fr.

Extraction des parfums ; propriétés, analyses, falsifications des essences ; essences artificielles ; applications de la chimie organique à la parfumerie ; fabrication des savons ; études des substances employées en parfumerie ; formules et recettes pour essence ; extraits, bouquets, eaux composées, poudres, etc.

Aide-mémoire pratique de photographie, par ALBERT LONDE, directeur du service de photographie de la Salpêtrière. 1893, 1 vol. in-16 de 352 p., avec 51 figures et 1 planche en photocollographie, cart. 4 fr.

La lumière. — Le matériel photographique. — La Chambre noire, l'Objectif, l'Obturateur, le Viseur, le Pied. — L'Atelier vitré. — Le Laboratoire. — Le Négatif. — Exposition, développement. — Le Positif — Procédés photographiques. — La Photocollographie. — Les Agrandissements. — Les Projections. — La Reproduction des couleurs. — Orthochromatisme. — Procédé Lippmann. — La Photographie à la lumière artificielle.

La machine à vapeur, par A. WITZ, docteur ès-sciences, ingénieur des arts et manufactures. 1891, 1 volume in-16, de 324 pages, avec 80 figures, cartonné . . . . 4 fr.

Théorie générique et expérimentale de la machine à vapeur. Détermination de la puissance des machines. Classification des machines à vapeur. Distribution par tiroir et à déclic. Organes de la machine à vapeur. Types de machines, machines à grandes vitesses, horizontales et verticales. Machines locomobiles demi-fixes et servo-moteurs, machines compactes, machines rotatives et turbo-moteurs.

Le gaz et ses applications, éclairage, chauffage, force motrice, par E. DE MONT-SERRAT et BRISAC, ingénieurs de la Cie parisienne du gaz. 1892, 1 vol. in-16, de 368 pages, avec 86 figures, cartonné . . . . 4 fr.

Fabrication du gaz et canalisation des voies publiques. Eclairage : principaux brûleurs à gaz, éclairage public et privé. Chauffage : applications à la cuisine et à l'économie domestique, applications industrielles, emploi dans les laboratoires. Moteurs à gaz. Sous-produits de la fabrication du gaz.

L'éclairage électrique, générateurs, foyers, distribution, applications, par L. MONTILLOT, directeur de télégraphie militaire. 1894, 1 vol. de 408 pages, avec 190 figures, cartonné. . . . . . . 4 fr.

L'auteur passe en revue les piles industrielles, les accumulateurs, les machines dynamo-électriques, les régulateurs à arc, les bougies, les lampes à incandescence; les divers systèmes de distribution par courant continu ou par courants alternatifs et transformateurs.

La seconde partie, est consacrée aux applications de la lumière électrique, soit à l'éclairage de la voie publique, soit aux manœuvres marines et aux opérations de la guerre, à l'industrie et aux installations domestiques.

L'électricité à la maison, par JULIEN LEFÈVRE, professeur à l'École des sciences de Nantes. 1889, 1 vol. in-16 de 396 pages, avec 209 figures, cartonné. . . . . 4 fr.

Production de l'électricité; piles; accumulateurs; machines dynamos; lampes à incandescence; régulateurs; bougies; allumoirs; sonneries; avertisseurs automatiques; horlogeries; réveille-matin; compteurs d'électricité; téléphones et microphones; moteurs; locomotion électrique; bijoux; récréations électriques; paratonnerres.

Le chauffage et les applications de la chaleur, dans l'industrie et l'économie domestique, par JULIEN LEFÈVRE, professeur à l'École des sciences de Nantes. 1889, 1 volume in-16 de 356 pages, avec 188 figures, cartonné. . . . . 4 fr.

La ventilation naturelle, par cheminée chauffée et mécanique. Chauffage par les cheminées et par les poêles, fixes ou mobiles, chauffage des calorifères, par l'air chaud, l'eau chaude, la vapeur, chauffage des cuisines, des bains, des serres, des voitures et des wagons, etc. Transformation des liquides en vapeurs : *distillation* (de l'eau, de l'alcool et du goudron de houille), *évaporation, séchage et essorage.*

ENVOI FRANCO CONTRE UN MANDAT POSTAL.

La soie, au point de vue scientifique et industriel, par LEO VIGNON, maître de conférences à la Faculté des sciences, sous-directeur de l'Ecole de chimie industrielle de Lyon. 1890, 1 vol. in-16 de 359 pages, avec 81 figures, cartonné. 4 fr.

Le ver à soie; l'œuf; le ver; la chrysalide; le papillon; la sériciculture et les maladies du ver à soie; la soie; le triage et le dévidage des cocons; étude physique et chimique de la soie grège; le moulinage; les déchets de soie et l'industrie de la schappe; les soieries; essais, conditionnement et tirage; la teinture; le tissage; finissage des tissus; impression; apprêts; classification des soieries; l'art dans l'industrie des soieries; documents statistiques sur la production des soies et soieries.

Les matières colorantes et la chimie de la teinture, par L. TASSART, ingénieur, répétiteur à l'Ecole centrale des arts et manufactures, chimiste de la Société des matières colorantes et produits chimiques de Saint-Denis (Etablissements POIRRIER et DALSACE). 1889, 1 vol. in-16, de 296 pages, avec 26 figures, cartonné. . . . . 4 fr.

Matières textiles : fibres d'origine végétale, coton, lin, chanvre, jute, ramie; fibres d'origine animale, laine et soie; matières colorantes minérales, végétales et animales; matières tannantes; matières colorantes artificielles; dérivés du triphényl-méthane, phaléines; matières colorantes nitrées et azoïques, indo-phénols, safranines, alizarines, etc.; analyse des matières colorantes; mordants d'alumine, de fer, de chrome, d'étain, etc.; matières employées pour l'apprêt des tissus; des eaux employées en teinturerie et de leur épuration.

L'industrie de la teinture, par L. TASSART, 18[illegible]0, 1 vol. in-16, de 305 pages, avec 55 figures, cartonné. . . . . 4 fr.

Le blanchiment du coton, de la laine et de la soie; le mordançage; la teinture à l'aide des matières colorantes artificielles (matières colorantes dérivées du triphénilméthane, phtaléines; matières colorantes artificielles, safranine, alizarine, etc.); de l'échantillonnage; manipulation et matériel de la teinture des fibres textiles, des fils et des tissus; rinçage, essorage, séchage, apprêts, cylindrage, calendrage, glaçage, etc.

La plume des oiseaux, par LACROIX-DANLIARD, histoire naturelle, habitat, mœurs, chasse et élevage des oiseaux dont la plume est utilisée dans l'industrie du plumassier, préparation et mise en œuvre de la plume, usages guerriers, parure et habillement, usages domestiques, conservation, statistique, pays de provenance et principaux marchés. 1891, 1 vol. in-16, de 368 pages, avec 94 figures, cartonné. . . . . 4 fr.

Le poil des animaux et les fourrures, par LACROIX-DANLIARD, histoire naturelle, habitat, mœurs et chasse des animaux à fourrures, industrie des pelleteries et fourrures, principaux marchés, préparation, mise en œuvre, conservation, poils et laines, industrie de la chapellerie et de la brosserie, etc. 1892, 1 vol. in-16 de 419 pages, avec 79 figures, cartonné. . . . . 4 fr.

L'art de l'essayeur, par A. RICHE, directeur des essais à la Monnaie de Paris, et E. GÉLIS, ingénieur des arts et manufactures. 1888, 1 vol. in-16, de 384 pages, avec 94 figures, cartonné. . . . . . . 4 fr.

Préparation des matières. Principales opérations : fourneaux ; vases ; agents et réactifs essais qualificatifs par voie sèche. Argent ; or ; platine ; palladium ; plomb ; mercures ; cuivre ; étain ; antimoine ; arsenic ; bismuth ; nickel ; cobalt ; zinc ; aluminium ; fer. Essai des cendres. Tables pour le calcul des essais d'argent par la méthode de Gay-Lussac.

Monnaie, médailles et bijoux, essai et contrôle des ouvrages d'or et d'argent, par A. RICHE, 1889, 1 vol. in-16, de 396 pages, avec 66 figures, cartonné. . . . . 4 fr.

La monnaie à travers les âges ; les systèmes monétaires ; l'or et l'argent ; extraction ; affinage ; fabrication des monnaies ; la fausse monnaie. Les médailles et les bijoux ; titres, poinçons bigornes, exportation et importation ; ouvrages dorés, argentés, en doublé ; épingles, broches, bracelets ; bureaux de garantie : inspecteurs, contrôleurs, essayeurs ; la garantie et le contrôle en France et à l'étranger.

La pratique des essais commerciaux et industriels, par G. HALPHEN, chimiste du Ministère du commerce.

Une rédaction concise, l'indication de très nombreux détails pratiques relatifs aux quantités de réactif à employer, à la durée du traitement, l'exposé de toutes les précautions qu'il convient d'observer scrupuleusement pour mener à bien l'analyse entreprise, rendront ces 2 volumes également utiles aux personnes qui ne font pas de l'analyse chimique leur occupation habituelle et à celles qui sont familières avec ce genre de travail.

Matières minérales. Analyse qualitative et quantitative. 1892, 1 vol. in-16, de 342 pages, avec 28 figures, cartonné. . . . 4 fr.

Détermination des bases et des acides. Analyse des salicylates. Acidimétrie, alcalimétrie, ammoniaque, soude, potasse, chaux, chlorométrie, fer, cuivre, zinc, plomb, nickel, argent, or, alliages, terres, verres, couleurs, eaux, etc.

Matières organiques. 1893, 1 v. in-16, de 351 p., avec 72 fig. cart. 4 fr.

Farines et matières amylacées, poivre, matières sucrées, méthylènes, alcools et eaux-de-vie, kirch, vins, bières, vinaigre, éther, lait, beurre, fromage, herbes végétales, suifs, savons, glycérines, cires, résines, huiles minérales, huiles industrielles, combustibles ; huiles de houille, matières colorantes, engrais, cuivre, papiers, textiles et tissus, cuirs.

L'essai commercial des vins, par JULES DUJARDIN, ingénieur des arts et manufactures. 1892, 1 vol. in-16, de 368 p., avec 166 figures, cartonné . . . . 4 fr.

Examen des raisins. — Essai du moût. — Dosage de l'alcool, de l'extrait sec des cendres, du sucre, du tannin, de la glycérine, etc. Recherche du vin de raisins secs, du plâtre, de l'acide salicylique, de la saccharine, des colorants, etc. — Examen microscopique des vins malades. — Analyse et essai des vinaigres.

Les matières grasses, caractères, falsifications et essai des huiles, beurres, graisses, suifs et cires, par le Dr BEAUVISAGE, professeur agrégé d'histoire naturelle à la Faculté de Lyon. 1891, 1 vol. in-16, de 324 pages, avec 90 figures, cartonné. . . . 4 fr.

Matières grasses en général, caractères généraux, usages ; origine et extraction, procédés physiques et chimiques d'essai, huiles animales, huiles végétales diverses, huiles d'olive, beurres, graisses et suifs d'origine animale, beurres végétaux, cires animales, végétales et minérales.

ENVOI FRANCO CONTRE UN MANDAT POSTAL

Le petit jardin, par D. BOIS, assistant de la chaire de culture au Muséum. 1889, 1 vol. in-16, de 352 pages, avec 149 figures, cartonné. . . . . . 4 fr.

Création et entretien du petit jardin; les instruments; le sol; les engrais; l'eau; les couches et les châssis; le défoncement du sol, le binage et le sarclage; la multiplication; les semis; le greffage; le bouturage; la plantation; les cultures en pots; la taille des arbres; le jardin d'agrément; gazons; plantes et arbrisseaux d'ornement, corbeilles et massifs; le jardin fruitier; le jardin potager; alternance des cultures; les travaux mois par mois; les maladies des plantes et les animaux nuisibles.

Les plantes d'appartement et les plantes de fenêtres, par D. BOIS. 1891, 1 vol. in-16, de 388 pages, avec 169 figures, cartonné. . . . . 4 fr.

Principes de culture appliqués aux plantes d'appartement et de fenêtres : caisses et pots à fleurs, plantations, arrosage, lavage des plantes, rempotage, multiplication, maladies.

Règles à observer dans l'achat des plantes d'appartement.

Les palmiers, les fougères, les orchidées, les plantes aquatiques; les corbeilles et les bouquets; les plantes de fenêtres; le jardin d'hiver; culture en pots; conservation des plantes en hiver; choix des plantes et arbrisseaux d'ornement suivant leur destination, leur exposition à l'ombre et au soleil; ornementation des fenêtres et les appartements.

Les Orchidées. Manuel de l'amateur, par D. BOIS. 1893, 1 vol. in-16, de 323 pages, avec 119 figures, cartonné. . . . . 4 fr.

Caractères botaniques. — Distribution géographique. — Les orchidées ornementales. — La Vanille et les orchidées utiles. — Culture des orchidées. — Serres à orchidées. — Multiplication des orchidées. — Orchidées hybrides.

Le livre de M. Bois contient un choix des Orchidées les plus ornementales. Un tableau synoptique, accompagné de figures explicatives, des descriptions claires et précises, permettront d'arriver à en trouver les noms corrects, ainsi que l'indication de leur patrie ou de leur origine et le genre de culture qui leur est favorable. L'amateur d'Orchidées trouvera dans ce livre les notions qui lui sont indispensables pour suivre la culture de ses collections et se rendre compte des procédés de plantation, d'arrosage et de multiplication.

Les arbres fruitiers, par G. BELLAIR, jardinier en chef de l'Orangerie de Versailles. 1891, 1 vol. in-16, de 318 pages, avec 132 figures, cartonné. . . . . 4 fr.

Arboriculture générale : Le matériel et les procédés de cultures : l'arbre fruitier, ses organes, leur fonctionnement, le sol et les engrais; les outils de culture; aménagement du jardin fruitier : ameublissement du sol; multiplication des arbres; plantation; taille et direction; principales formes données aux arbres. Cultures spéciales; la vigne; les groseillers; le poirier; le pommier, le cognassier; le néflier; le pêcher; le prunier, l'abricotier, le cerisier, l'amandier; le noyer; le framboisier; le figuier, le châtaignier, le noisetier. Description des espèces et variétés. Culture. Maladies. Insectes nuisibles; restauration des arbres fruitiers; conservation des fruits.

Les maladies de la vigne et les meilleurs cépages français et américains, par JULES BEL. 1890, 1 vol. in-16 de 312 pages, avec 111 figures, cartonné. . . . . 4 fr.

Ce volume sera consulté avec profit par tous ceux qu'intéressent les questions se rapportant à la viticulture. A côté des études personnelles de l'auteur, ils y trouveront des remarques importantes dues aux savants les plus compétents, les résultats obtenus dans les écoles départementales de viticulture, ainsi que les essais faits chez les viticulteurs les plus éminents du midi de la France. Cet ouvrage, très substantiel, contient de nombreuses figures représentant l'aspect des principales maladies de la vigne et les principaux cépages ; ces dernières, fort intéressantes, sont la reproduction exacte de photographies.

Les ennemis de la vigne, moyens de les détruire par E. DUSSUC, ingénieur agronome, lauréat de l'Ecole de Grignon, ex-stagiaire au Laboratoire de viticulture de Montpellier. 1894, 1 vol. in-16 de 368 pages, avec 148 figures, cartonné. . . . . 4 fr.

La vigne est attaquée par une foule d'ennemis dont plusieurs sont des plus redoutables. Ce sont ces ravageurs de la vigne et les moyens de les combattre que M. DUSSUC, mettant à profit l'expérience qu'il avait acquise au Laboratoire de viticulture de l'Ecole d'agriculture de Montpellier, a exposé en un volume simple, précis et concis, que la Société des agriculteurs de France vient de couronner.

M. DUSSUC étudie successivement les insectes souterrains et aériens (Phylloxera, Pyrale, Cochylis, etc.), nuisibles à la vigne, les maladies cryptogamiques (Mildiou, Oïdium, Anthracnose, Black-Rot, Rot-Blanc, Brunissure, maladie de Californie, Pourridié, etc.), et les altérations organiques de la vigne (Chlorose, etc.).

C'est un livre essentiellement pratique donnant tous les moyens proposés pour combattre les ennemis de la vigne, leurs inconvénients et leurs avantages et leur prix de revient.

La pratique de la viticulture. Adaptation des cépages franco-américains aux vignobles français, par Mme la Duchesse DE FITZ-JAMES. 1894, 1 vol. in-16 de 390 p., avec 9 fig. cart. 4 fr.

L'auteur s'occupe d'abord des vignobles reconstitués qui se divisent eux-mêmes en deux grandes fractions, ceux qui donnent des résultats rénumérateurs et ceux qui n'en donnent pas; l'auteur y passe en revue le choix des cépages et les procédés de multiplication, le rôle favorable ou défavorable du terrain, des racines et des affinités respectives entre porte-greffes et greffons.

La deuxième partie traite des vignobles en voie de perdition et se divise encore en deux sections : vignobles menacés à courte échéance par le manque d'adaptation et la chlorose, et vignobles menacés d'une façon plus ou moins lointaine. La question toute nouvelle de la reconstitution par le provignage franco-américain est très longuement traitée.

Ce volume résume les travaux tout récents de MM. FOEX, P. VIALA, MUNTZ, PRILLIEUX, MARÈS, etc. au Congrès de Montpellier de 1893.

Les cultures sur le littoral de la Méditerranée. (Provence, Ligurie, Algérie), par M. SAUVAIGO, directeur du Muséum d'histoire naturelle de Nice. Introduction de Ch. NAUDIN, de l'Institut. 1894, 1 vol. in-16 de 316 p., avec 105 fig., cart. 4 fr.

Ce livre sera le guide indispensable du botaniste, de l'amateur de jardin et de l'horticulteur, dans cette région privilégiée du Midi.

L'auteur décrit les plantes décoratives et commerciales des jardins du littoral méditerranéen, indique les types les plus répandus, leur emploi et leur mode de culture ordinaire et intensive. Les plantes à fruits exotiques, les plantes à parfums, les plantes potagères et les arbres fruitiers. Il passe en revue la constitution du sol, les opérations culturales, les meilleures variétés de plantes, les insectes nuisibles, les maladies les plus redoutables.

ENVOI FRANCO CONTRE UN MANDAT POSTAL.

Le vin et l'art de la vinification,

par V. CAMBON, ingénieur des arts et manufactures, vice-président de la Société de viticulture de Lyon. 1892, 1 vol. in-16 de 324 pages, avec 75 figures, cartonné. . . . 4 fr.

Le raisin et le moût, la fermentation, la vinification, composition et analyse du vin, vinifications spéciales, maladies du vin, altérations et sophistications des vins, l'outillage vinaire, production du vin dans le monde, achat, livraison et transport du vin, etc.

Les eaux-de-vie et la fabrication du cognac,

par A. BAUDOIN, directeur du Laboratoire de chimie agricole et industrielle de Cognac. 1893, 1 vol. in-16, de 278 pages, avec 39 figures, cartonné. 4 fr.

Les eaux-de-vie. — L'eau-de-vie dans les Charentes. — La distillation. — Composition et vieillissement de l'eau-de-vie. — Analyse des vins et des eaux-de-vie. — Maladies, altérations et falsifications. — Manipulations commerciales. — Pesage métrique des eaux-de-vie. — Tables de mouillage. — Visite dans une maison de commerce. — Usages. — Les eaux-de-vie devant la loi, le fisc et les tribunaux.

La fabrication des liqueurs et des conserves,

par J. de BREVANS, chimiste principal du Laboratoire municipal de la ville de Paris. Préface par Ch. Girard, directeur du Laboratoire municipal. 1890, 1 vol. in-16, de 384 pages, avec 93 figures, cart. 4 fr.

L'alcool; la distillation des vins et des alcools d'industrie; la purification et la rectification; les liqueurs naturelles; les eaux-de-vie de vins et de fruits; le rhum et le tafia; les eaux-de-vie de grains; les liqueurs artificielles; les matières premières : les essences, les esprits aromatiques, les alcoolats, les teintures, les alcoolatures, les eaux distillées, les sucs, les sirops, les matières colorantes; les liqueurs par distillation et par infusion; les liqueurs par essences; vins aromatisés et hydromels; punchs; les conserves; les fruits à l'eau-de-vie et les conserves de fruits; analyse et falsifications des alcools et des liqueurs; législation et commerce.

Éléments de botanique agricole,

à l'usage des écoles d'agriculture, des écoles normales et de l'enseignement agricole départemental, par SCHRIBAUX et NANOT, professeurs à l'Institut national agronomique, 1 vol. in-16, de 328 p., avec 260 figures, 2 pl. color. et carte, cartonné . . . . 4 fr.

Ce livre est destiné à tous ceux qui ayant déjà des connaissances scientifiques, désirent des notions plus complètes de botanique pour les appliquer à une exploitation rationnelle du sol. Des chapitres spéciaux sont consacrés au greffage, au bouturage, au marcottage, à la transplantation. L'étude des fruits, notamment la question si importante de leur conservation, a reçu un développement particulier.

Éléments de botanique médicale,

contenant la description des végétaux utiles à la médecine, et des espèces nuisibles à l'homme, vénéneuses ou parasites, précédés de considérations sur l'organisation et la classification des végétaux, par A. MOQUIN-TANDON, membre de l'Institut, professeur d'histoire naturelle médicale à la Faculté de médecine de Paris. 3e *édit.* 1 vol. in-16 de 543 p., avec 133 fig., cart. 4 fr.

Constructions agricoles et architecture rurale,

par J. BUCHARD, ingénieur-agronome. 1889, 1 vol. in-16, de 392 pages, avec 143 figures, cartonné . . . . 4 fr.

Matériaux de construction ; préparation et emploi ; maison d'habitation ; hygiène rurale, étables, écuries, bergeries, porcheries, basses-cours, granges, magasins à grains et à fourrages, laiteries, cuveries, pressoirs, magnaneries, fontaines, abreuvoirs, citernes, pompes hydrauliques agricoles ; drainages ; disposition générale des bâtiments, alignements, mitoyenneté et servitudes ; devis et prix de revient.

Le matériel agricole.

Machines, outils, instruments employés dans la grande et la petite culture, par J. BUCHARD. 1890, 1 vol. in-16, de 384 pages, avec 142 figures, cartonné . . . . 4 fr.

Charrues, scarificateurs, herses, rouleaux, semoirs, sarcleuses, bineuses, moissonneuses, faucheuses, faneuses, batteuses, rateaux, tarares, trieurs, hache paille, presses, coupe-racines, appareils de laiterie, vinification, distillation, cidrerie, huilerie, scieries, machines hydrauliques, pompes, arrosages, brouettes, charrettes, porteurs, manèges, roues hydrauliques, moteurs aériens, machines à vapeur.

Les engrais et la fertilisation du sol,

par A. LARBALÉTRIER, professeur à l'Ecole départementale d'agriculture du Pas de Calais. 1891, 1 vol. in-16, de 352 pages, avec 74 figures, cartonné . . . . 4 fr.

L'alimentation des plantes et la terre arable. L'amendement, chaulages, marnages, plâtrages. Les engrais végétaux. Les engrais animaux, le guano. Les engrais organiques mixtes et le fumier de ferme. Les engrais chimiques, composition et emploi, préparation, achat, formules.

Les plantes potagères et la culture maraîchère,

par E. BERGER, chef des cultures de la ville de Bordeaux. 1893, 1 vol. in-16, de 408 pages, avec 64 figures, cartonné . . . . 4 fr.

Ce travail, conçu sur un plan nouveau, peut aussi bien être consulté par l'amateur que le jardinier : chacun y trouvera des renseignements qui l'intéresseront. L'auteur n'a fait ressortir que le côté pratique des cultures, ce qu'il est nécessaire de connaître pour arriver à bien faire. Après avoir donné des idées générales sur la création et l'installation, à peu de frais, d'un jardin maraîcher, il donne pour chaque plante :

1° L'*Origine* ; 2° la *Culture de pleine terre* et la *Culture de primeurs* sur couches et sous châssis, appropriés aux différents climats ; 3° la description des meilleures *variétés* à cultiver ; 4° les *Graines*, les moyens pratiques de les récolter, de les conserver, leur durée germinative ; 5° les *Maladies* et *Animaux nuisibles*, les meilleurs moyens pour les détruire ; 6° les *Usages* et les *Propriétés économiques* et *alimentaires* des plantes.

Une dernière partie comprend un calendrier des semis et plantations à faire pendant les douze mois de l'année.

Le pain et la viande, par J. DE BREVANS, ingénieur agronome, chimiste principal au Laboratoire municipal de Paris. Préface par M. E. RISLER, directeur de l'Institut national agronomique. 1892, 1 vol. in-16 de 364 pages, avec 97 figures, cartonné. 4 fr.

Le Pain. — Les Céréales. — La Meunerie. — La Boulangerie. — La Pâtisserie et la Biscuiterie. — Altérations et Falsifications. — *La Viande.* — Les Animaux de boucherie. — La Boucherie. — La Charcuterie. — Les Animaux de Basse-Cour. — Les Œufs. — Le Gibier. — Les Conserves alimentaires. — Altérations et Falsifications.

Les légumes et les fruits, par J. DE BREVANS. Préface par M. A. MUNTZ, professeur à l'Institut national agronomique. 1893, 1 vol. in-16 de 324 pages, avec 132 figures, cartonné. . 4 fr.

Les Légumes. — La Pomme de Terre. — La Carotte. — La Betterave. — Les Radis. — L'oignon. — Le Haricot. — Le Pois. — Le Chou. — L'Asperge. — Les Salades. — Les Champignons, etc. — *Les Fruits.* — La Cerise. — La Fraise. — La Groseille. — La Framboise. — La Noix. — L'Orange. — La Prune. — La Poire. — La Pomme. — Le Raisin, etc.

Origine, culture, variétés, composition, usages. Conservation. Analyse. Altérations et Falsifications. Statistique de la Production.

L'industrie laitière, le lait, le beurre et le fromage, par E. FERVILLE. 1888, 1 vol. in-16, de 384 pages, avec 88 figures, cartonné. . . . 4 fr.

Le lait; essayage; vente; lait condensé; le beurre; la crème; système Swartz, écrémeuses centrifuges; barattage; délaitage mécanique; margarine; fromages frais et affinés, fromages pressés et cuits; constructions des laiteries; comptabilité; enseignement.

L'amateur d'oiseaux de volière, espèces indigènes et exotiques, caractères, mœurs et habitudes. Reproduction en cage et en volière, nourriture, chasse, captivité, maladies. 1892, 1 volume in-16 de 4?2 pages avec 51 figures. . . . 4 fr.

La passion de l'élevage s'est étendue à toutes les classes de la Société.

Mais la plupart des éleveurs ignorent les premiers principes de l'élevage ; ils n'ont le plus souvent que des données vagues sur les caractères, les mœurs, les habitudes et les besoins de leurs oiseaux. Cela tient à ce que l'on chercherait en vain les notions les plus élémentaires de l'élevage pratique dans les ouvrages d'ornithologie. M. Moreau a comblé cette lacune.

Ce livre est l'œuvre d'un amateur qui a cherché, par la description la plus exacte possible, à rendre la physionomie et le plumage des principaux oiseaux de volière, à retracer avec ses observations personnelles, leur genre de vie. Le lecteur y trouvera des détails complets sur l'habitude, les mœurs, la reproduction, le caractère, les qualités et la nourriture de chaque passereau.

Les oiseaux de basse-cour, par REMY SAINT-LOUP, maître de conférences à l'Ecole pratique des Hautes-Etudes, secrétaire de la Société nationale d'acclimatation. 1894, 1 vol. in-16 de 350 pages, avec 80 figures, cartonné . . . . 4 fr.

Première partie : Classification des oiseaux de basse-cour. — Variation du type dans les principales races. — Sélection. — Organisation des oiseaux. — Incubation naturelle et artificielle. — Elevage des poulets, des dindons, des canards et des oies. — Aménagement du local. — Bénéfice de l'industrie agricole. — Maladies des oiseaux de basse-cour. — Parasites.

Deuxième partie. — Description des races. — I. Coqs et Poules; II. Pigeons; III. Dindons; IV. Pintades; V. Canards; VI. Oies.

Guide pratique de l'élevage du cheval,

par L. RÉLIER, vétérinaire principal au Haras de Pompadour. 1889, 1 vol. in-16 de 368 pages, avec 128 fig., cartonné. 4 fr.

M. RÉLIER a résumé, sous une forme très concise et très claire, toutes les connaissances indispensables à l'homme de cheval. Organisations et fonctions, extérieur (régions, aplombs, proportions, mouvements, allures, âge, robes, signalements, examen du cheval en vente); hygiène, maréchalerie; reproduction et élevage; art des accouplements. Ce livre est destiné aux propriétaires, cultivateurs, fermiers, ainsi qu'aux palefreniers des haras, qui y trouveront les renseignements dont ils ont sans cesse besoin pour l'accomplissement de leur tâche.

Le chien.

Races. — Hygiène. — Maladies, par J. PERTUS, médecin-vétérinaire. 1893, 1 volume in-16, de 310 pages, avec 50 figures, cartonné. . . . . 4 fr.

Différentes races, espèces et variétés; valeur relative et choix à faire suivant le service; — extérieur et détermination de l'âge, — hygiène de l'alimentation et de l'habitation, — accouplement et parturition. — Etude des maladies : maladies contagieuses, maladie du jeune âge, rage, tuberculose, etc.; — maladies de la peau, démangeaisons, eczéma, herpès, plaies et brûlures, parasites, gale, etc., — de l'appareil respiratoire, — du tube digestif, constipation, diarrhée, gastrite, vers intestinaux, etc., — de l'appareil génito-urinaire et des mamelles, — des yeux et des oreilles, — accidents de chasse, — maladies chirurgicales, — pansements, bandages et sutures, — administration des médicaments et formulaire.

Les animaux de la ferme,

par E. GUYOT, agronome éleveur. 1891, 1 vol. in-16 de 344 pages, avec 146 fig., cart. 4 fr.

Résumer tout ce que l'on sait sur nos différentes espèces d'animaux domestiques, cheval, bœuf, mouton, porc, chien, chat; poules, dindons, pigeons canards, oies, lapins, abeilles, et leurs nombreuses races, sur leur anatomie, leur physiologie, leur utilisation et leur amélioration, leur hygiène, leurs maladies, etc., était une œuvre difficile; aussi ce livre pourra-t-il être très utilement placé dans les bibliothèques rurales. (*L'Éleveur*).

L'art de conserver la santé des animaux dans les campagnes,

par FONTAN, médecin-vétérinaire, lauréat de la Société des agriculteurs de France. Nouvelle médecine vétérinaire domestique à l'usage des agriculteurs, fermiers, éleveurs, propriétaires ruraux, etc. *Ouvrage couronné par la Société des agriculteurs de France.* 1 vol. in-16 de 378 pages, avec 100 figures, cartonné. . . 4 fr.

Cet ouvrage s'adresse à la grande famille des agriculteurs et des éleveurs, à tous les propriétaires d'animaux domestiques. Il comprend trois parties :

1° L'*hygiène vétérinaire* : M. Fontan a réuni les règles à suivre pour entretenir l'état de santé chez nos animaux; 2° *Médecine vétérinaire usuelle* : Il donne une idée générale des maladies les plus faciles à reconnaître et du traitement à leur opposer en attendant la visite du vétérinaire; 3° *Pharmacie vétérinaire domestique* : Le traitement indiqué à propos de chaque maladie se compose de moyens excessivement simples et inoffensifs, que le propriétaire peut employer lui-même impunément. Tout ce qui concerne la préparation, l'application ou l'administration de ces moyens se trouve détaillé.

Nouveau manuel de médecine vétérinaire homéopathique,

par GUNTHER et PROST-LACUZON. 1892, 1 vol. in-16 de 815 pages, cartonné. . . . . . . 4 fr.

Maladies du cheval, — des bêtes bovines, — des bêtes ovines, — des chèvres, — des porcs, — des lapins, — des chiens, — des chats, — des oiseaux de basse-cour et de volière.

Les insectes nuisibles, par Ph. MONTILLOT. 1891, 1 vol. in-16, de 308 pages, avec 156 figures, cartonné . . . . 4 fr.

Histoire et législation, les forêts, les céréales et la grande culture, la vigne, le verger et le jardin fruitier, le potager, le jardin d'ornement, à la maison.

L'amateur d'insectes, caractères et mœurs des insectes, chasse, préparation et conservation des collections, par Ph. MONTILLOT, membre de la Société entomologique de France. Introduction par le professeur LABOULBENE, ancien président de la Société entomologique de France. 1890, 1 vol. in-16, de 352 pages, avec 197 figures, cartonné. . . . . 4 fr.

Organisation des insectes ; histoire, distribution géographique et classification des insectes ; chasse et récoltes des insectes ; ustensiles, pièges et procédés de capture ; description, mœurs et habitat des Coléoptères, des Orthoptères, des Névroptères ; des Hyménoptères, des Lépidoptères, des Hémiptères, les Diptères ; les collections ; rangement et conservation.

L'amateur de Coléoptères, guide pour la chasse, la préparation et la conservation, par H. COUPIN, préparateur à la Sorbonne. 1894, 1 vol. in-16, de 352 pages, avec 217 figures, cartonné. . . . . 4 fr.

Depuis longtemps, grand amateur de Coléoptères, l'auteur a voulu faire profiter les néophites de son expérience, en leur offrant ce livre, destiné à les guider dans la recherche et la conservation des insectes.

Il s'est efforcé de rendre la lecture de cet ouvrage aussi claire et aussi pratique que possible.

Après avoir donné des renseignements généraux sur l'équipement du chasseur et les instruments qu'il doit porter avec lui, dans ses pérégrinations, il étudie séparément les différentes chasses auxquelles il pourra se livrer.

Les nombreuses figures d'insectes distribuées dans le texte seront très utiles aux commençants et les aideront à se mettre sur la voie des déterminations d s genres et des espèces.

Enfin, il étudie avec figures et détails circonstanciés, la préparation des Coléoptères et leur rangement en collection.

L'amateur de papillons, par H. COUPIN, 1894, 1 vol. in-16, de 350 p., avec 150 figures, cartonné. . . . . 4 fr.

La pêche et les poissons des eaux douces, par ARNOULD LOCARD. 1891. 1 vol. in-16, de 352 pages, avec 174 figures, cartonné. 4 fr.

Descriptions des poissons, engins de pêche, lignes, amorces, esches, appâts, pêche à la ligne, pêches diverses, nasses, filets.

L'Aquarium d'eau douce, et ses habitants, animaux et végétaux, par HENRI COUPIN, licencié ès-sciences, préparateur à la Sorbonne. 1893, 1 vol. in-16, de 372 pages, avec 228 figures, cartonné . . . . 4 fr.

L'eau et son aération. — Les Plantes dans l'Aquarium. — Chasse et transport des Animaux. — Les Protozoaires. — Les Cœlentérés. — Les Spongiaires. — Les Vers. — Les Crustacés et les Insectes. — Les Mollusques. — Les Batraciens et les Reptiles.

Ce livre s'adresse aux jeunes naturalistes et aux gens du monde qui s'intéressent aux choses de la nature. Prenant un sujet en apparence un peu spécial, mais en réalité très vaste, l'auteur s'est efforcé de montrer que, sans grandes connaissances scientifiques préalables, et en ne se servant presque jamais du microscope, on peut faire avec le plus simple des aquariums une multitude d'observations aussi variées qu'intéressantes,

---

Les pêcheries et les poissons de la Méditerranée, par P. GOURRET, docteur ès sciences, sous-directeur de la Station zoologique de Marseille. 1894, 1 vol. in-16 de 350 pages, avec 105 fig. dessinées sous la direction de l'auteur, cart. 4 fr.

Configuration des côtes. Nature et densité des fonds. Profondeurs. Vents et courants. Régime des poissons. Poissons sédentaires et voyageurs. Engins et filets de pêche. Pêches avec appâts au moyens de lignes ou au moyen de casiers. Pêches au harpon, à la lumière ou au fustier, au large, à la grappe. Filets traînants. Filets flottants ou dérivants. Filets fixes. Modifications des côtes et des fonds : jets à la mer; vases des fleuves; animaux voraces. Mesures protectrices.

La pisciculture en eaux douces, par ALPH. GOBIN, professeur départemental d'agriculture du Jura. 1889, 1 vol. in-16, de 360 pages, avec 90 figures, cartonné. . . . 4 fr.

Les eaux douces; les poissons; la production naturelle; les procédés de la pisciculture; l'exploitation des lacs; les eaux saumâtres; acclimatation des poissons de mer en eaux douces et inversement; faunule des poissons d'eau douce de la France.

M. A. Gobin a réuni toutes les notions indispensables à ceux qui veulent s'initier à la pratique de cette industrie renaissante de la pisciculture; il étudie successivement les poissons au point de vue de l'anatomie et de la physiologie; puis il passe en revue les milieux dans lesquels les poissons doivent vivre. Des chapitres sont consacrés aux ennemis et aux parasites des poissons, à leurs aliments végétaux et animaux, à leurs mœurs, aux circonstances de leur reproduction, aux modifications de milieux qu'ils peuvent supporter pour une reproduction plus économique, etc.

La pisciculture en eaux salées, par ALPH. GOBIN, 1891, 1 vol. in-16 de 353 pages, avec 105 figures. . . . . 4 fr.

Les eaux salées, les poissons, reproduction naturelle, poissons migrateurs et sédentaires, étangs salés, réservoirs et viviers, homards et langoustes, moules et huîtres.

ENVOI FRANCO CONTRE UN MANDAT POSTAL.

Le dessin et la peinture, par Ed. CUYER, peintre. prosecteur à l'Ecole nationale des Beaux-Arts, professeur d'anatomie à l'Ecole des Beaux-Arts de Rouen et aux Ecoles de la ville de Paris. 1893, 1 vol. in-16 de 359 pages, avec 250 figures. . 4 fr.

Le dessin est une des connaissances qu'il est le plus utile d'acquérir : Maintenant que tout le monde sait écrire, tout le monde devrait savoir dessiner.

Les notions élémentaires constituant la partie essentielle de tout enseignement, M. Cuyer s'est attaché à faire un livre traitant surtout de ces notions.

Le plan qu'il a suivi est celui que l'on met en pratique dans l'enseignement, depuis l'Ecole primaire jusqu'aux Ecoles d'art. Il s'occupe successivement du *dessin linéaire géométrique*, du *dessin géométral* et du *dessin perspectif*, et de la *perspective d'observation*.

M. Cuyer s'occupe ensuite de la peinture, des *lois physiques*, de la *chimie des couleurs* et des différents procédés de peinture; *pastel*, *gouache*, *aquarelle*, *huile*.

Le livre est illustré de 250 figures, toutes dessinées par l'auteur; ces figures ajoutent encore à la clarté et à l'attrait du texte.

La gymnastique et les exercices physiques, par le Dr LEBLOND. Introduction par H. Bouvier, membre de l'Académie de médecine et de la Commission de gymnastique, au Ministère de l'Instruction publique. 1 vol. in-16 de 492 p., avec 80 fig., cartonné. 4 fr.

Marche. — Course. — Natation. — Escrime. — Equitation. — Chasse. — Massage. — Exercices gymnastiques. — Applications au développement des forces, à la conservation de la santé, et au traitement des maladies.

Physiologie et hygiène des écoles, des collèges et des familles, par J.-C. DALTON. 1 vol. in-16, de 534 pages, avec 67 figures, cartonné. . 4 fr.

Structure et mécanisme de la machine animale. — Les aliments et la digestion. — La respiration. — Le sang et la circulation. — Le système nerveux et les organes des sens. — Le développement de l'enfant.

Premiers secours en cas d'accidents et d'indispositions subites, par les docteurs E. FERRAND, ancien interne des Hôpitaux de Paris, et A. DELPECH, membre de l'Académie de médecine. *Quatrième édition*, augmentée des nouvelles instructions du Conseil de salubrité de la Seine. 1890, 1 vol. in-16 de 339 pages, avec 106 figures, cartonné. . . . . 4 fr.

Les empoisonnés, les noyés, les asphyxiés, les blessés de la rue, de l'usine, de l'atelier ; les maladies à invasion subite; les premiers symptômes de maladies contagieuses.

Le Gérant : J.-B. BAILLIÈRE.

Mayenne. — Imprimerie de l'Ouest, A. NÉZAN.

www.ingramcontent.com/pod-product-compliance
Lightning Source LLC
Chambersburg PA
CBHW061006220326
41599CB00023B/3846